JN161386

技術情報を創造するためのデータ解析法

タグチメソッド入門

田口　伸
Shin Taguchi

Introduction to
Robust
Engineering

日本規格協会

＜特典情報＞

本書の購入者特典として，本書内で用いられているサンプルデータファイル（Excel 形式）を下記 URL より無料でダウンロードしてご利用いただくことができます．

https://webdesk.jsa.or.jp/books/W11M0700/?syohin_cd=351144

まえがき

タグチメソッドの本を書くに当たって呆然としている次第である．筆者の父，田口玄一が確立したそれは壮大な内容であり，その目的と方法論，哲学的なものも含めて基本的な考え方を明確にして伝えたいからである．世の中の研究者や技術者はもとより，サービス産業や公共機関，文科系も含めた人たちの仕事に貢献したいという想いをもって，この本を書き始めていこうと決めた．

この本の意図を明らかにするためにタグチメソッドを以下の領域に分類してみた．ここに機能・設計・品質などの表現があるが，これらはハードウェア，ソフトウェア，サービスに共通して対応しているものである．

A データの“設計”とデータ解析の基礎
B システムの機能のロバストネスの評価のための機能性評価
C システムの機能のロバストネスの最適化のためのパラメータ設計
D モノやサービスの品質と性能を金額で推定し評価する損失関数
E 投資の意思決定のために損失関数を駆使する許容差設計
F 損失関数を導入し製造工程の管理を最適化するオンライン品質工学
G パターン認識や診断の機能を最適化するための MT システム
H 見えにくい不具合モードを未然防止するためのバグ出し試験
I 働く人の自由と責任が調和された部門評価制度

本書は A，B，C の領域に焦点を絞ってページ数の許す限り解説することとした．とはいえ，A，B，C 以外のことにもある程度触れることをご了承いただきたい．

我々人間はモノやサービスを必要としている．企業や公的機関の人々の仕事の本質は，モノやサービスを提供することに関わることである．そして，そのことで社会に貢献して収入を得て生計を立てている．問題は提供されたモノやサービスの機能がばらついたり不十分であると，なんらかの損失が発生することである．それはモノづくりであろうが，ITであろうが，医療であろうが，農産物の生産であろうが，地震の予知であろうが同じことである．タグチメソッドはこの損失を最小化することを目的としているのである．

田口玄一はその考えを伝えるために独特な表現を用いることを好んだ．その一つに“**設計者は良くしようとしかしないから，なかなか良い設計ができない**”というものがある．新しい設計の試作ができたら企画したとおりに要求を満足しているか，何か見落としていないか確認するために試験をする．これを英語ではバリデーション（validation）というが，1回や2回で要求を満たさないことはよくあることで，いわゆる試行錯誤を繰り返し，モグラ叩きの開発に陥っていくことを経験された方も多いと思う．そこで全知能を注いで問題点を考え改良をして試験する．設計・試作・試験・改良（Design-Build-Test-Redesign）のDBTRサイクルを回すのである．

こうした状況の中で，出てきた問題を解決しようと必死で考えている姿を，“良くしようとしかしない”と言っているのである．天才は優れた設計を短時間で完成できる．名車スカイラインの生みの親として著名な櫻井眞一郎氏は図面を見ただけで良いかダメか見極めることができたという．“後から考えるとあれはタグチメソッドの主題であるロバストネスの見極めだった”と，櫻井氏に入社時から鍛えられた元日産自動車の上野憲造氏は指摘している．このような判断を的確にすることは，天才であったりよほど経験を積まない限り，凡人には無理なことである．

田口玄一がこの言葉で言いたいのは，問題が出てから問題解決という本来無駄な仕事を避けるために，問題の未然防止をするための“的確な技術情報を創れ”ということである．その技術情報を手に入れることによって，モグラ叩きから脱却でき，しかも市場で問題を起こさない設計を目指せるのである．

もう一つの大事な目的は，タグチメソッドで得られる技術情報は設計の限界を知らしめてくれることである．田口語録の一つに“失敗するなら早く失敗しろ”というものがある．まずい設計は早いうちに見極めて自信をもって見切りをつけることは，悔しいけれども誇ってよい一つの決断である．

タグチメソッドは魔法の薬などではなく，自分の設計の実力の限界を目の当たりに知らせてくれるという恐ろしいものである．その意味では厳しい側面があるが，正しい道を示唆してくれるという優しい側面がある．

設計のアイデアが素性の良いものであれば最適化すれば要求は満たされるであろうし，それが要求を満たす以上の実力であればコスト低減もできる．最適化してまずい設計とわかった場合は，いくらがんばっても要求を満たさないのだから，早くあきらめてまったく新しい設計概念や新しい方式，補正の機能を足すなど，次のアイデアを考えることに集中できるからである．モグラを叩き始める前に“いま取り組んでいる設計の限界を知る”ことは，マネージメントにとって貴重な知見である．このような的確な技術情報を得るための考え方と方法論がタグチメソッドである．コストダウンや開発期間の短縮はその結果でしかないが，実はそれが目的なのであってタグチメソッドはそのための戦略である．

そのために，どのような条件で何を測るかというデータの“設計”と，そのデータを情報に変換する解析法を解説するのが本書の目的である．その結果この本の章立ては以下のようなものになった．

第１章　イントロダクション ―― 望目特性とロバストネス
第２章　望目特性のロバストネスの評価（機能性評価）
第３章　望目特性のロバストネスの最適化
第４章　動特性による機能性評価と最適化
第５章　特性値の種類，因子の種類
第６章　静特性と SN 比

タグチメソッド（Taguchi Method）という呼び方は米国ゼロックス社，後にマサチューセッツ工科大学 MIT 教授の Don Clausing 氏が 1983 年に命名したものであるが，日本では品質工学，海外では Robust Engineering とも呼ばれている．この本では簡潔に“タグチ”と呼ぶことにする．また，筆者の父である田口玄一は米国で“ドクター・タグチ”と親しまれていた．また，タグチメソッドが田口玄一の発想から生まれたものであるから，田口玄一も本書では“タグチ”という表現をすることをご了承願いたい．

タグチメソッドの解説書は専門分野の事例がほとんどで，なじみのない分野の例で説明されてもわかりにくいという声が強い．考え方や概念を伝えるためにできるだけわかりやすいデータの例を使って説明することにした．

父がこの本を奨励してくれるかどうかは今となってはわからないが，少なくとも“It's a free country”と評してくれると思う次第である．“It's a free country”とは，言論の自由を認められている先進国なのだから“何を言っても自由です”という意味である．見当はずれな意見を言う米国人に対して，答えるのも面倒なのでこの台詞でかわすことはタグチ一流の対応であった．

データ解析や直交表の基本的な理解は Appendix A と Appendix B を参照されたい．また，この本の中の事例のデータと解析のための計算，直交表と簡単なテンプレートのエクセルファイルが次のウェブサイトでダウンロードができるので，ぜひ活用されたい．

https://webdesk.jsa.or.jp/books/W11M0700/?syohin_cd=351144

この本の出版にあたって感謝すべき人は数え切れない．品質工学を実践してきた世界中のエンジニアと，それを支えたマネージメントの方々、父田口玄一をはじめとした品質工学の指導者の面々、そして日本規格協会の方々に深く感謝したい．特に長年の間父玄一の担当者を務められ，この本を書くきっかけを作られた渡辺理恵氏と，編集を担当された伊藤朋弘氏には感謝しております．

2016年6月

田口　伸

目　次

コーヒーブレイク

第1章

イントロダクション —— 望目特性とロバストネス

1980年代初頭から海外の様々な企業と仕事をしてきたが，データはトラック何台分もあるにもかかわらず，データが情報になっていない場面を数多く見た．そこで，本章では役に立つ技術情報を得るためのタグチの基本的な概念を紹介する．とっつきにくい用語も出てくるが，それらの概念は日常的なものなので意味合いを理解して楽しんでいただきたい．

1.1 ドーナッツの揚げ工程の歩留まりの例

反面教師的な例で議論を始める．ドーナッツ製造工程の“揚げ工程”において不良品が多くて困っているとする．調べると生揚がりのドーナッツが多く，良品率は66％しかない．現行では160℃の油で2分半揚げているが，もう少し火を通せば生揚げが減るであろうという考えのもとに，油の温度を上げることと，揚げ時間を延ばしてみるという**図1.1**のような実験である．

ドーナッツ揚げ工程の実験

特性値

y＝良品率

制御因子と水準

	第1水準	第2水準
A:油の温度	A_1＝160℃	A_2＝190℃
B:揚げ時間	B_1＝2分半	B_1＝3分

現行条件
$A_1 B_1$

特性値	実験や試験で測るデータ，yと表記する
因子	特性値への影響を調べるために，意図的に変える条件を因子という大文字のアルファベット，A，B，C，…で表記する
水準	因子の値，A_1，A_2は因子Aの第1水準と第2水準の値である

図1.1　ドーナッツ揚げ工程の実験

特性値，因子と水準

特性値とは実験，試験，テストで測るデータのことで，この場合は良品率である．揚げたドーナッツの何パーセントが良品かという0%から100%の値をとる率を特性値としている．特性値はyで表記される．目的を考えて何を特性値にするかは最も重要な戦略であり，章を追って議論していく．

因子とは実験で変える条件のことで，アルファベットの大文字で表記する．この実験では“油の温度”という因子Aと“揚げ時間”という因子Bの二つの因子を試していることになる．ちなみにこれらは**制御因子**という種類の因子である．油の温度を160℃にするのか，190℃にするのかはドーナッツの製造に関わる者が決めて設定できる条件である．制御因子とはこのように設計者がその値を選べる因子である．

因子には制御因子のほかに因子には誤差因子・信号因子などの種類がある．因子の種類によってその扱い方が変わってくるのである．特性値の種類，因子の種類は第5章で紹介する．

因子A“油の温度”を変えて特性値yの良品率を測ることになる．A_1とかA_2というのは因子Aがとる条件で，Aの**水準**という．因子A“油の温度”のA_1は160℃，A_2は190℃である．因子B“揚げ時間”の水準B_1とB_2はそれぞれ2分半と3分である．因子Aと因子Bの組合せはA_1B_1，A_1B_2，A_2B_1，A_2B_2という水準の数を掛け合わせた$2\times2=4$の4通りになる．

低温で時間の短いA_1B_1の組合せが，生揚げの多い現行条件である．現行条件から時間を延ばしたA_1B_2と，温度を上げたA_2B_1の条件で実験を行ったところ，**図1.2**のような結果が得られた．

良品率66%の現行条件から，時間だけ延ばした条件A_1B_2では良品率が75%に改善され，温度だけ上げた条件A_2B_1では80%に改善している．A_1B_2とA_2B_1では思惑どおりに改善しているが，時間を延ばし，かつ温度も上げるA_2B_2という条件ではどうなるかを考えてみよう．

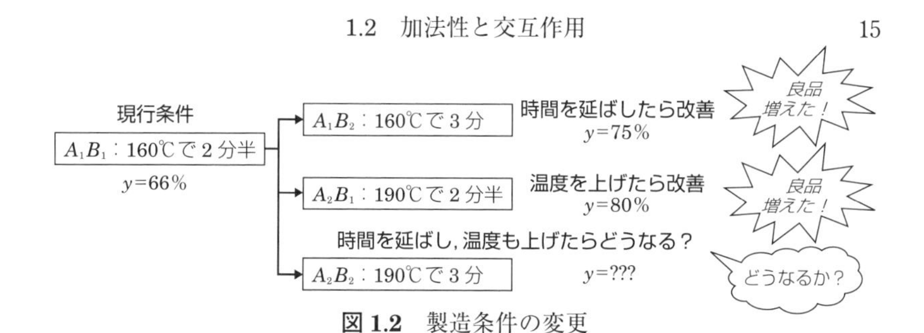

図 1.2　製造条件の変更

1.2　加法性と交互作用

ここで，製造条件 A と B を両方変えた場合の結果を見る前に，**加法性**と**交互作用**という言葉の意味を確認しておきたい．加法性とか交互作用というのは難しそうな響きであるが，概念は日常生活の身近な場面で感じられる事象なので，これらの意味合いを理解していただきたい．

加　法　性

“加法性がある”というのは“良い＋良い＝とても良い”が成り立つという意味である．売上げを伸ばすために A と B という二つの対策があった場合，対策 A を単独で実施した場合の売上げは 5 000 万円増で，対策 B を単独で実施した場合が 8 000 万円増であれば，対策 A と B を同時に実施した場合 1 億 3 000 万円増であれば A の効果と B の効果に加法性があるということである．それが 1 億円や 1 億 5 000 万円でもそこそこの加法性である．ドーナッツの場合，因子 A の温度の効果と，因子 B の時間の効果に加法性があれば A_2B_2 の条件で良品率が更に改善することになる．

交 互 作 用

これも難しそうな響きである．まずは筆者の交互作用の定義を示す．

“因子 A の特性値に対する効果が因子 B の水準によって異なる場合，A と B の 2 因子間の交互作用が存在する．その異なる程度が交互作用の強さである．”

ドーナッツの実験の交互作用の4通りの例を表とグラフにしたものを**図1.3**に示す.

ドーナッツの良品率の表とグラフ

A_1B_1, A_1B_2, A_2B_1 の結果

	B_1:2分半	B_2:3分	改善幅
A_1:160℃	66%	75%	9%
A_2:190℃	80%	???	???
改善幅	14%	???	

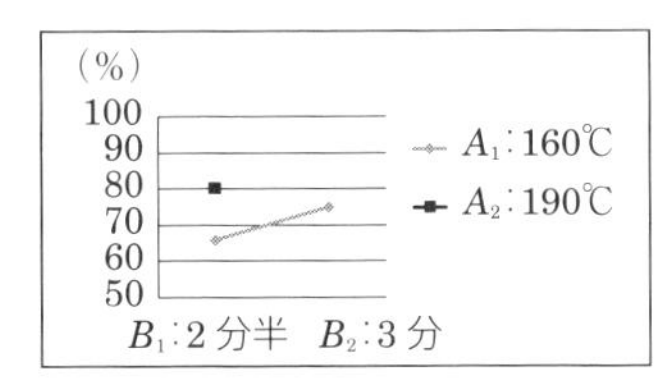

様々な交互作用の例（A_2B_2 の結果）

ケース1	B_1:2分半	B_2:3分	改善幅
A_1:160℃	66%	75%	9%
A_2:190℃	80%	89%	9%
改善幅	14%	14%	

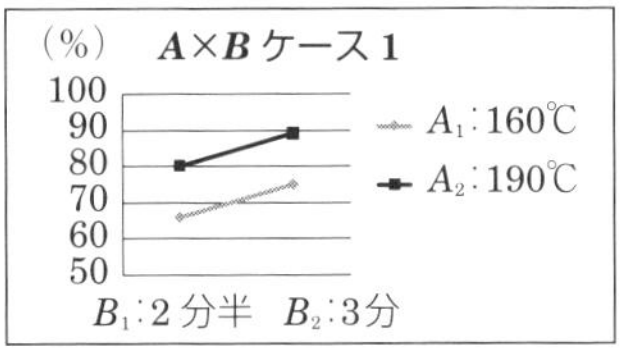

ケース2	B_1:2分半	B_2:3分	改善幅
A_1:160℃	66%	75%	9%
A_2:190℃	80%	78%	−2%
改善幅	14%	3%	

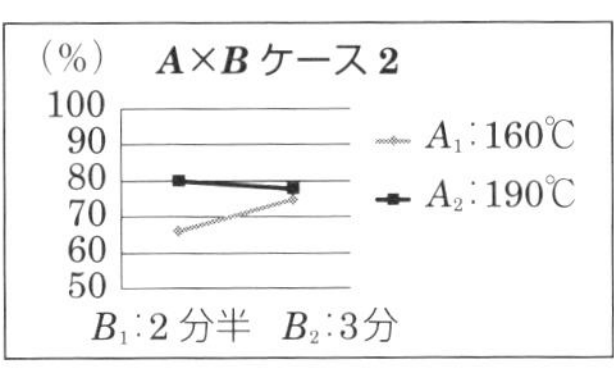

ケース3	B_1:2分半	B_2:3分	改善幅
A_1:160℃	66%	75%	9%
A_2:190℃	80%	52%	−28%
改善幅	14%	−23%	

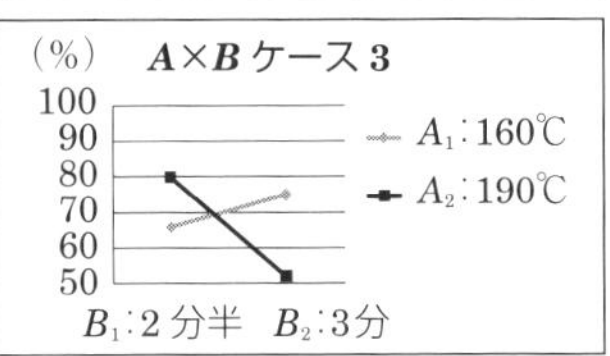

ケース4	B_1:2分半	B_2:3分	改善幅
A_1:160℃	66%	75%	9%
A_2:190℃	80%	98%	18%
改善幅	14%	23%	

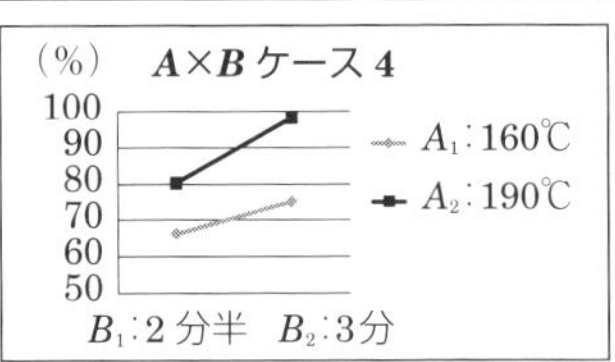

図1.3　ドーナッツの製造条件と加法性・交互作用

このような因子の特性値に対する効果をグラフにしたものは**要因効果図**と呼ばれている．これらは交互作用の強さと形が見てとれる要因効果図である．

●ケース１　交互作用がゼロの場合

ケース１のグラフではA_1とA_2の２本の線の傾きが同じで平行である．このことは以下のようなことがいえる．

- 低温でも高温でも時間を延ばしたら９%の改善が得られた
- 短時間でも長時間でも，温度をあげたら14%の改善が得られた
- Bの効果はAの水準に影響を受けず，Aの効果もBの水準に影響を受けない

これが交互作用がないという意味である．Aの効果と，Bの効果が互いに影響しないで独立しているのである．

ケース１のA_2B_2の良品率は89%である．現状の66%から23%（23ポイント）増えている．“14＋9＝23”であるから，Aの効果14%とBの効果９%が足し算できていることになる．

$$
\begin{aligned}
A_2B_2\text{の良品率} &= \text{現状} + A\text{の効果} + B\text{の効果} \\
&= 66\% + 9\% + 14\% \\
&= 89\%
\end{aligned}
$$

このことから“交互作用がない”と“加法性がある”というのは同じ意味であることを理解されたことと思う．

次に，交互作用がある場合，どのようになるかを見てみよう．交互作用はゼロであったり弱かったり強かったりするのである．

●ケース２　弱いマイナスの交互作用がある場合

ケース２は交互作用がありA_2B_2は78%という結果で終わっている．以下，A_1とA_2における因子B：時間の効果と，B_1とB_2における因子A：温度の効果である．

- A_1 の低温で時間を延ばすと，良品率は 66%から 75%に大きく改善
- A_2 の高温で時間を延ばすと，良品率は 80%から 78%に若干の改悪
- B_1 の短い時間で温度を上げると，良品率は 66%から 80%に大きく改善
- B_2 の長い時間で温度を上げると，良品率は 75%から 78%に若干の改善

このことは，A と B の特性値に対する効果を独立しては考えられないことになる．“良い＋良い＝そこそこ良い” という “9％＋14％＝12％” というほどの貧弱な加法性である．

●ケース 3　強いマイナスの交互作用がある場合

ケース 3 の A_2B_2 の良品率は 52%という結果になっている．とても強い交互作用があり，加法性がないどころか，“9％＋14％＝－14％” というように悪化しており，“良い＋良い＝非常に悪い” という結果である．おそらく温度も時間も上げたことによって火が通り過ぎた丸こげのドーナツが増えて，現状の生揚げの不良よりも多い焦げすぎの不良が発生したのであろう．A_1 なら B_2 が良いし，A_2 なら B_1 がよく，の A_2B_2 は最悪である．A_2B_2 は改善どころか改悪で終わっている．

●ケース 4　プラスの交互作用がある場合

ケース 4 は交互作用の効果で，の A_2B_2 の良品率は 98%とすばらしく良くなっている．一見，良い結果が得られたように思えるが，これは運よく温度と時間のちょうど良い組合せにめぐりあえたにすぎず，実は大きな問題をかかえている．その理由は章を追って議論していく．

特性値と予測性

もう一つ交互作用と加法性の例を挙げる．“ウイスキーを 1 杯飲んだら気持ちよくなった” とする．また “ウォッカを 1 杯飲んだら気持ちよくなった” とする．そして “両方飲んだら気持ち悪くなった” という結果はよくあることである．このことは “気分” という特性値に対して強い交互作用があることにな

る．“気分”というのはなかなか加法性が得られない，強い交互作用が発生しやすい特性値である．しかし，これを血液中のアルコールの濃度を特性値にすれば，因子A：ウイスキーを飲む，因子B：ウオッカを飲む，というAとBの効果に完全な加法性があり，交互作用はほぼゼロになる．

このように，特性値と因子の設定の仕方で同じ例でも見方が変わるのである．制御因子間の交互作用がゼロであったり弱いことがわかっていれば，交互作用を調べなくとも予測がつくのである．この**予測がつく**ということがキーワードである．研究活動やモノやサービスの設計にとって大変重要な要素である．例えば“この設計は市場で問題を起こさない”と自信をもって予測できることは重要なことである．タグチメソッドは“予測性”を課題としているともいえるのである．

1.3　エネルギーを考える

そろそろお気づきかと思う．実はこのドーナッツの実験には重大な弱点がある．それは良品率を改善したかったことから，単純に良品率を特性値のデータとして測ってしまっていることである．

表1.1を参照されたい．表の左から右は揚げた後のドーナッツの状態を“完全に生揚げ”，“生揚げ”，“若干生揚げ”，“ちょうど良い＝良品”，“若干焦げすぎ”，“焦げすぎ”，“完全に焦げすぎ”という7段階のクラスに分けている．C_1からC_9という9通りの製造条件の結果を7段階のクラスに入った率で示したものである．これは難しい言い方をするとドーナッツの揚がり具合の分布を見ていることになる．

- C_1はバラツキが大きく，生揚げから焦げすぎまで満遍なく分布しており良品は30％しかない．
- C_2はC_1よりもバラツキが小さく，良品率は40％である．
- C_3，C_4とバラツキが減って良品率は90％，98％と改善している．
- C_5は良品率が1％しかないがバラツキに注目するとC_4とほぼ同じぐらいである．C_5が達成できれば，揚げ時間とか油の温度を調整して熱量を

表 1.1　製造条件の違いによる分布の違い

(%)

	完全に生揚げ	生揚げ	若干生揚げ	ちょうど良い(良品)	若干焦げすぎ	焦げすぎ	完全に焦げすぎ	合計
C_1	5	10	20	30	20	10	5	100
C_2	–	5	25	40	25	5	–	100
C_3	–	–	5	90	5	–	–	100
C_4	–	–	1	98	1	–	–	100
C_5	–	–	–	1	98	1	–	100
C_6	–	1	98	1	–	–	–	100
C_7	–	–	–	100	–	–	–	100
C_8	–	–	100	–	–	–	–	100
C_9	–	–	–	100	–	–	–	100

ほんの少し下げれば，良品率は一気に98%ぐらいにはなる可能性がある．

- C_6 も C_5 と同じようなことがいえて，熱量を少し上げれば良品98%にぐらいにはなりそうである．
- C_1 から C_7 では C_7 が最も良い条件のようである．

それでは C_7 とくらべて C_8 と C_9 はどうであろうか．そのためにもう少しきめの細かい分布の図で検証してみよう．**図 1.4** の横軸が揚げた後のドーナッツの状態，縦の2本の線はいわば良品の境界値というもので間に入れば“良品”であるとする．**表 1.1** の C_7 と C_8 と C_9 を分布の絵で示してある．

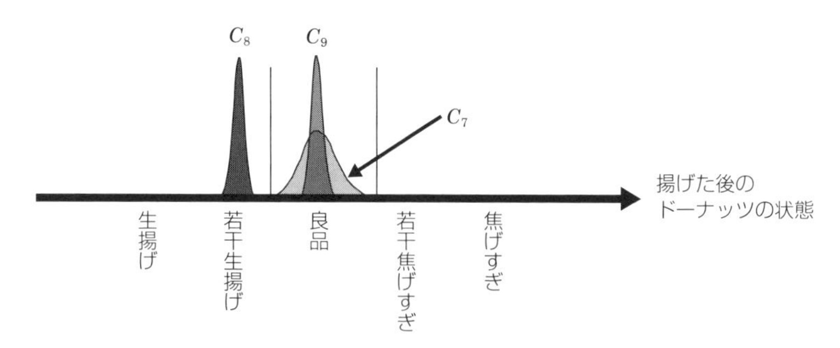

図 1.4　ドーナッツの分布と良品の境界値

- C_7 と C_9 は共に100％良品であるが，C_9 のほうがバラツキが小さく優れた製造条件といえる．
- C_8 と C_7 が図のようなのもであれば C_8 のほうが C_7 より製造条件がいいことになりうる．なぜなら，C_8 の条件で熱エネルギーを調整すれば C_9 ぐらいにはなるからである．

ドーナッツを揚げるという機能はちょうど良い熱を与えることであるのに対して，良品率という特性では，加熱するという機能の結果をうまく表現できていないのである．そのため，温度を上げたら良品率が増えた，時間を延ばしたら良品率が増えた，両方やったら良品率がゼロになった，という強い交互作用が存在する実験結果が出てしまったのである．良品率を特性値にすると他の要因との交互作用も調べなくてはならないので無駄な仕事が増えてしまうのである．そのため，交互作用を調べないと“モグラ叩き”に陥ることになる．

製造工程のみならず，モノやサービスの制御因子の数とそれらの水準を考えると設計条件は星の数ほど存在するのである．研究開発業務の効率を考えると**交互作用を調べるよりも交互作用に対して戦略を立てる**ことの方がはるかに合理的である． 問題を起こさない良い設計を達成するために，信頼できる，予測のつく技術情報を速く得ることで“ベター・チーパー・ファースター（良い，安い，早い）”が達成できるのである．このことを具体的な例で示していくことがこの本の目的の一つである．

世の中を見渡せば“ドーナッツの良品率”の事例のように加法性がほとんど期待できない特性値を一生懸命調べているような研究や開発が多いのが実情である．“生揚げ”を最小化すれば“焦げすぎ”が増える，“焦げすぎ”を最小化すれば“生揚げ”が増えるというようなモグラ叩き式の開発から脱却するためにどういった考え方をしたら良いのかを考える必要があるのである．

その考え方の第一歩は，“良品率が低いというのはドーナッツを揚げるという機能の悪さの症状でしかない”と認識することである．不具合モードや品質問題も同じことで，“不具合や品質問題は機能の悪さの症状でしかない”．タグチでは**機能を測り，機能を改善する**のである．ここでいう機能とは“働き”のことでシステムが成し遂げた目的の仕事量である．例えばモーターの機能は回転力を発生することで，電池の機能は電力を蓄えることである．

タグチの考え方に“**ハードウェアの機能は全てエネルギー変換であり，その理想の形が存在する**”というものがある．サービスやソフトウェアの場合も，人のエネルギーの変換，情報の変換という具合にとらえれば同様の考え方ができる．

いずれにしても機能が理想からばらついていることが，性能の悪さ，不具合，品質や信頼性の問題を起こすのである．タグチメソッドを理解した米国人は Let's not engineer for symptoms of poor function という言い方をする．この場合の engineer は動詞で，“お粗末な設計の症状を追いかけることはやめよう”，“最初から問題を起こさない設計を目指せ”という意味合いである．理想は Do it right the first time（一回で完結せよ！）である．ではドーナッツの揚げ工程の場合の“働き”は何かを考え，何を測っていかに“良品率”を100％にするための近道を紹介する．

1.4　“働き”＝機能を測る

ドーナッツを揚げるという**働き**を考えてみる．ドーナッツ生地に高温の油で熱を与えることによってドーナッツの生地の中まで加熱し，表面はほどよく焦がすことが目的であろう．基本的には**熱のエネルギーの浸透**が機能であり，“働き”といえる（**図 1.5** 参照）．先に示した分布（**表 1.1**，**図 1.4**）でもわかるよ

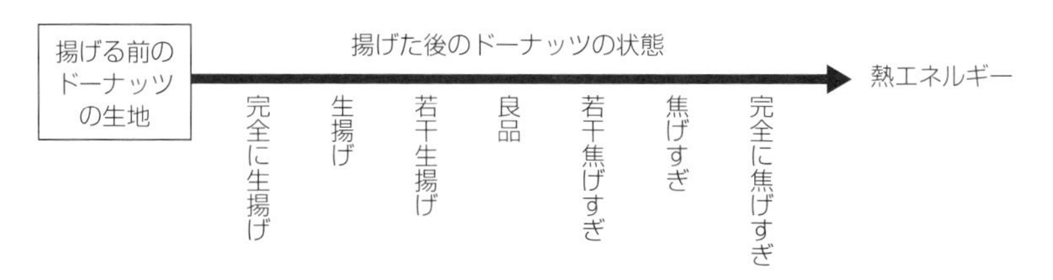

図 1.5　ドーナッツの揚げ工程の熱エネルギーの浸透

うに熱の浸透が大きすぎても，小さすぎても不良となる．また熱浸透がばらついても不良品が出ることになる．では何を測ればよいのか．エネルギーのモノサシを考えるのである．

揚げる前のドーナッツ生地は室温とする．油で揚げることによって温度が上がっていくのだから，ドーナッツ生地の輪の中心部分（ドーナッツの穴ではない！）の温度の上昇量がちょうど良ければ，ほど良く揚がっていると想像できる．ローストビーフを焼く際にも中心の温度を測る温度計を使う．すべてのドーナッツがバラツキなくちょうどいい中心温度であれば良品率は100％になると期待できる．そこで，**特性値** y を以下のように定義する．

y＝ドーナッツの中心温度－生地の初期温度（望目特性）

ここで注目していただきたいのは“生地の初期温度”を“ドーナッツの中心温度”から引いていることである．初期温度が室温の20℃として，ドーナッツの中心温度が150℃になれば120℃加熱したことになり，この120℃の加熱が仕事量といえるので，この特性値はドーナッツに熱を与えるという仕事の量を表している．この本では，“機能＝働き”である．

さて，この“中心温度－初期温度＝温度の変化量”という特性値は**望目**（ぼうもく）**特性**というタイプの特性値である．望目特性とは大きすぎても，小さすぎても何かしらの不具合が発生し，ちょうど良い目標値が存在するという性質をもっている．望目特性は“働き”の“仕事量”を表している場合が多く，望目特性の最適化の考え方を理解することはタグチの基本の一つである．

エネルギーを考えた望目特性を特性値にすると，**図1.6**のように温度と時間の効果の傾向がほぼ揃っていて，良品率を特性値にした場合のように強い交互作用は出にくいのである．言い換えると予測がつくのである．油の温度を上げるとドーナッツの中心温度は上がり，時間を延ばしても中心温度は上がる．両方行えば中心温度が更に上がることは予測がつく効果である．

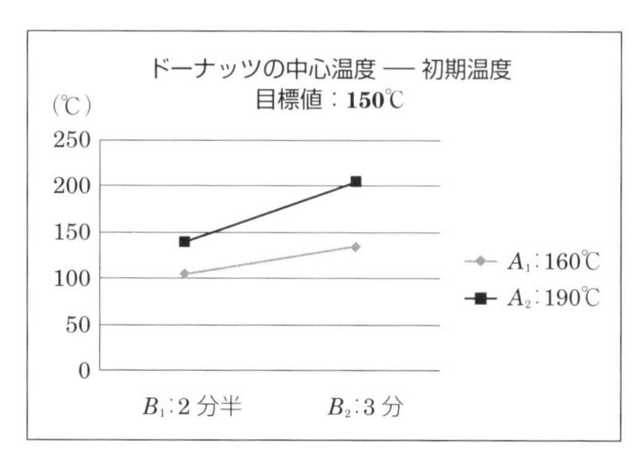

図 1.6　ドーナッツの中心温度を特性値にした特性要因図

1.5　望目特性の2段階最適化

望目特性に対してタグチの重要な戦略が，**2段階最適化**である．まず良品を100％にするための製造条件変更の作業を二つに分ける．一つは“温度の変化量の平均値を目標に合わせ込む”作業，もう一つは“温度の変化量のバラツキを最小化”する作業である．まずはどちらのほうが容易かを考えてほしい．

ちょっと考えれば“平均値を合わせ込む”ほうが簡単なことに納得できるであろう．それは例えば時間を延ばしたり温度を上げればすむことである．一方，“バラツキを減らす”ほうは難しい．そこでもう一問．どちらを先にやるべきであろうか．それは難しいほうが先である．したがって，2段階最適化は**図 1.7**のようになる．

Step 1のバラツキを減らすことは難しいので，バラツキを減らすことに効果のある制御因子をなるべくたくさん探しあてる必要がある．それが第3章に紹介する**パラメータ設計**と呼ばれるもので，直交表という実験の組合せを示す表を使って，莫大な設計条件の中から最適設計を求めて探索していくのである．

Step 2は単なるエネルギーの調節で一般的に容易である．これは**チューニング**とも呼ばれていて，合わせ込みに使われる因子は**調整因子**と呼ばれている．

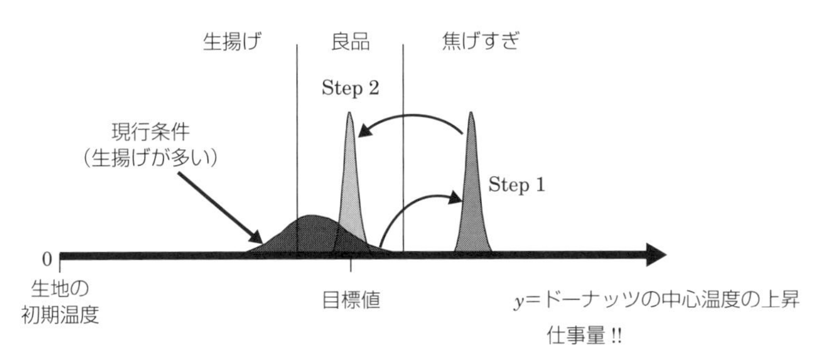

Step 1：バラツキを最小化する
Step 2：平均値を目標値に調整する

図 1.7　望目特性の 2 段階最適化

このように，良品率を改善するために，良品率そのものをデータにとるという愚行は避ける必要があり，まずは機能を考えてドーナッツの輪の中心温度の変化量をデータとして測り，望目特性の 2 段階最適化をすることが，タグチの戦略なのである．

1.6　ノイズと機能のロバストネス

Step 1 でバラツキに効果のある制御因子をなるべくたくさん探したいことは述べた．それらを探すためには何に注目すればよいであろうか．バラツキを減らすためには，**制御因子とノイズ因子の交互作用**を利用すればよいのである．本節ではロバストネスの概念とノイズ因子を紹介する．

太平洋戦争終戦後まもなくタグチは推計学の大家である増山元三郎教授に見いだされ，かばん持ちをしながら復興を目指す日本の企業の工場実験を手伝っていた．その頃，森永製菓で行われた“キャラメルの硬さの最適化”の実験を例にする．当時のキャラメルの品質は劣悪で**図 1.8** の左側に示したように夏にはポケットに入れると溶けてしまい，冬は硬くて噛めないという代物だった．“キャラメルの硬さ”は望目特性である．噛み心地という意味でキャラメルの

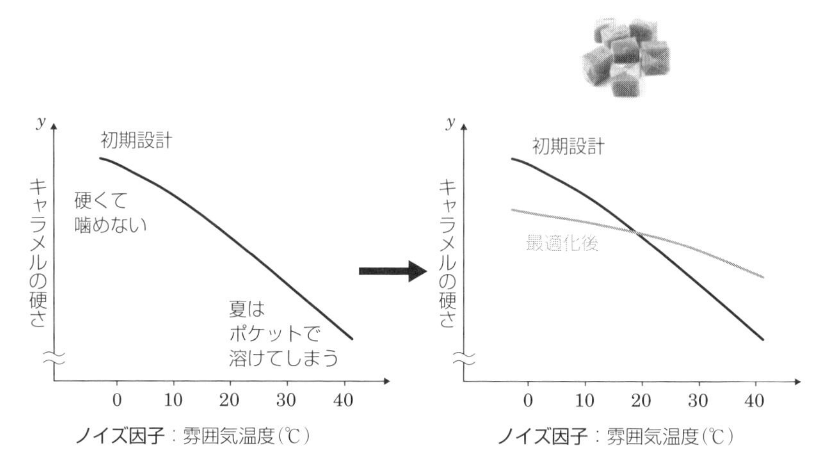

図 1.8　キャラメルの硬さの最適化

機能の一つであり，重要な特性値である．

雰囲気温度というのはキャラメルのまわりの空気の温度のことで，この因子は制御因子ではなく**ノイズ因子**である．ノイズ因子は日本では**誤差因子**と呼ばれ，海外では Noise とか Noise Factor といわれている．ノイズは制御因子と違って設計者がその水準を設定できない因子である．もし“このキャラメルは必ず 20℃で保存してご賞味ください”と言えるなら制御因子になり得るが，そうは言えないので設計者としてはノイズとして認識するべき因子である．モノやサービスの使用条件，使用環境，劣化などはすべてノイズである．ノイズは機能のバラツキの原因であり，様々な不具合を引き起こす犯人たちである．

森永の例では制御因子を使って，雰囲気温度というノイズに対して望目特性である“キャラメルの硬さ”をロバストにすることに成功している．**図 1.8** からわかるように，最適化後では，硬さに対して雰囲気温度の効果の傾きがよりフラットになっていることから，このノイズ因子の効果がより小さくなっているのを読みとってほしい．ロバストネスの最適化とはノイズの影響を最小化することで，タグチは 1970 年代に**パラメータ設計**と命名した．英語で Parameter Design, Optimization for Robustness, Desensitization of Noise

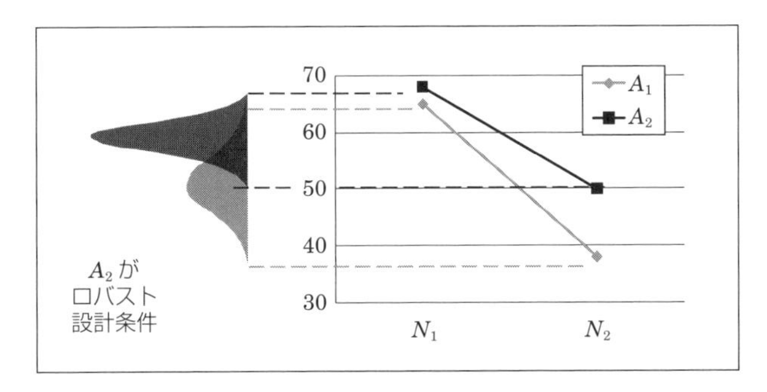

図 1.9　望目特性に対する制御因子 A とノイズ N の効果

Effect などと呼ばれ，2014 年 8 月に承認された ISO 規格では Robust Parameter Design と訳されている．

同じように**図 1.9** では縦軸が望目特性で，制御因子の A の水準を A_1 から A_2 に変えることによりノイズの影響をほぼ半分に減らしている．例えば y＝建物の対震力，N_1＝劣化前，N_2＝劣化後としよう．A_2 は A_1 と比べてロバストな設計条件である．そしてこれは制御因子 A とノイズ因子 N の交互作用による効果である．

この図の A_1 と A_2 の 2 本の線の傾きはそう変わらないので，A と N の交互作用はそんなに強いものでない．統計学で使われる統計的検定ではおそらく計測誤差やランダムな誤差と比べると有意差が認められないほどの小さな効果であるが，バラツキを減らすには極めて有効である．若干の交互作用でもバラツキを大きく減らすパワーがある．そして A のような因子をたくさん探し当ててロバストネスを飛躍的に改善することがパラメータ設計の目的である．これがコストを上げずに性能・品質・信頼性を改善するための戦略である．

ノイズに関する議論，特に“ノイズに対する対策”と，“ノイズの戦略”に関しての議論は第 5 章で紹介するとともに，この本を通して展開していく課題である．

コーヒーブレイク1

率の特性値

第1章で使った良品率のような0%から100%の率の特性値は，0%以下のマイナスの値や100%以上の値にならないため0%や100%に近づくにてつれて加法性が極端に悪くなるので，対数変換やオメガ変換といわれるデータの置換えが必要になる．－15%の不良率や120%の良品率はあり得ないからである．例えば不良率を1%から0.001%にすることは1/1000の改善で，不良率を2%から0.5%にするというたかだか1/4の改善よりも250倍難しいのである．この章では率のデータで，制御因子の効果を足したり引いたりしてしまい心苦しいのであるが，概念を理解するという意味でわかりやすいのであえてこの例を使った次第である．対数変換やオメガ変換の考え方を理解することはタグチメソッドのエキスパートには欠かせないことである．オメガ変換は第6章の率の特性値でカバーする．

第2章

望目特性のロバストネスの評価（機能性評価）

この章では前章で触れた望目特性の**ロバストネスの評価**を紹介する．ロバストネスの評価は，日本では**機能性評価**と呼ばれている．英語では単刀直入にRobust Assessment，ロバストネスのアセスメントである．これには“機能のロバストネスを評価する”ことと，その“評価がロバストである”ことの二つの意味が込められている．第3章ではロバストネスの評価を利用したロバストネスの最適化であるパラメータ設計を紹介する．

2.1 望目特性のSN比による機能性評価

タグチでは，解析する対象の設計を**システム**と呼び，その**機能**と**特性値**を特定することから始める．とはいえ，言葉で定義することはなかなか難しいので，まずは**表2.1**に具体例を挙げるのでイメージをつかんでほしい．機能とはシステムの**働き**であり，特性値はそのアウトプットの計測値である．また，特性値は望大特性，望小特性，望目特性などに分けられる．**望大特性**とは，出力が大きければ大きいほどよい特性であり，**望小特性**とはその逆である．**望目特性**とは，目標値が，値が大きすぎても小さすぎても不具合が発生する特性値である．第1章の，揚げたばかりのドーナッツの中心温度のようにちょうど良い値が目標値となる．**表2.1**に望目特性の例を挙げてみた．

表 2.1　望目特性のシステムと機能の例

システム	機　能	望目特性
ゴルフの 50 ヤードアプローチ	球を飛ばす	アプローチショットの飛距離
ペットボトルのキャップ	キャップを開ける	キャップを開けるために要する力
スパゲティ作り	スパゲティを茹でる	“やわらかさ”“硬さの変化量”など
コーヒーポットの保温	保温	コーヒーの温度と雰囲気温度の差
自動ドア	ドアの開け閉め	ドアの速さ，開閉時間の逆数
照　明	明るさを出す	照　度
構造体の剛性	強度を出し，保つ	剛　性
金メッキの工程	金メッキの層を作る	膜　圧
フォトリソグラフィー	エッチング	線　幅
フォトリソグラフィー	エッチング	ある電圧をかけた際の電流値
様々な化学反応	分子の反応	反応速度
コピー機の紙送り	コピー紙の搬送	搬送速度（mm/sec）
電源回路	電圧変換	出力電圧
自動車のシートヒーター	加　熱	−5℃から 20℃になるまでの時間の逆数
自動車ドア	ドアを閉める	ドア閉め力
エアバッグ	エアバッグを膨らませる	膨らむまでの時間の逆数

2.2　ゴルフにおける 50 ヤードアプローチショットの飛距離

まずは，ゴルフを例に説明してみたい．ゴルフスイングの機能とは，ゴルファーのスイングによってクラブヘッドの動的エネルギーをボールに伝えて，目的の方向に目的の飛距離の位置にボールを飛ばすこと，と定義することができる．“50 ヤードのアプローチショットの飛距離”であれば 50 ヤードが目標値の望目特性である．この場合，ただ遠くに飛べばよいということではなく，50 ヤードに近い飛距離に安定して飛ばせることが望ましい．アプローチショットは狙った飛距離を安定して飛ばせることが重要になるからである．

さて，**表 2.2** にゴルファー 3 人が繰返し 8 回のスイングをした際のデータがある．

表 2.2　3人のゴルファーのアプローチショットの飛距離

	1	2	3	4	5	6	7	8	平均
A_1:田中	49	45	45	46	46	51	52	50	48.0
A_2:山田	42	35	41	52	56	44	34	40	43.0
A_3:鈴木	46	50	53	49	49	48	47	46	48.5

特性値:y＝50 ヤードアプローチショットの飛距離　(ヤード)
因子 A：ゴルファー　A_1＝田中氏　A_2＝山田氏　A_3＝鈴木氏

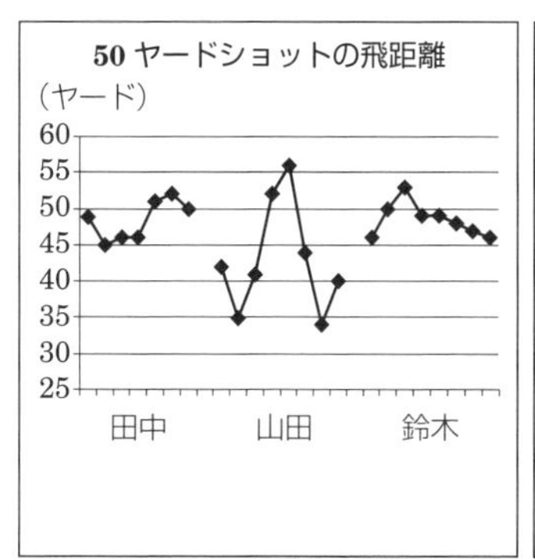

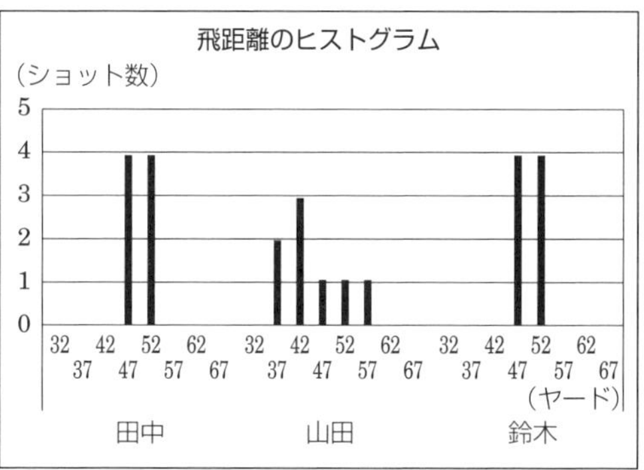

図 2.1　アプローチショットの結果のグラフ

このデータをどのように分析すればよいかを考えてみよう．まず考えるのは，表の生データを目視することと，そのデータをグラフに図解することである．**図 2.1** の左が折れ線グラフで，右がヒストグラムにしたものである．

ヒストグラムは飛距離をいくつかの範囲に分け，それぞれの範囲に入ったデータの数（度数という）をグラフにしたもので，データの分布状況を見えるようにしたものである．このように，データのもっている情報を見えやすくするためにはどんなグラフにするか，また与えられたグラフからどんな情報を読みとるかというセンスを培うことが重要である．この表とグラフから読みとれることは次のとおりである．

① 田中氏の平均飛距離は 48.0 ヤードで 45 から 52 ヤードのバラツキがある．

② 山田氏の平均飛距離は43.0ヤードで34から66ヤードのバラツキがある．

③ 鈴木氏の平均飛距離は48.5ヤードで46から53ヤードのバラツキがある．

④ ヒストグラムを見ると田中氏と鈴木氏はほぼ同じような分布で，山田氏のバラツキが大きいのがわかる．

⑤ 山田氏は他の2人に比べて飛距離が平均的に6ヤードほど短く，バラツキは倍以上あるようだ．

2.3 分散と標準偏差

つぎに，グラフの目視による分析からもう一歩突っ込んで，分散と標準偏差という数値を計算してみよう．どちらもバラツキを表すモノサシ（指標）であり，この値を比較するのである．

分　散

分散は英語でVarianceで，σ^2で表記される．平均値のまわりのバラツキが大きいほど分散は大きい値をとる．

分散は，各データから平均までの距離を2乗したものを，合計してデータの数nとか$n-1$で割ったものである．ややこしいが平均値までの距離の2乗の平均である．2乗したものの平均であるから平均2乗，英語でMean Squareとも呼ばれる．単位は特性値の単位の2乗である．

標準偏差

標準偏差（Standard Deviation）は分散の平方根である．ギリシャ文字のσで表記され，単に**シグマ**とも呼ばれている．分散σ^2の値の平方根なので，元の単位に戻していることになる．したがって単位は特性値の単位と同じで，この場合ヤードである．バラツキの度合いを特性値の単位で表しているからシグマはバラツキの範囲に比例すると考えてよい．つまりシグマが倍ならバラツキ範囲も倍である．シグマが半分になれば，バラツキの範囲は半分になる．

表 2.3 に計算結果を示す．シグマは田中氏が 2.8，山田氏は 7.7 で，鈴木氏は 2.3 である．鈴木氏のバラツキが最も小さい．山田氏のバラツキの範囲は田中・鈴木両氏の約 3 倍である．当然であるが，平均値と標準偏差を見た結論は生データをグラフを目視して導いた結論とほぼ同じである．

表 2.3　3 人のゴルファーのデータの標準偏差と分散

	平均	σ（シグマ）	分散 σ^2	バラツキ範囲
A_1：田中	48.0	2.8	8.0	7.0
A_2：山田	43.0	7.7	58.6	22.0
A_3：鈴木	48.5	2.3	5.4	7.0

コーヒーブレイク 2

平均値・分散・標準偏差

平均値の定義

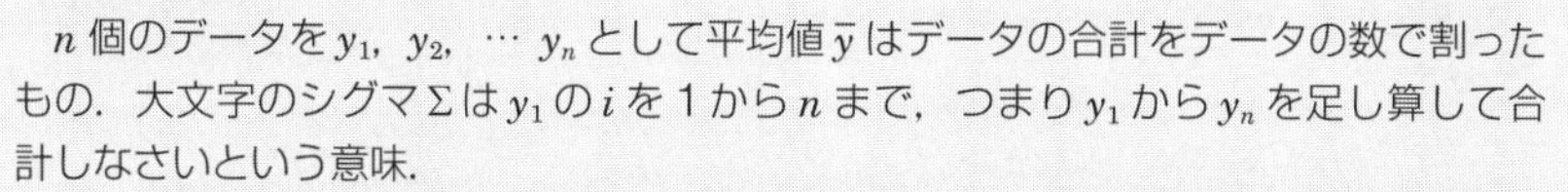

n 個のデータを y_1，y_2，… y_n として平均値 $\overline{y}$ はデータの合計をデータの数で割ったもの．大文字のシグマ Σ は y_1 の i を 1 から n まで，つまり y_1 から y_n を足し算して合計しなさいという意味．

$$\overline{y} = \frac{1}{n}\sum_{i=1}^{n} y_i = \frac{y_1 + y_2 + \cdots + y_n}{n}$$

分　散

各データから平均値を引いて 2 乗する．2 乗された値を合計してデータの数で割った値が分散．分散 σ^2 はバラツキの大きさのモノサシ．

$$\sigma_{n-1}{}^2 = \frac{(y_1 - \overline{y})^2 + (y_2 - \overline{y})^2 + \cdots + (y_n - \overline{y})^2}{n-1} = \sum_{i=1}^{n} \frac{(y_i - \overline{y})^2}{n-1}$$

この式の分母の $n-1$ のかわりに n で割ることもあるが，どちらを使っても傾向は同じなので首尾一貫している限り，どちらを使うかこだわる必要はない．

標準偏差

分散の平方根が標準偏差で単にシグマとも呼ばれている．やはりバラツキの大きさのモノサシ．シグマはデータのバラツキ範囲にほぼ比例する．

$$\sigma_{n-1} = \sqrt{\sum_{i=1}^{n} \frac{(y_i - \overline{y})^2}{n-1}}$$

コーヒーブレイク 3

平均値・分散・標準偏差・バラツキ範囲の簡単な例

	データ				
A_1	92	96	100	104	108
A_2	96	98	100	102	104
A_3	98	99	100	101	102
A_4	6	8	10	12	14
A_5	8	9	10	11	12

		平均	分散 σ^2	σ	バラツキ範囲
A_1	90 95 100 105 110	100.0	32.0	5.7	16.0
A_2	90 95 100 105 110	100.0	8.0	2.8	8.0
A_3	90 95 100 105 110	100.0	2.0	1.4	4.0
A_4	0 5 10 15 20	10.0	8.0	2.8	8.0
A_5	0 5 10 15 20	10.0	2.0	1.4	4.0

2.4　ノイズ因子の導入

ここで重要な問題提起をする．この8回のデータからある程度，傾向のようなものは見えてきた．とはいえ，たかだか8回の繰返しのデータだけでこのような結論を出すことはできない．ゴルフショットはその日の調子や天候やコースのレイアウトなど様々な要因に左右される．さらにゴルフはメンタルなゲームである．グリーン手前に池があると入れたくないばかりに大きく打ちすぎる傾向があり，グリーン奥に池があるとその逆の傾向がある．

各ゴルファーのアプローチショットの実力を“ロバストネスで評価する”に

は，たった8回の繰返しのデータだけでは不十分である．この繰返し数がたとえ100回でも不十分である．なぜならノイズの影響を意図的に加味した条件で測ったデータではないからである．ここでいう**ノイズ**とは機能を阻害する条件であり，このアプローチショットの事例では“池に落とさないようにショットする”というプレッシャーが該当する．ノイズを織り込んだ条件，つまり意図的にノイズ条件を変えてノイズの影響を加味して採取したデータで評価しなければ，ノイズに対するロバストネスを評価することはできないのである．つまり，モノやサービスのロバストネスの評価をするには，単なる偶然誤差のようなバラツキだけを評価しても意味がないのである．

2.5　Pダイアグラム

このような評価をすることを**機能性評価**という．この機能性評価をするために，対象のシステムと特性，誤差因子を図解したものが**図2.2**である．この図を**Pダイアグラム**という．

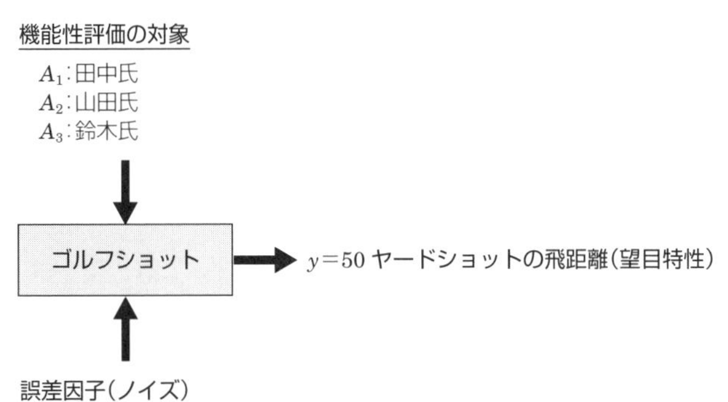

図2.2　ゴルフショットの機能性評価のPダイアグラム

Pは“要因”という意味のパラメータ（Parameter）のPである．機能性評価や最適化の考えをまとめるためにまずはPダイアグラムを描くことを勧める．真ん中のボックスが評価する**システム**，右が計測する**特性値**，上が評価の**対象**，下にずらりと**ノイズ**になりうるものを列挙するのである．このノイズのリストからどのようにノイズをとるかを決めていくのである．これは**ノイズの戦略**とも呼ばれるもので，これから章を追って議論を深めていくことになる．具体的な“戦術”に対して，より大局的で長期的なものは“戦略”と定義される．このノイズに対してロバストであれば他のノイズに対してロバストである，と確信できるようなノイズのとり方を追求することは戦略と定義される．

この章のノイズの戦略は以下のように定義した．

N_1＝グリーン奥側にピンがあり，そのすぐ奥に池がある状況
N_2＝ピンはグリーンの真ん中で，まわりに池もバンカーもない状況
N_3＝グリーンの手前側にピンがあり，そのすぐ手前に池がある状況

N_1はゴルファーのショットが短くなりがちなノイズ条件，N_3がその逆にショットが長くなりがちなノイズ条件，N_2はその中間の標準的な条件である．実際にはもう少しいろいろなノイズを設定するべきであろうが最初の例として簡単にした．先に紹介した8回繰返しのデータはN_2のデータとして扱い，**図2.3**はN_1とN_3のデータを集めて加えた結果である．

このようなデータから，ロバストネスのモノサシである**SN比**を計算して評価する．その前にグラフを目視してデータが何を語っているか読みとってみよう．

① N_1，N_2，N_3のノイズ条件下の24個のデータを総合して見ると田中氏のバラツキが小さく，鈴木氏，山田氏とバラツキが大きくなっている．

② 鈴木氏はN_2の条件では田中氏と同じようなバラツキであったが，N_1とN_3のデータを足すと田中氏の倍以上のバラツキあるようである．

③ 山田氏と鈴木氏は，平均的にN_1よりN_2，N_2よりN_3と飛距離が伸びる傾向があるようである．これは両氏が田中氏よりもノイズに影響され

（単位：ヤード）

	N_1のノイズ条件								N_2のノイズ条件								N_3のノイズ条件							
	1	2	3	4	5	6	7	8	1	2	3	4	5	6	7	8	1	2	3	4	5	6	7	8
A_1：田中	49	46	44	46	49	48	52	48	49	45	45	46	46	51	52	50	46	50	48	46	50	47	51	48
A_2：山田	33	38	49	37	42	32	46	51	42	35	41	52	56	44	34	40	58	47	42	52	56	57	49	47
A_3：鈴木	42	42	40	44	45	46	44	46	46	50	53	49	49	48	47	46	52	55	54	58	54	54	54	58

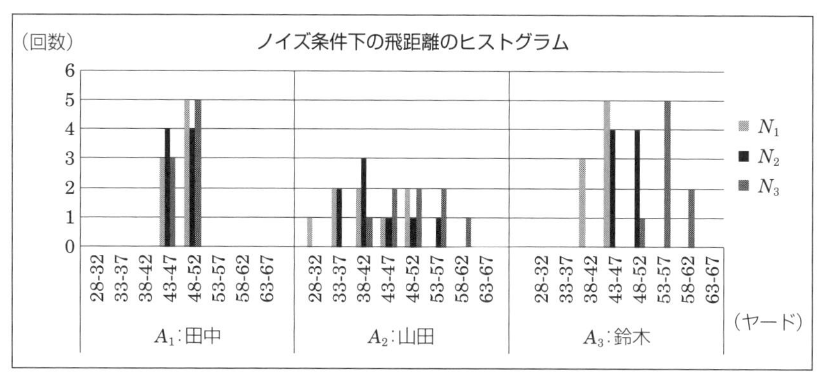

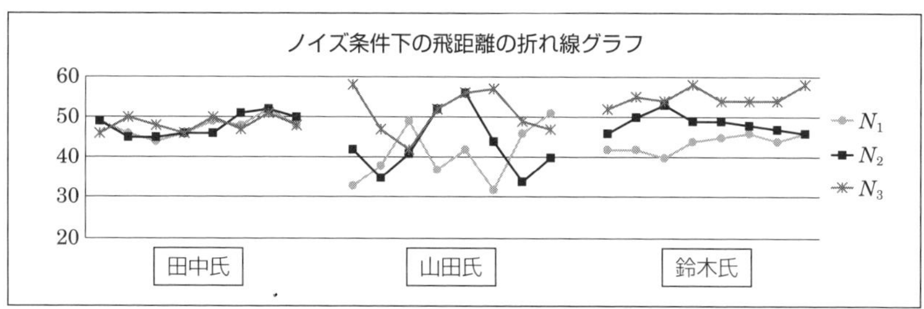

図 2.3　ノイズ条件を含めたデータとそのヒストグラム

やすい（ロバストでない）ことを示している．

④　鈴木氏は山田氏と比べてN_1内，N_2内，N_3内の同じ条件内ではバラツキが小さい．

⑤　田中氏はN_1とN_3の飛距離がN_2の飛距離とほぼ同じでノイズに影響を受けない（ロバストである）といえる．

田中氏がノイズに対してロバストであることを見やすくするために，ノイズ条件ごと（N_1, N_2, N_3）の3人の8回の繰返しの平均値を計算して**図 2.4** のようにグラフにした．

このグラフを見ると，田中氏は N_1 と N_3 というノイズ条件に影響を受けない（ロバストな）プレーヤーであり，鈴木氏と山田氏はともに N_1 と N_3 のノイズ条件に影響されて，平均値が変化しているのが見える．

ノイズ条件ごとの飛距離の平均値

	N_1	N_2	N_3
A_1:田中	47.8	48.0	48.3
A_2:山田	41.0	43.0	51.0
A_3:鈴木	43.6	48.5	54.9

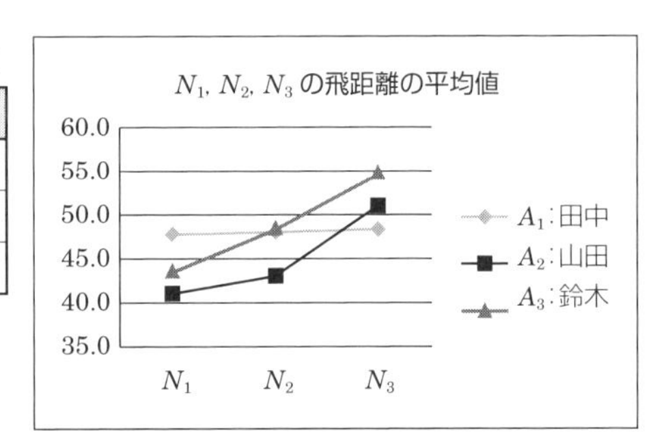

図 2.4　ノイズ条件ごとの平均値とフラフ

2.6　望目特性の SN 比によるロバストネスの評価

ロバストネスを単に比べるだけならグラフで十分な場合もある．しかし，グラフを目視しただけでは判別できない場合もあること，より精度の高い評価を行うためには，**SN 比**という指標を計算するとよい．次章ではパラメータ設計で得られた最適条件などの未知の条件を推定する方法を紹介するが，そのために SN 比がどうしても必要になるのである．

なお，ロバストネスの概念を理解して仕事に活かすことが重要なのであり，計算は計算が得意な技術者に任せておけばよく，計算の結果に対する解釈ができれば十分である．

次の式は，望目特性の SN 比を求める計算式である．

$$S/N = \eta_{\mathrm{db}} = 10 \log \frac{\bar{y}^2}{\sigma^2}$$

この式のポイントは次のとおりである.

① ηはギリシャ文字で**イータ**と読み，SN比を意味している．単位はデシベルdbである．音響工学や電気工学のSN比ではdBと記載するが，区別するためにdbと表記する.

② 対数logをとる理由は数字が扱いやすくなることと，加法性が良くなるからである．対数を10倍にすることも数字が扱いやすい大きさになるためである.

③ 平均値とσの比が大きいとSN比が大きくなり，機能のバラツキが小さいことになる．そのため，SN比は大きいほど良い値である.

分散やσがバラツキのモノサシと述べた．システムが果たした出力の仕事量を表現する望目特性は，平均値とσの比が大きいほどバラツキは小さいと考えるべきである.

マイナスの値をとらない仕事量という特性値は平均値が0.0というのはデータがすべて0.0ということだからバラツキもゼロである．仕事量が10，100，200と増えるにつれてバラツキの範囲が大きくなるのが自然である．別の言い方をするとバラツキは±%で評価されるべきである．10±1，50±5，100±10，200±20はすべて±10%であり同等のバラツキである．±%のバラツキが小さいとSN比は大きくなる.

図2.5に示すように，SN比の分子が“仕事量”で分母が“σの2乗である分散”と見るとわかりやすい．仕事量（出力）をσの2乗で割っているので，σが同じであれば仕事量は当然大きければ大きいほど良いことになる．しかし，仕事量が倍になっても分母であるσが倍になれば，結果としてSN比は変わら

$$S/N = \eta_{\mathrm{db}} = 10 \log \frac{\bar{y}^2}{\sigma^2}$$

図2.5 SN比

ない．つまり，仕事量が大きくかつσが小さいほど，SN 比は大きくなる．

なお，統計手法にある変動係数はσが分子，平均値が分母であるから SN 比の逆数になる．変動係数を最小化することと，SN 比を最大化することの意味は同じである．

2.7 望目特性の SN 比の計算例

それでは，SN 比で先ほどの事例の 3 人のゴルファーのアプローチショットの飛距離のロバストネスを評価してみよう．3 人の飛距離のデータはノイズの 3 条件ごとに 8 回繰り返して計測されているから 24 個ずつある．まず，田中氏の 24 個のデータからの平均値，分散，標準偏差と望目特性の SN 比の計算を示す．

$$\bar{y} = \frac{\sum_{i=1}^{24} y_i}{24} = \frac{49+46+44+46+\cdots\cdots+51+48}{24} = \frac{1\,152}{24} = 48.0 \quad (\text{ヤード})$$

$$\sigma_{n-1}{}^2 = \frac{\sum_{i=1}^{24}(y_i-\bar{y})^2}{24-1}$$

$$\frac{(49-48.0)^2+(46-48.0)^2+(44-48.0)^2+\cdots\cdots+(51-48.0)^2+(48-48.0)^2}{23}$$

$$= \frac{1^2+(-2)^2+(-4)^2+(-2)^2+1^2+0^2+4^2+0^2+1^2+\cdots\cdots+3^2+0^2}{23}$$

$$= \frac{124}{23} = 5.39 \quad (\text{ヤード}^2)$$

$$\sigma = \sqrt{5.39} = 2.32 \quad (\text{ヤード})$$

$$S/N = \eta_{\text{db}} = 10\log\frac{\bar{y}^2}{\sigma^2} = 10\log\frac{48.0^2}{2.32^2} = 26.3\,\text{db}$$

山田氏と鈴木氏のデータも同じ計算をした結果が**表 2.4** である．

表 2.4　3 人のゴルファーの SN 比

	平均値	σ^2	σ	SN比	利得
A_1:田中	48.0	5.39	2.32	26.3	11.2
A_2:山田	45.0	62.9	7.93	15.1	Base
A_3:鈴木	49.0	26.5	5.15	19.6	4.5

2.8　SN 比の利得（ゲイン）

表 2.4 にある SN 比の**利得**（**ゲイン**）というのは，SN 比の差を意味している（もともとは通信工学の用語である）．6 db の利得があれば，バラツキ範囲が半分になることを示している．12 db の利得は 6 db の倍であるから，バラツキ範囲は 1/4 になる．なお，利得とバラツキ範囲の改善の関係はコーヒーブレイク 4 を参照されたい．

SN 比で評価すると，田中氏，鈴木氏，山田氏の順にショットが安定していると判断できる．SN 比の最も悪い山田氏を**基準**（**Base**）にすると，田中氏は 11.2 db の利得がある．11.2 db の利得ということは田中氏のバラツキ範囲は山田氏の 27.4% である．鈴木氏のばらつきは田中氏よりも 11.2－4.6＝6.7 db 悪い．

これらの分析からわかったことは，山田氏は繰返し（同じ条件内での）のバラツキとノイズに対する（異なった条件内での）バラツキを減らすことであり，鈴木氏はノイズに対して（異なった条件）ロバストになるように練習する必要があるということである．

コーヒーブレイク 4

SN 比の利得とバラツキの関係

SN 比の差である利得もしくはゲインは，例えば最適設計は初期設計と比べて 6.0 db の利得が確認されたというように表現される．基準のバラツキが 100%として基準から x db の利得があるとばらつきは下の式の P%になる．

$$P\% = (0.5)^{\frac{x}{6}} \times 100$$

これは 6 db の利得ごとにバラツキ範囲が半分になることを示している．バラツキ範囲が半分ということは σ が半分である．下の表を参照されたい．

利得（db）	0.10	0.25	0.50	0.75	1.00	1.25	1.50	1.75	2.00	2.25	2.50	2.75	3.00
バラツキ範囲（%）	99	97	94	92	89	87	84	82	79	77	75	73	71

利得（db）	3.25	3.50	3.75	4.00	4.25	4.50	4.75	5.00	5.25	5.50	5.75	6.00	6.50
バラツキ範囲（%）	69	67	65	63	61	59	58	56	55	53	51	50	47

利得（db）	7.0	7.5	8.0	8.5	9.0	9.5	10.0	12.0	14.0	16.0	18.0	20.0	30.0
バラツキ範囲（%）	45	42	40	37	35	33	31	25	20	16	13	10	3

また利得がマイナスの場合，例えば－6 db の利得はバラツキは倍になる．

2.9　さらなる考察，標示因子！

鈴木氏の実力は N_2 の条件だけなら田中氏とほぼ同じである．しかし，鈴木氏は田中氏より慎重派であり，池ポチャを避けたいという思いからか，N_1 の条件では短めの，N_3 の条件では長めの飛距離になったデータが出ている．一方，田中氏は N_1 の条件であろうが N_3 の条件であろうが意識せずに同じ距離を打てるという意味でロバストなプレイヤーである．ショットがより正確なプロのゴルファーでさえ，右ぎりぎりに池があればリスクを避けるために左めに打つのだから，N_1 では短めに N_2 では長めに打つことが当然であるとすれば因子 N はノイズ因子ではなくなる．このような考察が，システムの機能の設計ではとても大切な考え方であり，第 7 章で議論する理想機能を定義する際に重要である．

この場合，因子 N をどのようにとらえるかで，以下の2通りの考え方をすることができる．

(a)　因子 N はノイズであり N_1，N_2，N_3 に対するロバストネスを評価する．N_1，N_2，N_3 の飛距離が同じというのが理想とする．

(b)　N_1，N_2，N_3 ごとに飛距離の平均が異なるのはゴルフのスコアメーキングのための戦略として当然であるとする．この場合は因子 N は標示因子であり，因子 N の効果はSN比の分母のノイズの分散に含めない．

標示因子とは，制御因子でもノイズでもない因子である．制御因子ではないから水準は選べない．ノイズではないからこの因子に対してロバストにする必要性はない．この場合 N_1，N_2，N_3 の平均値が異なっていてもかまわないという考え方が成り立つ．そのため，因子 N の効果はノイズの効果であるSN比の分母に入らないように計算する．この場合のSN比の計算方法はコーヒーブレイク5を参照されたい．**図2.6**にその計算結果を示す．

N を標示因子とした場合，鈴木氏は田中氏と同等のSN比であるといえる．鈴木氏は N_1，N_2，N_3 で平均飛距離が変わるが，それはゴルフの戦略であってバラツキではないという解釈を行ったためである．この場合でも山田氏は相変わらずバラツキが大きい．

	Nがノイズの場合			Nが標示因子の場合		
	σ	SN比	利得	σ	SN比	利得
田中氏	2.3	26.3	11.2	2.4	25.9	9.7
山田氏	7.9	15.1	Base	6.9	16.3	Base
鈴木氏	5.1	19.6	4.5	2.2	27.0	10.7

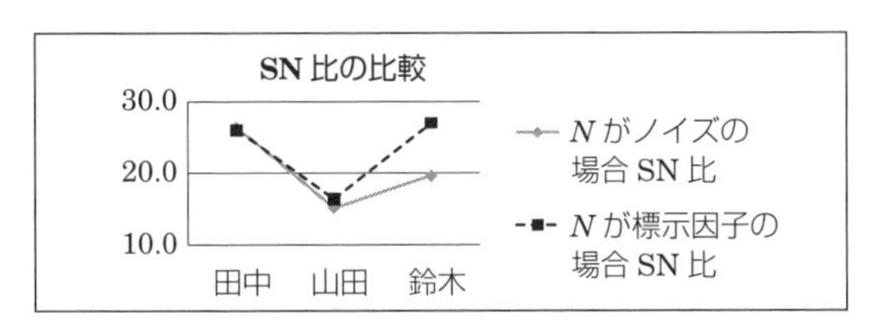

図2.6　N を標示因子とした場合のSN比

このような標示因子の考え方は，実はフィードバックやフィードフォワードの補正の機能の最適化に有用である．このことは追って議論する．なお，この例におけるNを標示因子とするのであれば，バラツキはN_1，N_2，N_3における8回ずつの単なる繰返しで評価しているだけでは心もとない．他の重要なノイズ因子も織り込んだデータをとるべきである．

コーヒーブレイク 5

標示因子

因子Nを標示因子とした場合はSN比の分母にNの効果が入らないようにする．その場合の分散の計算法の2通りを以下に示す．いずれの場合も同じ値になる．

この場合のSN比の分母のノイズの分散は繰り返しのみのバラツキの分散になる．

1）N_1，N_2，N_3内のそれぞれで分散を計算し，足して3で割る．
2）分散分析をして繰返しの分散を得る．

$$\sigma_{Noise}{}^2 = \frac{\sigma_{N_1}{}^2 + \sigma_{N_2}{}^2 + \sigma_{N_3}{}^2}{3}$$

	A_1:田中								分散	平均
N_1	49	46	44	46	49	48	52	48	5.93	47.8
N_2	49	45	45	46	46	51	52	50	8.00	48.0
N_3	46	50	48	46	50	47	51	48	3.64	48.3
								平均	**5.86**	48.00

ANOVA（田中氏の飛距離）

Source	f	S	V
N	2	1.0	
e	21	123.0	**5.86**
Total	24	124	

田中氏のSN比

$$\eta_{db} = 10\log\frac{\overline{y}^2}{\sigma_{Noise}{}^2} = 10\log\frac{48.0^2}{5.86} = 25.9\,\text{db}$$

どちらの計算法も分散は5.86になる．同様に山田氏と鈴木氏のSN比を求めた．Nを標示因子にすると鈴木氏のSN比は田中氏よりも良くなることに注目したい．

	分散			分散の平均	平均の平均	SN比	利得
	N_1	N_2	N_3				
田中	5.9	8.0	3.6	5.9	48.0	25.9	9.7
山田	51.4	58.6	32.6	47.5	45.0	16.3	Base
鈴木	4.6	5.4	4.4	4.8	49.0	27.0	10.7

第3章 望目特性のロバストネスの最適化

この章では望目特性を例にしてロバストネスの最適化であるパラメータ設計の基本を説明する．米国におけるタグチメソッドの研修のテキストで1990年代から取り上げている例を紹介することにした．タグチが1953年に伊奈製陶（現・LIXIL社）で指導した，タイルの実験を基にしたものである．他にも望目特性の優れた事例があるが，タグチの思い入れの強いエポックメーキングな事例なので，あえてこの事例を下敷きにした．このタイルの事例の詳細は，丸善から出版されている田口玄一著『第3版実験計画法』第17章を参照されたい．

3.1 伊那製陶におけるタイルの実験

陶磁器のタイルは，粘土・長石・ロウ石・石灰石などの原料を調合し，6%ほどの水分を含んだグリーンタイルというタイル生地にして，まとめて焼成窯で焼くことで製品となる．生地に加熱して製品を作るという意味では第1章のドーナッツの製造と似ている．

この実験が行われた当時は公営住宅の建設ラッシュでタイルの需要が大きく伸びていた．伊奈製陶では，高価であるがタイルを焼く焼成工程の連続大量生産を可能にする，大型のトンネル窯を欧州から輸入した．長さ80 mのトンネル窯の中のレールの上をキルンカートという貨車に多数のタイルを積んで，時速2.2 mというスロースピードで動かし36時間かけてタイルの生地を焼き上げるのである．ところが，焼成してみるとタイルの寸法や品質が大きくばらつくため，その改善のためにこの実験をすることになった．

調べてみるとキルンカート上のタイルの位置によって寸法が影響されている

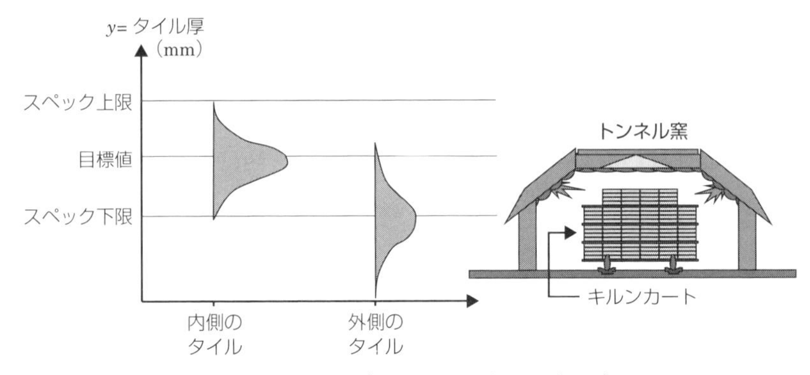

図 3.1　タイル厚のバラツキとトンネル窯

ことがわかった．**図 3.1** にあるように，カートの中心に近い内側は熱源から遠いことから比較的低めの温度となるため，タイルの収縮が小さめでタイルは厚めに焼き上がる．他方，カートの外側に配置されたタイルは熱源により近く高めの温度で焼かれるため，タイルの収縮が大きめでタイルは薄くなりがちである．その結果，全体のバラツキが大きく良品は 70%ほどであった．

温度の違いがタイルの寸法のバラツキの大きな原因の一つであることは明白である．タイル一枚一枚の温度が同じになるようにすることができれば，バラツキは大幅に改善できるだろう．それは，トンネル窯やキルンカートの設計を変えることによって達成できるかもしれないが，設計変更のためのコストや時間を考慮すると実際的ではなかった．

バラツキの原因を調べて原因を潰していく方法が，コスト的に妥当であれば戦略として成り立つ．しかし，タグチの戦略は，その方法を考える前に**バラツキの原因の影響を最小化するというロバストネスの最適化を考える**というものである．タグチはこれを“因果関係は調べない”という表現の仕方をした．伊奈製陶で行った実験では，意識的にバラツキの原因であるノイズに対して直接対策をとる方法でなく，ノイズの影響を最小化する，ロバストネスの最適化であるパラメータ設計を試みたのである．筆者の想像であるが，タグチの戦略が洗練されていたというよりも，当時の日本の企業ではコストや時間がかけられず，ほかに方法がなかったのではないだろうか．

コーヒーブレイク 6

“因果関係は調べない”の真意

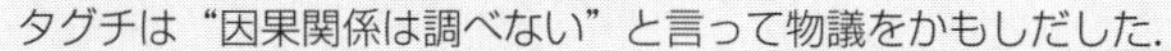
タグチは“因果関係は調べない”と言って物議をかもしだした.

品質管理の世界では不具合や不良などの問題が起きたら因果関係を調べて原因に対して対策をとり，再発防止を施すことで改善を重ねていくことが基本である．Plan-Do-Check-Act のデミングサイクルを回して Continuous Improvement（絶えまない改善）の体質をつくり高品質を保証をしていくというのが日本の製造業が得意とする品質管理であった．品質管理の側からすると因果関係を考えないというのはもってのほかである.

モノやサービスの開発中に不具合があるごとに不具合に対してアクションをとるということをやっていたのではいつまでたっても“モグラ叩き式”の開発から脱皮できない．設計開発においては問題が起きる前に機能のロバストネスの最適化をすることの重要性を強調するためにこのような物言いをしたのである.

3.2 パラメータ設計の 8 ステップ（その 1）

ロバストネスの最適化を目的としたパラメータ設計の 8 ステップを**図 3.2** に示す．8 ステップの各ステップにおける考え方はこの本のテーマともいえる.

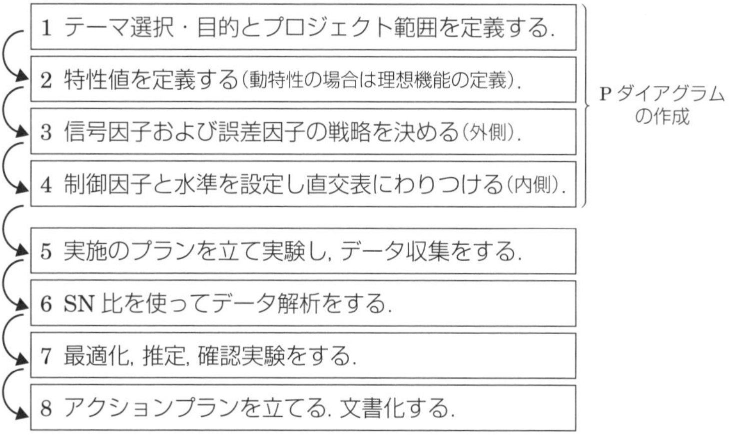

1 テーマ選択・目的とプロジェクト範囲を定義する.
2 特性値を定義する（動特性の場合は理想機能の定義）.
3 信号因子および誤差因子の戦略を決める（外側）.
4 制御因子と水準を設定し直交表にわりつける（内側）.
（1～4：P ダイアグラムの作成）
5 実施のプランを立て実験し，データ収集をする.
6 SN 比を使ってデータ解析をする.
7 最適化，推定，確認実験をする.
8 アクションプランを立てる．文書化する.

図 3.2 パラメータ設計（ロバストネスの最適化）の 8 ステップ

●ステップ1　テーマ選択・目的とプロジェクト範囲を定義する

目的と最適化の範囲の決定である．**スコーピング**（scoping）といって技術戦略のための重要なステップである．**テーマ選択**とも呼ぶ．どのような目的をもって，どの機能を最適化するのかという意思決定である．

タイルの製造のプロセスはおおまかに，

“材料→調合→成形→焼成→選別”

である．目的は，焼成工程における**温度のバラツキに対してロバストネスを得てタイルの厚さを揃えたい**ということである．

そのために**設計スペース**のどこから制御因子をとれば，コストをかけることなく目的を達成できるかを考えるのである．設計スペースというのは材料から選別までの制御因子全体のことである．なお，ここでいうコストは，実験のためのコスト，設計変更コスト，製品コストなどのすべてを含む．

タイルの材料の調合は，大量生産用の1トン規模の大型機の代わりに，実験用の1/500の2 kgの規模の調合装置を使用できたので，材料と調合から多くの制御因子を比較的楽に試すことができた．制御因子は材料と調合からとって，計測は焼成後のタイルを対象にしたのである．

●ステップ2　特性値の定義

何を測るかを決めるステップである．この例で測られるのは，タイルの厚さという望目特性の特性値である．タイルの生地をトンネル窯の熱で水分を飛ばして焼成するのであるから，元の生地の厚さが均一である限り，焼成が均一であれば焼成後のタイルの厚さも均一になるはずである．焼成後の厚さの目標値は10.0 mmである．

Pダイアグラム

ステップ1のスコープが決まり，ステップ2の特性値が定義されたら**図3.3**のような**Pダイアグラム**を図解すると考え方をまとめやすい．Pダイアグラムによって最適化の戦略が見えやすくなり，関係者の間のコミュニケーションにも役立つ．

Pは要因であるパラメータのP，真ん中の箱がステップ1のスコープ，右側の出力がステップ2の特性値，下がステップ3のノイズ（誤差因子），上がステップ4の制御因子である．

Pダイアグラムにあるノイズと制御因子はブレイン・ストーミングで出てきたものをすべて書き留めておくことである．実際に何をどうとるかを決めるのが次のステップ3と4である．

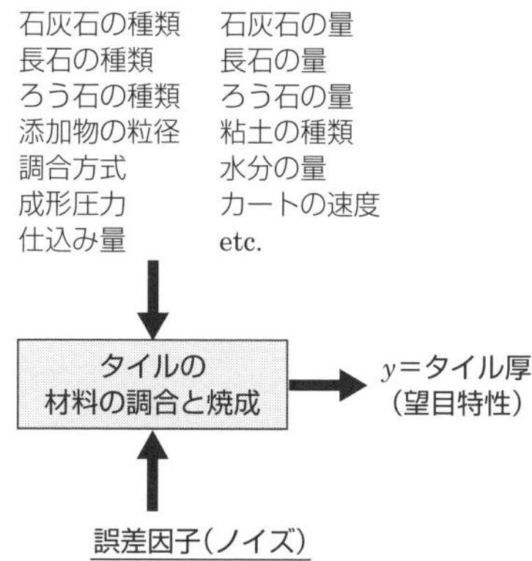

図3.3　タイル実験のPダイアグラム

●ステップ3　信号因子および誤差因子の戦略を決める

信号因子とは第4章の動特性による最適化の場合に適用されるものである．本章の例は望目特性の最適化なので信号因子は存在しない．したがって，このステップは“誤差因子の戦略”，“ノイズの戦略”を決めることにある．設計のロバストネスを評価するためには，特性値を複数のノイズの条件下で測ってバラツキを評価する必要がある．そのノイズ条件をどのように定義すれば普遍的なロバストネスの評価ができるかを考えるのが**ノイズの戦略**である．**どのようなノイズをどう振るか（織り込むか）**がポイントである．

この事例では，トンネル窯を通るカート内のタイルの位置によって温度が異なることが，タイルの寸法のバラツキの大きな原因であることがわかっている．このノイズの影響をシステマティックに評価するために，誤差因子は**カート内の位置**として**図3.4**のような7か所を選択して，それを7水準として定義した．P_1，P_2とP_7はタイルの位置はカートの内側が温度が低めで，P_3，P_4，P_5，P_6は温度が高めの外側のタイルの位置である．

ノイズをどのように定義すればよいかよくわからない場合は，複数のノイズ因子による予備実験をすることもある．

最初はピンとこないと思うが，ノイズの戦略をうまく定義することは技術力

誤差因子		第1水準	第2水準	第3水準	第4水準	第5水準	第6水準	第7水準
P	タイルの位置	中心前方	中心後方	右外側	左外側	外側前	外側後	中心真中

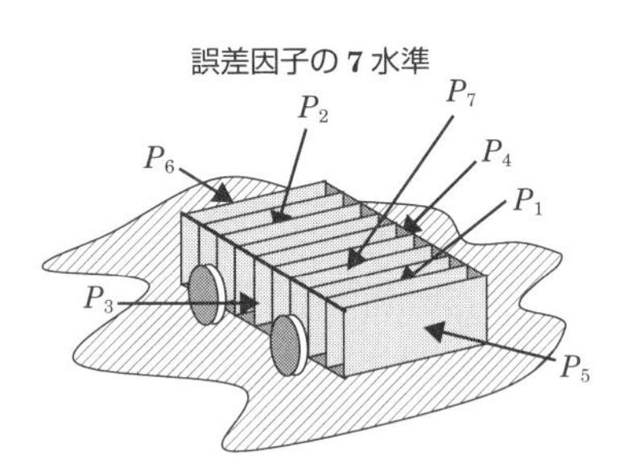

図3.4　誤差因子の7水準

を飛躍的に高める条件の一つである．このようなノイズの戦略に関する議論の詳細は第 5 章で展開する．

●ステップ 4 制御因子と水準を設定し直交表にわりつける

すでに述べたように，制御因子とはモノやサービスの設計において設計者がその中心値を選べる因子である．この事例では，例えば原料の石灰石の量を 1%にするか 5%にするかは自由に選べるから**石灰石の量**は制御因子である．制御因子と水準の選択は，コストや生産性，その他の要求などの判断基準を考慮して決める必要がある．その選択には戦略的な意味合いがある．また制御因子のバラツキはノイズである．例えば石灰石の量 5%が**中心値**（**ノミナル値**ともいう）の場合，計量の誤差などのためにぴったり 5%にはならずに ±0.5% ばらつくのであればそのバラツキはノイズである．

このタイルの実験では制御因子と水準は**表 3.1** のようになった．因子 A が 2 水準，因子 B から因子 H の七つは 3 水準である．

各制御因子の第 2 水準が現行条件（現在の製造条件）である．因子の水準の一つを必ず現行条件にする必要はないが，評価の基準になるので奨励されるやり方である．

表 3.1 制御因子と水準

制御因子		第 1 水準	第 2 水準	第 3 水準
A	石灰石の量	5%	1%	
B	ロウ石の量	20	24	28
C	ロウ石の種類	新規 1	現行	新規 2
D	長石の量	ロウ石の 5%	ロウ石の 10%	ロウ石の 15%
E	長石の種類	御花山	三雲	半々
F	添加物の量	0.0%	2.5%	5.0%
G	粘土の種類	蛙目	木節	半々
H	破棄製品再利用	少	中	多

現行条件：$A_2B_2C_2D_2E_2F_2G_2H_2$

3.3　実験における制御因子の組合せの決め方

実験で確認したいのは，次のようなことである．

・制御因子の効果を把握したい．

・最適化であるから総合的に制御因子の最適な組合せを見極めたい．

そのために，制御因子をどう組み合わせて実験すればよいのであろうか．実験の条件を設定する方法は**図3.5**の五つが代表的なものである．

実験の方法（実験における制御因子の条件の決め方）

(a) ショットガン法	（勘と経験と度胸で，良さそうな条件を試していく）
(b) 逐次実験法	（他の因子は固定して，1因子ずつ変えていく）
(c) 多元配置法	（すべての組合せ，総当たり！）
(d) 一部実施法	（すべての組合せの1/2や1/4や1/8など）
(e) 直交表	（究極の一部実施法）

図3.5　実験における制御因子の条件の決め方

(a)　ショットガン法　（設計→試作→試験→設計変更のサイクル）

ショットガン法というのは，**図3.6**に示すように自分たちのもっている知見を総動員し，うまくいきそうな設計条件を考えて試し，その結果が不十分であればまた新たな条件を考えて試すということを，要求を満たすまで繰り返すというやり方である．結果，前書きで触れたDBTRサイクルを回すことになる．

日本にはKKDというエンジニアリングのアプローチがあるという．勘と経験と度胸の頭文字でKKDである．NHKの『プロジェクトX』という番組は開発業務の試行錯誤の過程で次々と困難を打ち破って成功にいたるという胸のすくドキュメンタリーであった．

米国でも西部劇のジョン・ウェインやコミックブックのスーパーヒーローたちが困難を乗り越えて問題を解決するハリウッド映画には根強い人気がある．米国人は日本人以上にKKDが好きな気質なのである．

しかし，KKDのアプローチでなかなか埒（らち）があかない状況は“モグラ叩き式開発”と表現される．もぐら叩きは英語で“Whack-a-Mole”である．品質項

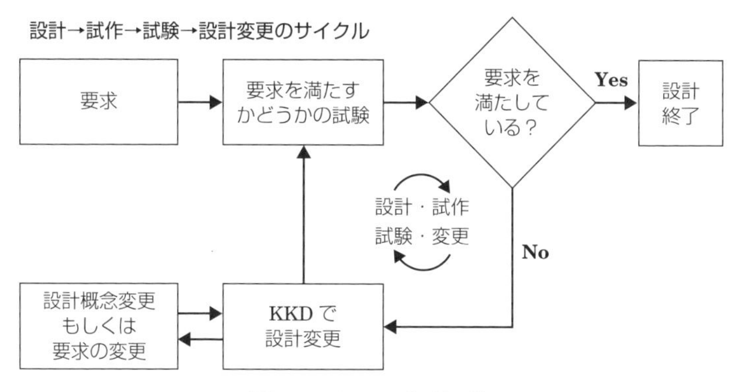

図 3.6 ショットガン法

目・性能項目・コストなど要求される項目はたくさんあり，しかも要求の中にはあちらが立てばこちらが立たないという相反する項目があると，一つを満たすと，他の要求を満たさなくなるという状況はご存じのとおりであろう．

モグラ叩きも大変であるが，前に指摘したとおりこのやり方には要求を満たしたら任務完了という見えにくい弱点がある．日本の名車スカイラインの設計を指揮した桜井眞一郎氏のような天才やスーパーエンジニアであればこのアプローチで十分かもしれないが，普通の人にはどうであろうか．“Whack-a-Mole Engineering!”は避けたいのである．ただし簡単な課題であればKKDで十分であることも付け加えたい．

(b) 逐次実験法

科学的実験という言い方もする．英語ではOne-Factor-At-A-Time（1-FAT）と表現される．タイルの実験の八つの因子をこのやり方で実験すると，**表 3.2**のようにたかだか16通りの組合せで完了できる．

因子AのA_1とA_2の比較は結果2と結果1を比較することである．なぜなら実験1と実験2はA_1とA_2のみが違う条件で，ほかの因子は現行条件である$B_2C_2D_2E_2F_2G_2H_2$に固定されているため結果1と結果2の差はA_1とA_2の比

表 3.2　逐次実験法（因子を一つひとつ変えていく方法）

実験番号＼因子	A	B	C	D	E	F	G	H	
1:現行	2	2	2	2	2	2	2	2	結果1
2	1	2	2	2	2	2	2	2	結果2
3	2	1	2	2	2	2	2	2	結果3
4	2	3	2	2	2	2	2	2	結果4
5	2	2	1	2	2	2	2	2	結果5
6	2	2	3	2	2	2	2	2	結果6
7	2	2	2	1	2	2	2	2	結果7
8	2	2	2	3	2	2	2	2	結果8
9	2	2	2	2	1	2	2	2	結果9
10	2	2	2	2	3	2	2	2	結果10
11	2	2	2	2	2	1	2	2	結果11
12	2	2	2	2	2	3	2	2	結果12
13	2	2	2	2	2	2	1	2	結果13
14	2	2	2	2	2	2	3	2	結果14
15	2	2	2	2	2	2	2	1	結果15
16	2	2	2	2	2	2	2	3	結果16

因子の効果の比べ方

・A_2 と A_1 は結果1と結果2を比べる
・B_2 と B_1 は結果1と結果3を比べる
・B_2 と B_3 は結果1と結果4を比べる
・C_2 と C_1 は結果1と結果5を比べる
⋮
・H_3 と H_2 は結果1と結果16を比べる

較である．他の因子の比較も同様である．

一見システマティックで理に適っている．16通りですむのであるから効率的である．しかしながらこのやりかたには危ない弱点がある．それは因子の効果を一定の条件でしか比べていないことである．

A_1 と A_2 の比較は，他の因子が現行条件の水準に固定された条件下でしか行えていない．B，C，…，H という他の因子の水準が変わった場合も同じ結果かどうかは検討がつかないのである．

(c)　多元配置（すべての組合せ）

すべての組合せを確かめる総当り戦である．組合せの数は因子の数と水準数が増えると倍々ゲームで増えていく．組合せ数を計算する際には，因子数は掛け算の回数，水準数は掛け算する数字である．因子数と水準数が多ければ多いほど組合せ数が急激に増えていくのである．この場合は2水準が一つ，3水準

が七つであるから $2\times3\times3\times3\times3\times3\times3\times3=4\,374$ 通りの組合せである(**図 3.7** 参照).

第 12 章にあるアルプス電気の事例は欲張りで 3 水準の制御因子を 48 個とっている．総当りの組合せの数は 3^{48} = 約 7.98×10^{22} となり 798 垓回という回数になる．コンピュータの計算によるシミュレーションで，一つの組合せの計算が 10 億分の 1 秒である 1 ナノ秒としても，すべての組合せを終えるのに 260 万年かかる計算である．

モノやサービスの設計パラメータである制御因子の数は少なくない．開発の効率という意味で最適化において制御因子の数と水準数を減らすことは勧められない．なかなか要求を満たせないときに，ブレークスルー的な結果を期待するのであれば，因子は多ければ多いほど切れ味のよい最適化の結果が期待できることから，多元配置は実際的ではない．

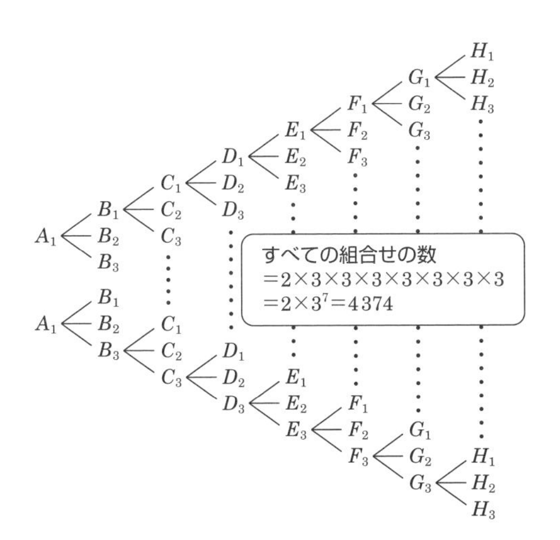

図 3.7　多元配置法（すべての組合せ）

(d)　一部実施法

第12章の国鉄（当時）による溶接工程の最適化実験の事例は，一部実施法によって行われたものである．一部実施法は制御因子間の交互作用をすべて研究するのではなく，交互作用が強そうなものを選ぶことですべての組合せの何分の一かを実施するという，高度な実験計画法のテクニックである．溶接工程の例では2水準の因子が九つで，すべての組合せ数は$2^9=512$通りになる．それをL_{16}という直交表を使い16通りの組合せを実験することで，九つの制御因子と四つの2因子間の交互作用の効果を調べている．512通りの1/32である16通りの組合せですませていることになる．

制御因子間の交互作用を調べることを必要としないパラメータ設計では，究極の一部実施法である直交表を使うことが奨励されている．

(e)　直交表

図3.8の左側は直交表の一つL_{18}の標準型である．横18行，縦8列に1，2，3の数字が配置されている．右側の図のように縦の列に制御因子をわりつけると，1，2，3の数字は制御因子の水準となり，横の行が実験の制御因子の組合せ，いわば**実験条件**（レシピ）を定義することになる．第1列は1と2しかないので2水準の因子Aがわりつけられ，BからHは3水準なので第2列から第8列までの3水準の列にわりつけることになる．

L_{18}に制御因子をわりつけることで，**表3.3**上にあるように18通りの組合せ，18通りの実験条件が指定された．直交表についての詳細な解説はAppendix Bを参照されたい．ここでは以下のことを認識していただきたい．

① 縦の列（A～H）に因子がわりつけられ，各行（1～18）が実験を行う際の実験条件である．

② 標準的な直交表はすでに用意されていて，自分でつくる必要はない．

③ すべての列に制御因子をわりつける必要はない．すなわち空の列があってもかまわない．

④ 制御因子の数と水準数によって適切なサイズの直交表を選ぶことになる．

⑤　最適化を行うための実験には L_{12}，L_{18}，L_{36}，L_{54}，L_{108} のいずれかの直交表の使用が奨励されている．

⑥　標準的な直交表にわりつけられなくても，標準的な直交表を修正するテクニックを駆使することによって，わりつけたい因子と水準数を満足させることができる．

⑦　直交表は各因子の平均的な効果が独立して比べられる直交という性質をもっているため，実験の結果に対する信頼性が KDD や 1-FAT に比べて劇的に優れている．直交性に関しては後にコーヒーブレイクで紹介する．

L_{18}	1	2	3	4	5	6	7	8
1	1	1	1	1	1	1	1	1
2	1	1	2	2	2	2	2	2
3	1	1	3	3	3	3	3	3
4	1	2	1	1	2	2	3	3
5	1	2	2	2	3	3	1	1
6	1	2	3	3	1	1	2	2
7	1	3	1	2	1	3	2	3
8	1	3	2	3	2	1	3	1
9	1	3	3	1	3	2	1	2
10	2	1	1	3	3	2	2	1
11	2	1	2	1	1	3	3	2
12	2	1	3	2	2	1	1	3
13	2	2	1	2	3	1	3	2
14	2	2	2	3	1	2	1	3
15	2	2	3	1	2	3	2	1
16	2	3	1	3	2	3	1	2
17	2	3	2	1	3	1	2	3
18	2	3	3	2	1	2	3	1

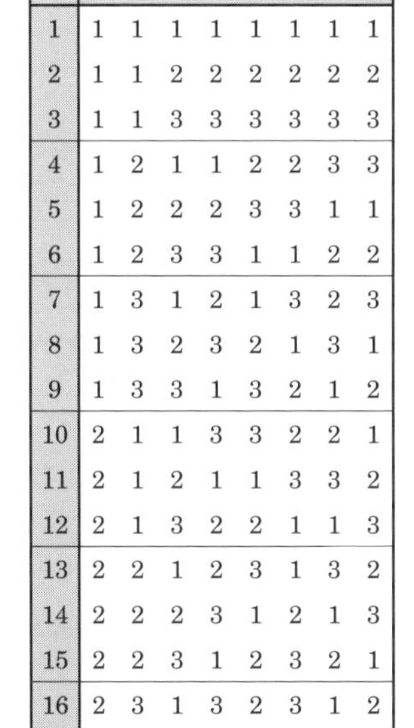

L_{18}	A 1	B 2	C 3	D 4	E 5	F 6	G 7	H 8
1	1	1	1	1	1	1	1	1
2	1	1	2	2	2	2	2	2
3	1	1	3	3	3	3	3	3
4	1	2	1	1	2	2	3	3
5	1	2	2	2	3	3	1	1
6	1	2	3	3	1	1	2	2
7	1	3	1	2	1	3	2	3
8	1	3	2	3	2	1	3	1
9	1	3	3	1	3	2	1	2
10	2	1	1	3	3	2	2	1
11	2	1	2	1	1	3	3	2
12	2	1	3	2	2	1	1	3
13	2	2	1	2	3	1	3	2
14	2	2	2	3	1	2	1	3
15	2	2	3	1	2	3	2	1
16	2	3	1	3	2	3	1	2
17	2	3	2	1	3	1	2	3
18	2	3	3	2	1	2	3	1

図 3.8　L_{18} 直交表

表 3.3 L_{18}への制御因子のわりつけ例

L_{18}	A	B	C	D	E	F	G	H	石灰石の量(%)	ロウ石の量	ロウ石の種類	長石の量(%)	長石の種類	添加物の量(%)	破棄製品再利用	粘土の種類
	1	2	3	4	5	6	7	8	1	2	3	4	5	6	7	8
1	1	1	1	1	1	1	1	1	5	少	新規 -1	2.5	御花山	0.0	少	蛙目
2	1	1	2	2	2	2	2	2	5	少	現行	5.0	三雲	2.5	中	木節
3	1	1	3	3	3	3	3	3	5	少	新規 -2	10.0	半々	5.0	多	半々
4	1	2	1	1	2	2	3	3	5	中	新規 -1	2.5	三雲	2.5	中	半々
5	1	2	2	2	3	3	1	1	5	中	現行	5.0	半々	5.0	多	蛙目
6	1	2	3	3	1	1	2	2	5	中	新規 -2	10.0	御花山	0.0	少	木節
7	1	3	1	2	1	3	2	3	5	多	新規 -1	5.0	御花山	5.0	多	半々
8	1	3	2	3	2	1	3	1	5	多	現行	10.0	三雲	0.0	少	蛙目
9	1	3	3	1	3	2	1	2	5	多	新規 -2	2.5	半々	2.5	中	木節
10	2	1	1	3	3	2	2	1	1	少	新規 -1	10.0	半々	2.5	中	蛙目
11	2	1	2	1	1	3	3	2	1	少	現行	2.5	御花山	5.0	多	木節
12	2	1	3	2	2	1	1	3	1	少	新規 -2	5.0	三雲	0.0	少	半々
13	2	2	1	2	3	1	3	2	1	中	新規 -1	5.0	半々	0.0	少	木節
14	2	2	2	3	1	2	1	3	1	中	現行	10.0	御花山	2.5	中	半々
15	2	2	3	1	2	3	2	1	1	中	新規 -2	2.5	三雲	5.0	多	蛙目
16	2	3	1	3	2	3	1	2	1	多	新規 -1	10.0	三雲	5.0	多	木節
17	2	3	2	1	3	1	2	3	1	多	現行	2.5	半々	0.0	少	半々
18	2	3	3	2	1	2	3	1	1	多	新規 -2	5.0	御花山	2.5	中	蛙目

3.4 最適化実験のレイアウト

以上の1，2，3，4のステップを踏むと**図 3.9**のような最適化の実験のレイアウトができたことになる．L_{18}で指定された18通りの制御因子のレシピでタイル生地をつくり，トンネル窯で焼いてカートの7か所からタイルを1枚ずつとり，厚さを測る．結果，全部で$7 \times 18 = 126$枚のタイル厚のデータが得られることになる．

パラメータ設計の形

ステップ4で選ばれた制御因子を直交表にわりつけたものを**内側配置**や内側の直交表という．直交表の各条件下でステップ3で決められたノイズ条件でステップ 2 の特性値を測ったものは**外側配置**と呼ばれている．パラメータ設計では**図 3.10** に示すように内側の設計条件を評価するために外側で機能性評価，すなわちロバストネスの評価をして最適化するのである．

L_{18}	A 1	B 2	C 3	D 4	E 5	F 6	G 7	H 8	P_1	P_2	P_3	P_4	P_5	P_6	P_7
1	1	1	1	1	1	1	1	1							
2	1	1	2	2	2	2	2	2							
3	1	1	3	3	3	3	3	3							
4	1	2	1	1	2	2	3	3							
5	1	2	2	2	3	3	1	1							
6	1	2	3	3	1	1	2	2							
7	1	3	1	2	1	3	2	3							
8	1	3	2	3	2	1	3	1							
9	1	3	3	1	3	2	1	2							
10	2	1	1	3	3	2	2	1							
11	2	1	2	1	1	3	3	2							
12	2	1	3	2	2	1	1	3							
13	2	2	1	2	3	1	3	2							
14	2	2	2	3	1	2	1	3							
15	2	2	3	1	2	3	2	1							
16	2	3	1	3	2	3	1	2							
17	2	3	2	1	3	1	2	3							
18	2	3	3	2	1	2	3	1							

図 3.9　タイル生地の実験のための直交表 L_{18}

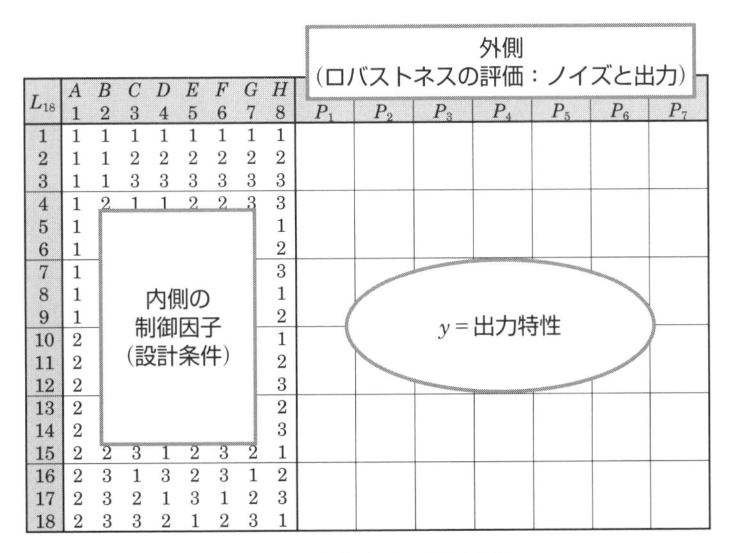

図 3.10　内側配置と外側配置

予 備 実 験

いきなり L_{18} の実験に入る前に，予備実験として二つとか三つの条件で外側のデータを測ってみることが望ましい．例えば，**図 3.11** に示すように，J_1 = 現行条件，$J_2 = L_{18}$ のうちの良さそうな条件，という2条件でデータを測るのである．実験の手順をチェックしながら機能性評価のデータ収集の予行演習である．結果を見てノイズの影響が単なる計測誤差と比べて十分大きいかどうか，SN 比がきちんと設計の良し悪しを識別してくれるかを検証するのである．

このデータから，ノイズ因子 P の効果の傾向が J_1 と J_2 で揃っていることが確認できる．タイル厚の計測器の誤差が最悪 ±0.02 mm 程度とすると，現行でのノイズの影響が 9.84 mm から 10.14 mm と 0.30 mm あるのでノイズの効果は15倍なので十分と認められる．たかだか7枚の厚さのデータでもノイズの効果が十分なためロバストネスの評価ができそうである．

ここまでの4ステップが最適化の実験の Plan-Do-Check-Act の PDCA サイクルの Plan のステージである．ステップ1，2，3，4の計画の段階が重要であることは想像がつくであろう．“Garbage-in Garbage-out” という言葉のと

	P_1	P_2	P_3	P_4	P_5	P_6	P_7	σ	平均	S/N
J_1:現行条件	10.10	9.98	9.97	9.95	9.90	9.84	10.14	0.106	9.98	39.51
J_2:L_{18} No.7	9.91	9.88	9.88	9.84	9.82	9.80	9.93	0.048	9.87	46.34

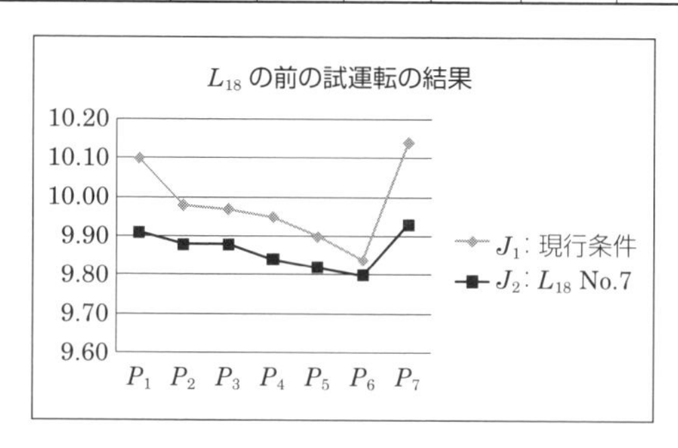

図 3.11　予備実験によるデータの収集

おり，“ガラクタを入れたらガラクタが出てきた”というようなことは避けたいのである．タグチは，ガラクタを見せられると“意味がありません”と表現した．筆者も若いころはよく言われたものである．次はPDCAのDoの段階である．

3.5　パラメータ設計の8ステップ（その2）

●ステップ5　実験のプランをたて実験し，データを収集する

実験とデータ収集がスムーズに行われるように，誰が，いつ，何をするかという手順を決めて，実行することになる．**表3.4**は，P_1からP_7の各位置からタイルを1枚ずつとって厚さを測ったデータである．

表3.4　L_{18}の実験条件で収集したタイルのデータ

L_{18}	A 1	B 2	C 3	D 4	E 5	F 6	G 7	H 8	P_1	P_2	P_3	P_4	P_5	P_6	P_7
1	1	1	1	1	1	1	1	1	10.18	10.18	10.12	10.06	10.02	9.98	10.20
2	1	1	2	2	2	2	2	2	10.03	10.01	9.98	9.96	9.91	9.89	10.12
3	1	1	3	3	3	3	3	3	9.81	9.78	9.74	9.74	9.71	9.68	9.87
4	1	2	1	1	2	2	3	3	10.09	10.08	10.07	9.99	9.92	9.88	10.14
5	1	2	2	2	3	3	1	1	10.06	10.05	10.05	9.89	9.85	9.78	10.12
6	1	2	3	3	1	1	2	2	10.20	10.19	10.18	10.17	10.14	10.13	10.22
7	1	3	1	2	1	3	2	3	9.91	9.88	9.88	9.84	9.82	9.80	9.93
8	1	3	2	3	2	1	3	1	10.32	10.28	10.25	10.20	10.18	10.18	10.36
9	1	3	3	1	3	2	1	2	10.04	10.02	10.01	9.98	9.95	9.89	10.11
10	2	1	1	3	3	2	2	1	10.00	9.98	9.93	9.80	9.77	9.70	10.15
11	2	1	2	1	1	3	3	2	9.97	9.97	9.91	9.88	9.87	9.85	10.05
12	2	1	3	2	2	1	1	3	10.06	9.94	9.90	9.88	9.80	9.72	10.12
13	2	2	1	2	3	1	3	2	10.15	10.08	10.04	9.98	9.91	9.90	10.22
14	2	2	2	3	1	2	1	3	9.91	9.87	9.86	9.87	9.85	9.80	10.02
15	2	2	3	1	2	3	2	1	10.02	10.00	9.95	9.92	9.78	9.71	10.06
16	2	3	1	3	2	3	1	2	10.08	10.00	9.99	9.95	9.92	9.85	10.14
17	2	3	2	1	3	1	2	3	10.07	10.02	9.89	9.89	9.85	9.76	10.19
18	2	3	3	2	1	2	3	1	10.10	10.08	10.05	9.99	9.97	9.95	10.12

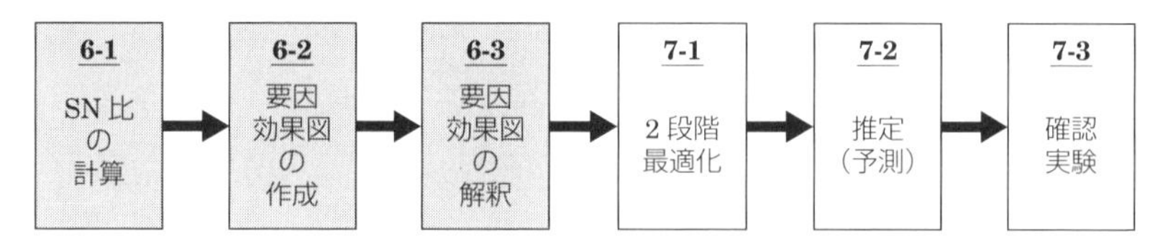

図3.12 ステップ6と7の流れ

●ステップ6 SN比を使ってデータ解析をする

収集したデータから，前章で紹介した望目特性のSN比を算出してL_{18}の各条件のロバストネスを評価する．ステップ6と7にまたがるデータ解析の流れを**図3.12**に示す．

○ステップ6-1 SN比の計算

L_{18}のNo.1の条件の七つのデータから平均値と望目特性のSN比の計算を**図3.13**に示す．

エンジニアはよく小数点以下10桁を表示したがるが，SN比の0.1 dbはあまりにも小さい効果なので小数点以下は1桁とか2桁で十分である．**表3.5**はNo.2からNo.18まで同様に計算した結果である．

表3.5のL_{18}のSN比を見ると，No.6の50.03 dbが一番高く，No.10の36.99 dbが一番低い．SN比が6 db大きいとバラツキ範囲が半分だから，この差の約14 dbは十分に大きいといえる．

○ステップ6-2 要因効果図の作成

制御因子のSN比に対する効果を視覚的に分析するために，**要因効果図**と呼ばれる図に図解する．要因効果図は制御因子の各水準におけるSN比の平均値をグラフにしたものである．この計算は以下のようになる．

- L_{18}における18の組合せのうちA_1はNo.1からNo.9の9通りであるから，A_1のSN比の平均はNo.1からNo.9のSN比を足して9で割ったものである．
- A_2はNo.10からNo.18のSN比の平均値である．
- B_1はNo.1，No.2，No.3，No.10，No.11，No.12のSN比の平均値である．

	P_1	P_2	P_3	P_4	P_5	P_6	P_7
No.1 of L_{18}	10.18	10.18	10.12	10.06	10.02	9.98	10.20

$$\bar{y} = \frac{1}{7}\sum_{i=1}^{7} y_i = \frac{10.18+10.18+10.12+10.06+10.02+9.98+10.20}{7} = 10.11$$

$$\sigma_{n-1} = \sqrt{\frac{\sum_{i=1}^{7}(y_i-\bar{y})^2}{7-1}} = \sqrt{\frac{(10.18-10.11)^2+\cdots\cdots+(10.20-10.11)^2}{7-1}} = 0.087$$

$$S/N = \eta_{db} = 10\log\frac{\bar{y}^2}{\sigma_{n-1}{}^2} = 10\log\frac{10.11^2}{0.087^2} = 41.31\,\text{db}$$

図 3.13　SN 比の計算

表 3.5　SN 比の計算結果

No.	A 1	B 2	C 3	D 4	E 5	F 6	G 7	H 8	P_1	P_2	P_3	P_4	P_5	P_6	P_7	σ	平均	S/N
1	1	1	1	1	1	1	1	1	10.18	10.18	10.12	10.06	10.02	9.98	10.20	0.087	10.11	41.31
2	1	1	2	2	2	2	2	2	10.03	10.01	9.98	9.96	9.91	9.89	10.12	0.078	9.99	42.19
3	1	1	3	3	3	3	3	3	9.81	9.78	9.74	9.74	9.71	9.68	9.87	0.064	9.76	43.65
4	1	2	1	1	2	2	3	3	10.09	10.08	10.07	9.99	9.92	9.88	10.14	0.096	10.02	40.36
5	1	2	2	2	3	3	1	1	10.06	10.05	10.05	9.89	9.85	9.78	10.12	0.129	9.97	37.74
6	1	2	3	3	1	1	2	2	10.20	10.19	10.18	10.17	10.14	10.13	10.22	0.032	10.18	50.03
7	1	3	1	2	1	3	2	3	9.91	9.88	9.88	9.84	9.82	9.80	9.93	0.048	9.87	46.34
8	1	3	2	3	2	1	3	1	10.32	10.28	10.25	10.20	10.18	10.18	10.36	0.071	10.25	43.21
9	1	3	3	1	3	2	1	2	10.04	10.02	10.01	9.98	9.95	9.89	10.11	0.070	10.00	43.13
10	2	1	1	3	3	2	2	1	10.00	9.98	9.93	9.80	9.77	9.70	10.15	0.157	9.90	35.99
11	2	1	2	1	1	3	3	2	9.97	9.97	9.91	9.88	9.87	9.85	10.05	0.071	9.93	42.88
12	2	1	3	2	2	1	1	3	10.06	9.94	9.90	9.88	9.80	9.72	10.12	0.139	9.92	37.05
13	2	2	1	2	3	1	3	2	10.15	10.08	10.04	9.98	9.91	9.90	10.22	0.120	10.04	38.46
14	2	2	2	3	1	2	1	3	9.91	9.87	9.86	9.87	9.85	9.80	10.02	0.069	9.88	43.15
15	2	2	3	1	2	3	2	1	10.02	10.00	9.95	9.92	9.78	9.71	10.06	0.129	9.92	37.70
16	2	3	1	3	2	3	1	2	10.08	10.00	9.99	9.95	9.92	9.85	10.14	0.097	9.99	40.23
17	2	3	2	1	3	1	2	3	10.07	10.02	9.89	9.89	9.85	9.76	10.19	0.147	9.95	36.60
18	2	3	3	2	1	2	3	1	10.10	10.08	10.05	9.99	9.97	9.95	10.12	0.067	10.04	43.48
																平均	9.98	41.30

以下A_1，A_2，B_1，…，H_3のSN比の平均の計算である．

$$\overline{A_1}=\frac{41.31+42.19+43.65+40.36+37.74+50.03+46.34+43.21+43.13}{9}=43.10\,\text{db}$$

$$\overline{A_2}=\frac{53.99+42.88+37.05+38.46+43.15+37.70+40.23+36.60+43.48}{9}=39.50\,\text{db}$$

$$\overline{B_1}=\frac{41.31+42.19+43.65+35.99+42.88+37.05}{6}=40.51\,\text{db}$$

$$\vdots$$

$$\overline{H_3}=\frac{43.65+40.36+46.34+37.05+43.15+36.60}{6}=41.19\,\text{db}$$

＊　$\overline{A}_1$は因子Aの第1水準の平均を表す表記，$\overline{A}_2$　$\overline{B}_1$　$\overline{H}_3$なども同様

＊　$\overline{T}$はL_{18}の18個のSN比の平均の表記，したがって以下が成立する．

$$\overline{T}=\frac{\overline{A}_1+\overline{A}_2}{2}=\frac{\overline{B}_1+\overline{B}_2+\overline{B}_3}{3}=\frac{\overline{C}_1+\overline{C}_2+\overline{C}_3}{3}=\cdots\cdots$$
$$=\frac{\overline{H}_1+\overline{H}_2+\overline{H}_3}{3}=41.30\,\text{db}$$

結果，**表3.6**のようなSN比に対する水準平均表ができる．

表3.6　SN比の水準平均表

$\overline{T}=41.30$ db

	A	B	C	D	E	F	G	H
第1水準	43.10	40.51	40.45	40.33	44.53	41.11	40.44	39.90
第2水準	39.50	41.24	40.96	40.88	40.12	41.38	41.47	42.82
第3水準		42.16	42.51	42.71	39.26	41.42	42.00	41.19
Δ	3.60	1.65	2.06	2.38	5.27	0.31	1.57	2.92

タイル厚の平均値に対しても同様に各因子の水準の平均を計算する．結果，**表 3.7** のような水準平均表ができる．

表のΔ（デルタ）は各因子の水準平均の最大値から最小値を引いた値である．Δが大きいとその因子の効果が大きいことになる．この表をグラフにしたのが**図 3.14** の要因効果図である．

表 3.7　タイル厚の水準平均表

タイル厚の水準平均表　$\overline{T}$ = 9.98 mm

	A	*B*	*C*	*D*	*E*	*F*	*G*	*H*
第1水準	10.02	9.93	9.99	9.99	10.00	10.07	9.98	10.03
第2水準	9.95	10.00	10.00	9.97	10.02	9.97	9.97	10.02
第3水準		10.02	9.97	9.99	9.94	9.91	10.01	9.90
Δ	0.06	0.08	0.03	0.02	0.08	0.17	0.04	0.13

要因効果図

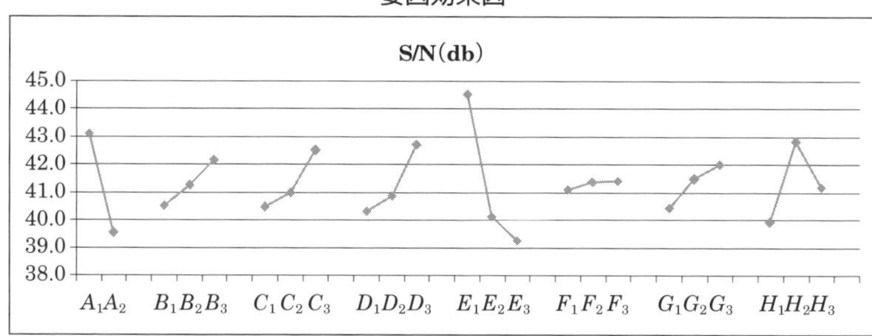

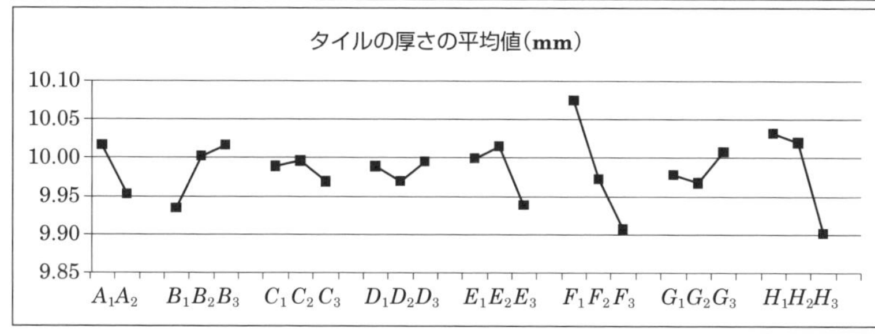

図 3.14　要因効果図

○ステップ 6-3　要因効果図の解釈

図 3.14 の要因効果図からは次のことが読みとれる.

① SN 比が大きいほどタイル厚のバラツキは小さい.

② A_1 は A_2 より SN 比で 3.6 db 利得がある. A（：石灰石の量）を現行の 1%から 5%に増やすとタイル厚のバラツキが 3/4 ほどになることが期待できる.

③ 因子 E（:長石の種類）は寸法のバラツキに大きな効果が見られる.

④ 因子 A と E のほかに, 因子 B, C, D, G, H もバラツキに効いているようである.

⑤ これらの因子の SN 比の大きい水準は H（:粘土の種類）以外は現行の第2水準ではないことから, 最適条件に変更することで大きな改善が期待できそうである.

⑥ 因子 F はバラツキには効いていないが, 平均値には 0.17 mm ほど効いているようである.

“期待できる” とか “ようである” という曖昧な表現をしているのは, 要因効果図の結果が信用できるかどうかのチェックがまだできていないからである. 次のステップで行う未知の条件を推定し確認実験をして, 確認がとれれば要因効果図が信用できるものと判断することができる. つまり, **技術情報**として認められるのである. いずれにしても要因効果図をよく眺め, 各因子の効果を吟味して固有技術の見地から納得できるかどうか議論することもまた重要である.

●ステップ 7　最適化, 推定（予測）, 確認実験

図 3.15 にステップ 7 の流れを示す. このステップでは, 最適化, 推定, 確認を行う. PDCA の C のチェックの段階である.

○ステップ 7-1　最適化 —— 最適条件を選択する

第1章で紹介した, 望目特性の2段階最適化という考え方を適用する. **図 3.16** に2段階最適化のイメージを図解する.

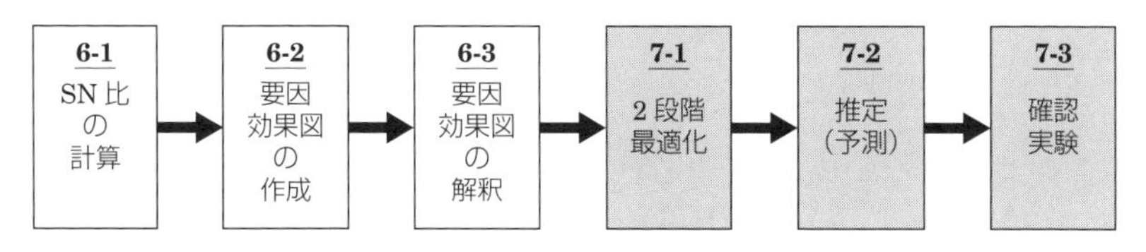

図 3.15　ステップ 7 の流れ

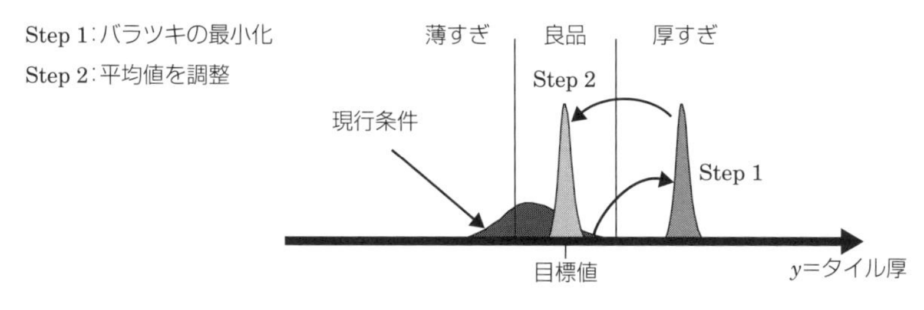

図 3.16　2 段階最適化

2 段階最適化の Step 1 は制御因子の中から SN 比の大きい水準を選んでいく作業である．Step 1 の結果，バラツキは最小化するが，この段階では，平均値は目標値に比べて小さすぎたり，大きすぎたり様々で目標値からは外れていて当たり前である．この平均値を Step 2 で調整してちょうど良いところにシフトさせるのである．

Step 2 の平均値の調整は望目特性であれば一般的に容易である．タグチによれば当時の伊奈製陶の現場では 2 段階最適化は常識であったという．つまり平均値の調整はどうにでもなるというのは，現場の人たちの共有された知見であったという．それは納得できることである．厚すぎたり薄すぎたら焼く前のタイルの生地のグリーンタイルの厚さを調整すればよいからである．

とはいえ，もし調整の仕方がわからないのであれば，調整用の制御因子を見いだす必要がある．SN 比に効果がなくて（バラツキへは影響を及ばさない），平均値に対して効果のある因子を，要因効果図から探し出すことになる．この事例では，因子 F がそのような調整因子になりうる．

この事例での2段階最適化は**図3.17**のようになる．

最適条件の制御因子の水準を選ぶ際にはコストや生産性，設計変更の容易さなどSN比以外のクライテリア（判断基準）も戦略的に考える．例えばBのろう石が高価であればB_2とB_3では0.92 dbの差でしかないから，ろう石の使用量が少ないB_2を視野に入れることなどである．

SN比を最大化する最適条件はA_1，B_3，C_3，D_3，E_1，$F_1/F_2/F_3$，G_3，H_2である．因子FのSN比に対する効果はΔが0.3 dbと小さいので，バラツキに関してはF_1，F_2，F_3のどの水準でもかまわないと判断した．

この段階では要因効果図が信用できるか確認をとることが先決である．確認をとるためにまず最適条件と比較条件におけるSN比を推定する．日本では**推定**（estimation）と呼んでいるが，米国では**予測**（prediction）という言葉を使用している．

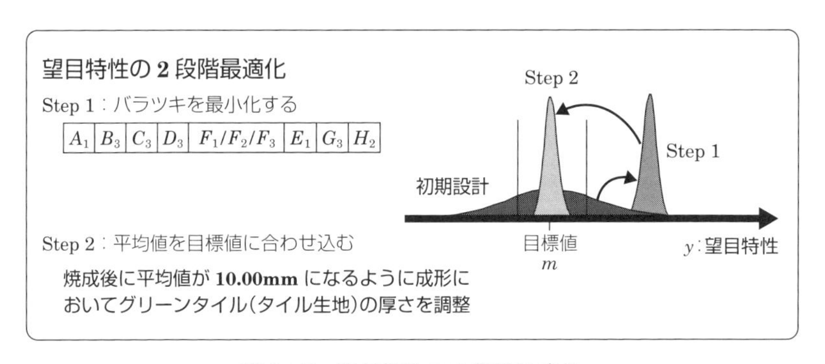

図3.17　望目特性の2段階最適化

コーヒーブレイク 7

Coffee Break

直交という意味

- 直交は英語でオーソゴナル(orthogonal). その意味はバランスしている(Balanced)とか分離可能 (separable) である.
- 要因効果図の A_1 の平均には, B_1 が 3 回, B_2 が 3 回, B_3 が 3 回含まれている. 同様に A_2 の平均も B_1, B_2, B_3 がそれぞれ 3 回ずつ含まれている. A_1 と A_2 を比べる際に A_1 と A_2 に B_1, B_2, B_3 は公平に繰り返されている. このことから少なくとも因子 B の平均的な効果は A_1 と A_2 の比較に影響していないことになる. 同様に B_1, B_2, B_3 のそれぞれには A_1 と A_2 が 3 回ずつ繰り返されている. これが直交しているという意味である. 因子 A と因子 B は直交している.
- 同様に A は C, D, E, F, G, H とも直交している.
- B, C, D, E, F, G, H もお互いに直交している. 例えば G_1 の平均には H_1, H_2, H_3 が 2 回ずつ含まれている. G_2 と G_3 も同様である. H に対して G も同様である.
- この直交という概念は有史以来存在しているもので, 生活の中の様々な場面で活用されている. 例えばアメリカンフットボールの試合では, ハーフごとにキックオフを交代で行い, 4 回あるクォーターごとに陣地を変えるのである. これは風の影響などを試合の結果に影響させないための知恵で直交性を利用して試合を公平にするためである.

No.	A 1	B 2	C 3	D 4	E 5	F 6	G 7	H 8	結果
1	1	1	1	1	1	1	1	1	1
2	1	1	2	2	2	2	2	2	2
3	1	1	3	3	3	3	3	3	3
4	1	2	1	1	2	2	3	3	4
5	1	2	2	2	3	3	1	1	5
6	1	2	3	3	1	1	2	2	6
7	1	3	1	2	1	3	2	3	7
8	1	3	2	3	2	1	3	1	8
9	1	3	3	1	3	2	1	2	9
10	2	1	1	3	3	2	2	1	10
11	2	1	2	1	1	3	3	2	11
12	2	1	3	2	2	1	1	3	12
13	2	2	1	2	3	1	3	2	13
14	2	2	2	3	1	2	1	3	14
15	2	2	3	1	2	3	2	1	15
16	2	3	1	3	2	3	1	2	16
17	2	3	2	1	3	1	2	3	17
18	2	3	3	2	1	2	3	1	18

○ステップ 7-2　最適条件と比較条件の推定

SN 比の推定は，制御因子の効果を一つひとつ独立して足し算して計算する．完全な加法性を仮定するのである．言い方を換えると，制御因子間の SN 比に対する交互作用がないことを仮定して計算される．推定した値と確認実験の値が十分近ければ交互作用は無視できるレベルと判断できるということである．

まずは L_{18} の 18 個の SN 比の平均値である $\overline{T}$ を計算する．この $\overline{T}$ を基準として，**図 3.18** に示す各因子の SN 比の利得を単純に足していくことで推定値が計算される．以下は最適条件の SN 比の推定式である．

$$
\begin{aligned}
\hat{\eta}_{Opt} &= \overline{T} + (\overline{A}_1 - \overline{T}) + (\overline{B}_3 - \overline{T}) + (\overline{C}_3 - \overline{T}) + (\overline{D}_3 - \overline{T}) + (\overline{E}_1 - \overline{T}) + (\overline{G}_3 - \overline{T}) + (\overline{H}_2 - \overline{T}) \\
&= 41.30 + (43.10 - 41.30) + (42.16 - 41.30) + (42.51 - 41.30) \\
&\qquad + (42.71 - 41.30) + (44.53 - 41.30) + (42.00 - 41.30) + (42.82 - 41.30) \\
&= 41.30 + 1.80 + 0.86 + 1.20 + 1.40 + 3.23 + 0.70 + 1.51 \\
&= 52.01\,\mathrm{db}
\end{aligned}
$$

この式のポイントは次のとおりである．

- SN 比のイータ（η）の上のハットマーク（＾）は推定値であることを示し，Opt は最適（Optimum）という意味である．
- $\overline{T} = 41.30$ db に A_1 を使ったことによる $\overline{T}$ からの利得である（$\overline{A}_1 - \overline{T}$）＝ 1.80 db を足す．

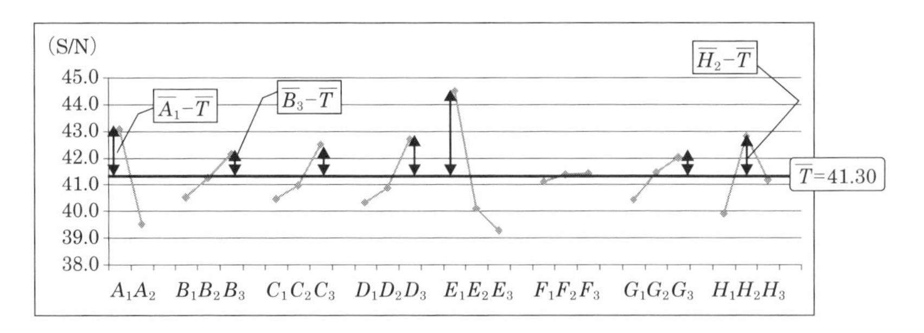

図 3.18　各因子の利得

- 次に B_3 の利得である（$\overline{B}_3-\overline{T}$）＝0.86 db を足す.
- 同様に各因子の利得を足していった値が推定値の 52.01 db である.

式の中に因子 F の項がないのは，Δ がたかだか 0.3 db だからである．効果の小さい因子を推定式に入れない理由はコーヒーブレイク 8 を参照されたい.

比較条件である現行条件も同様に推定する．式は同じで因子の水準を現行条件の水準に変えるだけである．**Base** は基準という意味の Baseline の略である.

$$\hat{\eta}_{Base}=\overline{T}+(\overline{A}_2-\overline{T})+(\overline{B}_2-\overline{T})+(\overline{C}_2-\overline{T})+(\overline{D}_2-\overline{T})+(\overline{E}_2-\overline{T})+(\overline{G}_2-\overline{T})+(\overline{H}_2-\overline{T})$$
$$=41.30-1.80-0.06-0.34-0.43-1.18+0.17+1.51$$
$$=39.17\,\text{db}$$

第3章

コーヒーブレイク 8

推定式について（その 1）

推定の“控えめ度”　→　推定式に因子 F を入れなかった理由

因子 F の現状の水準である F_2 を F_3 に変えると $41.42-41.38=0.04$ db の利得である．実験には実験誤差がつきものなので，このようなとるに足らない効果は推定の式に入れるべきではない.

タグチには観測された効果は常に割り引くべきだという考え方がある．誤差を考慮して割り引く量を決めるためにランダム変数の数理に基づいた難しい計算法もあるが，効果の弱い因子を推定式に入れないという方法が実際的である．利得が 0.5 db 以下である因子 F のみを使わなかったが，もっと保守的な，控え目な推定をするために，因子 F の次に利得の小さい因子 G と因子 B を推定式に含まないと以下のようになる.

$$\hat{\eta}_{Opt}=\overline{T}+(\overline{A}_1-\overline{T})+(\overline{C}_3-\overline{T})+(\overline{D}_3-\overline{T})+(\overline{E}_1-\overline{T})+(\overline{H}_2-\overline{T})=50.45\,\text{db}$$
$$\hat{\eta}_{Base}=\overline{T}+(\overline{A}_2-\overline{T})+(\overline{C}_2-\overline{T})+(\overline{D}_2-\overline{T})+(\overline{E}_2-\overline{T})+(\overline{H}_2-\overline{T})=39.06\,\text{db}$$

$$\text{利得}=50.45-39.06=10.39\,\text{db}$$

推定値を保守的な値にするために B と F と G の三つの項を推定式から外すことで割り引かれた利得は 10.39 db となった．F だけ含まなかった場合の利得の推定値 12.84 db よりも控え目な推定値である．このことからも確認実験で確認された結果が少々外れていても大きな問題ではないといえる．目的は精密なモデル式を構築することではなく，ロバストネスが最適化されたより良いモノやサービスの供給である.

最適条件は現行と比べて 52.01 − 39.17 = 12.84 db の利得が期待される．このことを確認実験で検証するのである．12 db を超える利得であるからタイル厚のバラツキは 1/4 以下になると推定されることになる．

◯ステップ 7-3　最適条件と現行条件の確認実験

図 3.19 は最適条件と現行条件の確認実験の結果である．

10.77 db の利得が確認されている．推定された利得である 12.84 db の 84% ほどで，完璧ではないが，ほぼ再現されているといってよい．これは要因効果図は 100% は信用できないが，84% ぐらい信用できるという意味合いであり，因子の効果の傾向は信用できるというレベルである．コーヒーブレイク 8 で示したように保守的な推定値を用いたら再現していることになる．大雑把であるが米国で使用しているクライテリア（判断基準）を**表 3.8** に示す．

	P_1	P_2	P_3	P_4	P_5	P_6	P_7	σ	平均	S/N
現行条件	10.15	10.11	10.02	9.96	9.89	9.86	10.18	0.127	10.02	37.95
最適条件	10.08	10.07	10.05	10.03	10.03	10.00	10.11	0.037	10.05	48.72

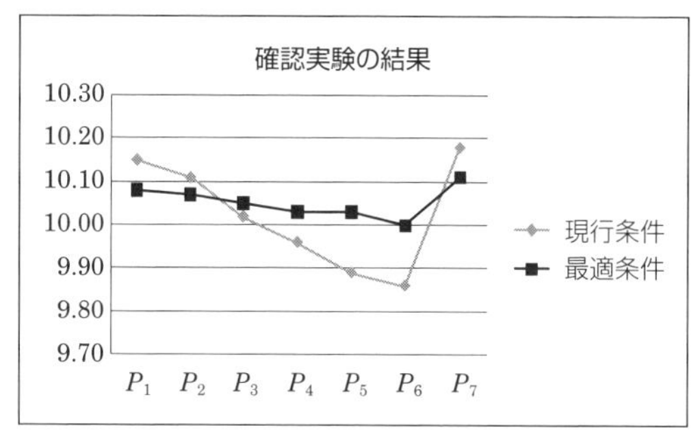

	SN比	
	予測値	確認値
現行条件	39.17	37.95
最適条件	52.01	48.72
利得	12.84	10.77

図 3.19　確認実験の結果

表 3.8　要因効果図の信用度の判断基準

	予測された利得に対する確認された利得の割合				
	±5%	±20%	±40%	±80%	±80%以上
要因効果図の信用度 再現性・加法性	信用できる	傾向は信用できる	あまり信用できない	信用できない	まったく信用できない

●ステップ8　アクションプランを立てる（文書化する）

ステップ8は，Plan-Do-Check-Act，PDCAの締めのActのステップである．確認実験が再現するかどうかによって，何を考えて何をするべきかはおのずと違ってくる．

再現しなかった場合，要因効果図が信用できないのだからこの場合の考え方の議論は大事であり，少し説明が長くなることと，もっと多くの事例を見てからのほうが理解が深まることから，第10章で詳細な議論をする．

伊奈製陶のタイルの実験では，**図 3.20** に示すようにほぼすべてのタイルがA級のものができたことを確認できた．良くなり過ぎたことから，最終的にキルンカートの速度を上げて焼成時間を短くすることで，多少品質を落としても生産性の向上を図ることにも成功している．

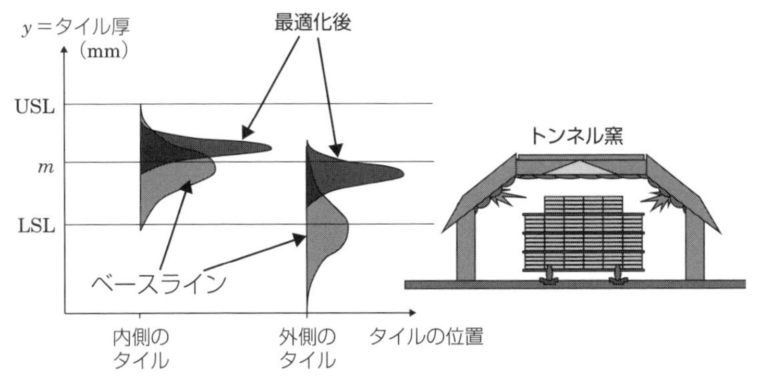

図 3.20　最適化後のイメージ

コーヒーブレイク 9

再現性について

タグチの言葉に“私は失敗した事例にしか興味がない”というものがある.

加法性を仮定して推定をし，最適条件の利得がまるで再現できなかった場合は“何か考え方に間違いがある”ことになる. それは何なのか真剣に考えることで技術力が磨かれるという姿勢である. システムに対する理解が足りないために，計画のステップ1，2，3，4のどこかで間違ったアプローチをとっている. または実行のステップ5，6，7のどこかでミスを犯している. またそれは複数かもしれないのである. 第10章でこのことの解説を試みているので参照されたい.

名古屋では1953年から第1土曜日，東京では1964年から第1木曜日，毎月の研究会が驚くべきことに現在でも続いている. 研究会ではうまくいかなかった事例，再現しなかった事例をとことん議論し，検証をし続けてきたのである. こうして実験計画法から品質工学へ“進化”していったという背景がある. 半世紀もの間PDCAのサイクルを回し続けたのである. ちなみに現在このような研究会の数は関西，広島，仙台，静岡など全国で10を超えている. このサイクルを絶やさないことが残された我々のミッションであると思っている.

コーヒーブレイク 10

推定式について（その2）

現行条件からの利得を直接計算する

最適条件は現行条件と比べ12.8 dbの利得と推定された. これは以下の式でも計算できる.

$$\begin{aligned}\text{SN比の利得} &= (\overline{A}_1 - \overline{A}_2) + (\overline{B}_3 - \overline{B}_2) + (\overline{C}_3 - \overline{C}_2) + (\overline{D}_3 - \overline{D}_2) + (\overline{E}_1 - \overline{E}_2) + (\overline{G}_3 - \overline{G}_2) + (\overline{H}_2 - \overline{H}_2) \\ &= 3.60 + 0.92 + 1.55 + 1.83 + 4.41 + 0.52 + 0.00 \\ &= 12.84\,\text{db}\end{aligned}$$

- ■　これは$A_2B_2C_2D_2E_2G_2H_2$を$A_1B_3C_3D_3E_1G_3H_2$に変えたことによる利得の計算である.
- ■　現状のA_2をA_1に変えたことによる利得はA_2とA_1のSN比の水準平均の差である. それは水準平均の表から43.10 − 39.50 = 3.60 dbである.
- ■　同様にB_2をB_3に変えたことによる利得は42.16 − 41.24 = 0.92 dbと推定される.
- ■　以下C，D，E，F，G，Hも同様に現状からの利得を計算して加法性を仮定して足していくのである.

3.6 生データの解析について

タグチは最適化のためのデータ解析はSN比を使うことが必要及び十分条件として，生データの解析はいらないと主張した．しかし，筆者は生データの解析がパラメータ設計の理解を深めることと，さらなる知見を得られること，新たな発見を促してくれると信じているので紹介したい．実際，米国では行っている．重複するが，**表3.9**はタイル厚のデータである．

ステップ5でSN比と平均値の水準平均を計算したが，同様にP_1，P_2，…，P_7のそれぞれのタイル厚という生データに対して，水準平均を計算することができる．例えば，A_1P_1の組合せにおけるタイル厚の平均は，L_{18}のNo.1からNo.9のA_1におけるP_1の位置のタイル9枚で10.07 mmである．

$$\overline{A_1P_1} = \frac{10.18+10.03+9.81+10.09+10.06+10.20+9.91+10.32+10.04}{9}$$
$$=10.07\,\mathrm{mm}$$

表3.9　タイル厚のデータ

	A 1	B 2	C 3	D 4	E 5	F 6	G 7	H 8	P_1	P_2	P_3	P_4	P_5	P_6	P_7
1	1	1	1	1	1	1	1	1	10.18	10.18	10.12	10.06	10.02	9.98	10.20
2	1	1	2	2	2	2	2	2	10.03	10.01	9.98	9.96	9.91	9.89	10.12
3	1	1	3	3	3	3	3	3	9.81	9.78	9.74	9.74	9.71	9.68	9.87
4	1	2	1	1	2	2	3	3	10.09	10.08	10.07	9.99	9.92	9.88	10.14
5	1	2	2	2	3	3	1	1	10.06	10.05	10.05	9.89	9.85	9.78	10.12
6	1	2	3	3	1	1	2	2	10.20	10.19	10.18	10.17	10.14	10.13	10.22
7	1	3	1	2	1	3	2	3	9.91	9.88	9.88	9.84	9.82	9.80	9.93
8	1	3	2	3	2	1	3	1	10.32	10.28	10.25	10.20	10.18	10.18	10.36
9	1	3	3	1	3	2	1	2	10.04	10.02	10.01	9.98	9.95	9.89	10.11
10	2	1	1	3	3	2	2	1	10.00	9.98	9.93	9.80	9.77	9.70	10.15
11	2	1	2	1	1	3	3	2	9.97	9.97	9.91	9.88	9.87	9.85	10.05
12	2	1	3	2	2	1	1	3	10.06	9.94	9.90	9.88	9.80	9.72	10.12
13	2	2	1	2	3	1	3	2	10.15	10.08	10.04	9.98	9.91	9.90	10.22
14	2	2	2	3	1	2	1	3	9.91	9.87	9.86	9.87	9.85	9.80	10.02
15	2	2	3	1	2	3	2	1	10.02	10.00	9.95	9.92	9.78	9.71	10.06
16	2	3	1	3	2	3	1	2	10.08	10.00	9.99	9.95	9.92	9.85	10.14
17	2	3	2	1	3	1	2	3	10.07	10.02	9.89	9.89	9.85	9.76	10.19
18	2	3	3	2	1	2	3	1	10.10	10.08	10.05	9.99	9.97	9.95	10.12

	P_1	P_2	P_3	P_4	P_5	P_6	P_7
A_1	10.07	10.05	10.03	9.98	9.94	9.91	10.12
A_2	10.04	9.99	9.95	9.91	9.86	9.80	10.12

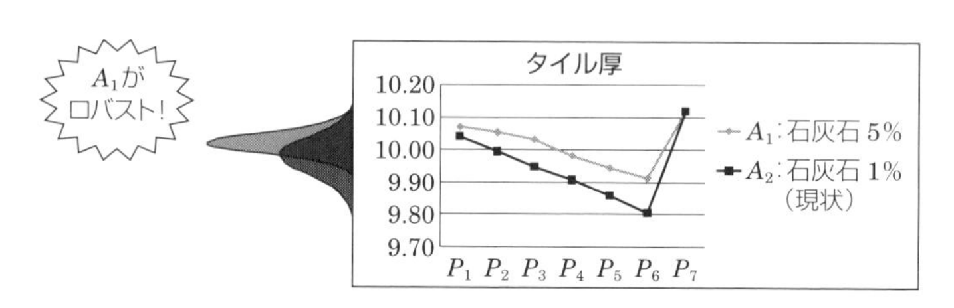

図 3.21　制御因子 A と誤差因子 P の二元表とグラフ

同様に A と P の組合せごとにタイル厚の平均を計算すると**図 3.21** のような制御因子 A と誤差因子 P の二元表とグラフが得られる．

このグラフは制御因子 A（:石灰石の量）と誤差因子 P（:タイルの位置）の交互作用があることを示している．現状の A_2 から A_1 に変えることによって P の影響が減ってタイル厚のバラツキが減ることがわかる．A_1 が A_2 よりロバストな設計条件であるといえる．SN 比の水準平均では A_1 が A_2 より 3.6 db の利得があった．

$$0.5^{\frac{3.6}{6}} \times 100 = 0.5^{0.6} \times 100 = 66.0\%$$

であるから A_1 のバラツキは A_2 のバラツキの 66％程度である．**図 3.21** の A_1 と A_2 の見た目のバラツキとほぼ一致しているのがわかる．同様に B と P から H と P までのグラフを描くのは容易である．**図 3.22** にその表とグラフを示す．

A_1 と A_2 を比較したように他の因子がいかにロバストネスに貢献しているか**図 3.23** から読みとってみよう．SN 比が大きかった E_1，A_1，D_3，H_2，B_3，G_3 の水準がロバストであるのが見てとれる．これらはすべて直交した情報である．

タグチは SN 比を紹介した 1970 年代以前はこのように，直接制御因子とノイズの交互作用をグラフにしてロバストネスを評価し，最適化していたのである．

次章は望目特性に優る動特性とその最適化について解説する．

	P_1	P_2	P_3	P_4	P_5	P_6	P_7
A_1	10.06	10.02	9.99	9.94	9.90	9.86	10.12
A_2	10.07	10.04	10.00	9.96	9.91	9.87	10.13
B_1	10.05	10.02	9.98	9.94	9.89	9.85	10.11
B_2	10.07	10.04	10.01	9.97	9.93	9.89	10.13
B_3	10.07	10.03	9.99	9.95	9.91	9.86	10.14
C_1	10.06	10.03	9.98	9.94	9.90	9.85	10.13
C_2	10.04	10.00	9.97	9.93	9.89	9.85	10.09
C_3	10.09	10.05	10.02	9.98	9.93	9.89	10.15
D_1	10.08	10.03	10.01	9.96	9.91	9.87	10.13
D_2	10.07	10.04	9.99	9.95	9.92	9.88	10.14
D_3	10.05	10.02	9.99	9.94	9.90	9.85	10.11

	P_1	P_2	P_3	P_4	P_5	P_6	P_7
E_1	10.08	10.04	10.01	9.96	9.92	9.89	10.14
E_2	10.05	10.01	9.98	9.94	9.90	9.85	10.12
E_3	10.07	10.04	10.01	9.96	9.90	9.86	10.13
F_1	10.05	10.02	9.99	9.95	9.90	9.86	10.11
F_2	10.07	10.04	10.00	9.96	9.92	9.88	10.13
F_3	10.06	10.02	9.99	9.94	9.89	9.85	10.13
G_1	10.04	10.01	9.98	9.93	9.90	9.86	10.11
G_2	10.06	10.03	9.99	9.94	9.89	9.85	10.13
G_3	10.08	10.04	10.01	9.97	9.92	9.88	10.14
H_1	10.09	10.05	10.01	9.98	9.92	9.88	10.15
H_2	10.04	10.00	9.97	9.91	9.86	9.82	10.11
H_3	10.06	10.03	10.00	9.96	9.93	9.89	10.13

ノイズの水準ごとのタイル厚の水準平均(制御因子と誤差因子の交互作用)

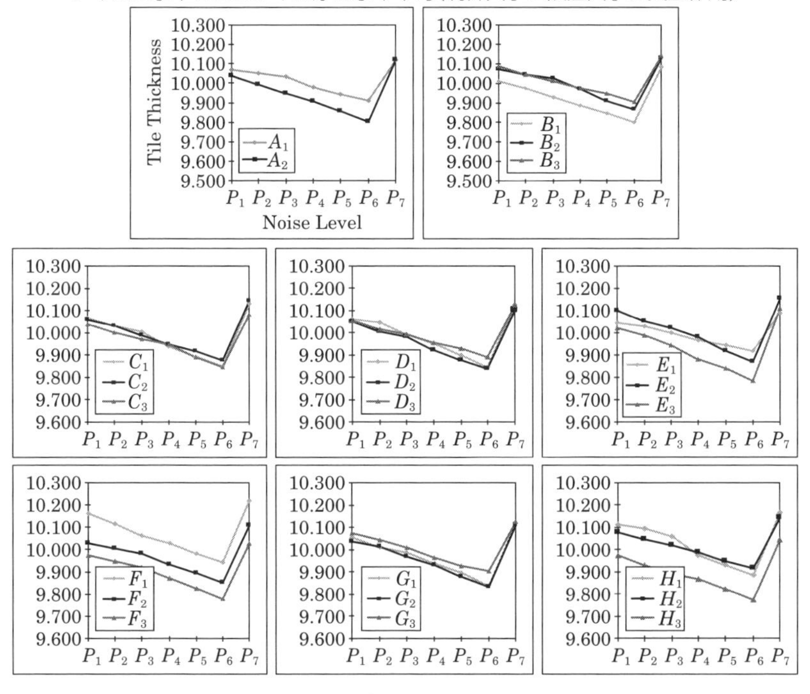

図 3.22 制御因子（B〜H）と誤差因子 P の二元表とグラフ

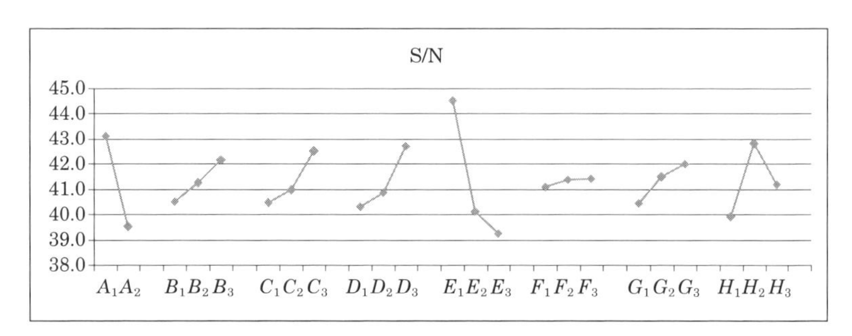

図 3.23　要因効果図

コーヒーブレイク 11

1950 年代の電気通信研究所

戦後間もなく創立した日本電電公社の電気通信研究所（以下，通研という）の初代所長吉田五郎は，1948 年 8 月の開所式で，以下の言葉を残している．

“技術研究の応援をもたない経済事業体がいかに貧弱であるかはおのずから明らかである．事業から外れた単なる工学研究所をもっている国民は不幸であり，今までのように国民の科学知識を低いままに放置して黙認していたのは非常にいけないことであった”．

タグチは 1950 年に通研に入所した．それは通研が当時最先端技術であったクロスバー電話交換器の開発で，米国のベル研究所（以下、ベル研という）と競合することを決意した年でもあった．通研は 6 年後にはベル研に先駆けてその開発に成功し，日本経済に大きく貢献したのである．戦後わずか 5 年，ベル研に比べて人員は 1/5，予算は 1/50 という環境においてである．

通研とコントラクターの企業で実験計画法の教育と事例の指導をすることが，タグチの主な仕事であった．クロスバー交換器の開発では延べ 2 000 個以上の制御因子を最適化したと述べている．特に重要なサブシステムであるワイヤーリレーは数十億回の作動を要求されているため，開発に 10 年はかかるといわれていたのを，劣化に対するロバストネスを最適化したことで 2 年で終えることができたという．制御因子とノイズ因子の交互作用を利用してロバストネスを優先したことがこの開発の成功の一因となったことは間違いない．

第4章 動特性による機能性評価と最適化

4.1 動特性とは

タグチでは最適化のためには動特性を測ることを基本としている．繰返し強調するが，動特性は望目特性よりも機能の本質を表現できるからである．この章の狙いは，動特性の入門的な説明と簡単な最適化の例を一つ挙げることで，動特性の理解を促すことである．動特性の詳細は第5章と第7章で議論する．

動特性の理想機能の定義

モノやサービスには必ず意図した**機能**がある．その意図を達成するためにシステムを模式化すると入力出力の関係で表現することができる．入力されるのが**入力信号**といわれる因子で M で表記される．そして得られた結果であるシステムの**出力**は y で表記される．

自動車のブレーキの機能を例に考えてみよう．自動車を運転していて赤信号なので減速したい．どの程度減速したいのかを念頭に置きつつドライバーはブレーキペダルを踏みこむ．このブレーキの踏み込む力と量が“減速する”という機能の**入力信号**（Input Signal）である．ゆっくりと減速したい場合は小さくゆっくり，早く減速したい場合は大きく早く踏みこむ．M＝踏み込む量は一定の値ではなく変数である．そして結果として**出力**（Output Response）y＝ブレーキ力＝制動力，つまり減速の度合いを得る．最終的に停止距離が意図したとおりに実現する．このブレーキシステムの入力と出力の関係を**図4.1**に示す．動特性とはこうした入力信号 M と出力 y の関係を示し，その関係の理想の形を**理想機能**とよぶ．動特性のPダイアグラムは**図4.2**のようになる．

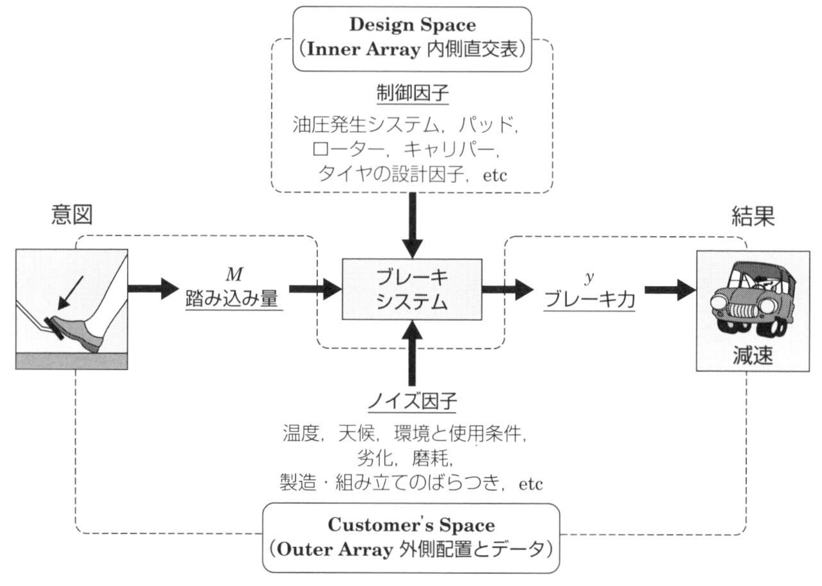

図 4.1　ブレーキシステムのPダイアグラム

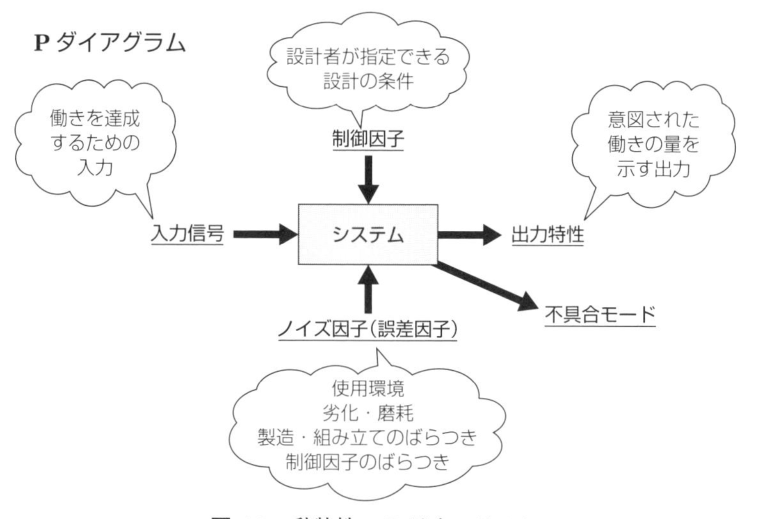

図 4.2　動特性のPダイアグラム

動特性の入力 M と出力 y，その理想関係を定義するためにはエネルギーに注目するとよい．ハードウェアの機能は**エネルギーの変換**で表現できると考えればわかりやすいと思う．ソフトウェアの場合は情報の変換といえるが，情報量だってエネルギーといい得る．

表 4.1 に動特性の例を挙げた．表にあるように，一般的な理想機能の形はゼロ点を通って y が M に比例するという

$$y = \beta M$$

という式で表すことができる．他に指数関数であるとか，2 種類の誤りであるとか，理想のプロフィールなど数種類あるが，それらは第 7 章で解説する．次節では動特性を利用した最適化の事例を紹介する．

表 4.1　機能とエネルギーの変換

システム	機能	入力信号 M	出力 y	理想機能
スキー	曲がる	体重移動量	方向の変化量	$y = \beta M$
自転車の空気入れ	空気圧を上げる	ポンピングの力×距離	空気圧変化	指数関数
体重計	体重を測る	体重の真値	計測値	$y = \beta M$
ゴルフショット	球を飛ばす	ヘッドスピードの 2 乗	飛距離	$y = \beta M$
風力発電	電気を起こす	風力	電力	$y = \beta M$
病院の救急室	患者を診る	延べ人時	重み付けた患者の累計	$y = \beta M$
○×試験	能力の評価	正解	回答	0-1→0-1
健康診断	診断	実際の疾患・病気の有無	診断結果	0-1→0-1
一般的な診断	診断	実際の状態	診断結果	0-1-2-3→0-1-2-3
予測のシステム	予測する	予測対象の真値	予測値	$y = \beta M$
空調のファン	風を送る	消費電力	空気流量	$y = \beta M$
空調のファン	風の強さを調節する	弱・中・強→電圧	得られた風の強さ	$y = \beta M$
自動車のブレーキ	減速する	踏み込み力×速さ	止まる力・制動力	$y = \beta M$
自動車のブレーキ	減速する	停止距離	初期速度^2	$y = \beta M$
自動車の操舵	曲がる	ハンドル角度変位	曲がる力・横加速	$y = \beta M$
照明	明るさを出す	消費電力	照度×時間	$y = \beta M$
自動スライドドア	ドアの開け閉め	消費電力	ドアの移動距離	$y = \beta M$
機械加工	材料を削り取る	消費電力	削った量	$y = \beta M$
スイッチ操作	操作感	変異量	力	理想プロフィール
化学反応	A＋B → C＋D	時間	反応した A の率	指数関数

4.2　風力発電機の最適化

●ステップ 1　プロジェクトスコープの定義

これは米国の中学生がチームを組んで超小型の風力発電機の最適化を行った事例を基にしたものである．題材は＄30 で買える風力発電の玩具である（**図 4.3** 参照）．この玩具は，大型の扇風機で風を送ってファンを回して電気を起こし，LED を灯したり充電式乾電池を充電したりできるようになっている．そして得られた電力を電圧で測ることもできる．

この実験のスコープは，ファンの形状やギヤ比などを制御因子にした発電機能の最適化である．

●ステップ 2　理想機能の定義

発電の機能はまさに言葉どおりエネルギー変換の機能で，理想機能は**図 4.4** のようになる．

図 4.3　風力発電の玩具

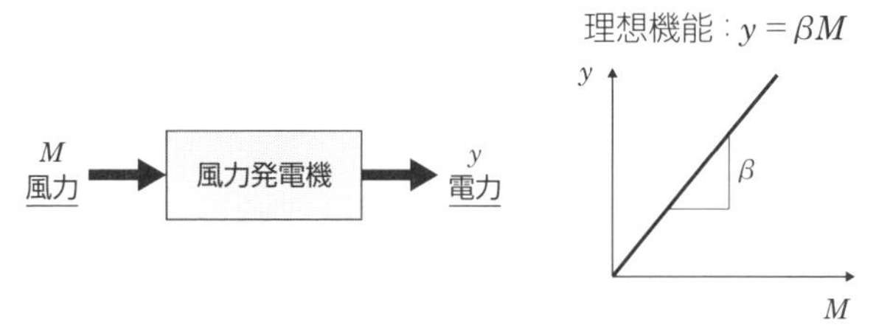

図 4.4　風力発電機の理想機能

●ステップ 3　入力信号とノイズの戦略

前にも述べたとおり，このステップの時点でPダイアグラムの検討を始めることで，メンバーと考えを整理し共有することを勧める（**図 4.5** 参照）.

動特性の場合は**図 4.6** に示すように入力信号 M をどのような範囲と水準に設定するのかを決める必要がある．したがって，ステップ 3 はロバストネスの評価のために，入力信号とノイズをどのように設定するかを決めるステップである.

入力信号（信号因子ともいう）をどのように設定するか，その範囲は基本的には市場において使用されるであろう範囲を網羅しなくてはならない．そして少なくとも 3 水準（3 段階）は設定してほしい．風力発電機の場合の信号因子

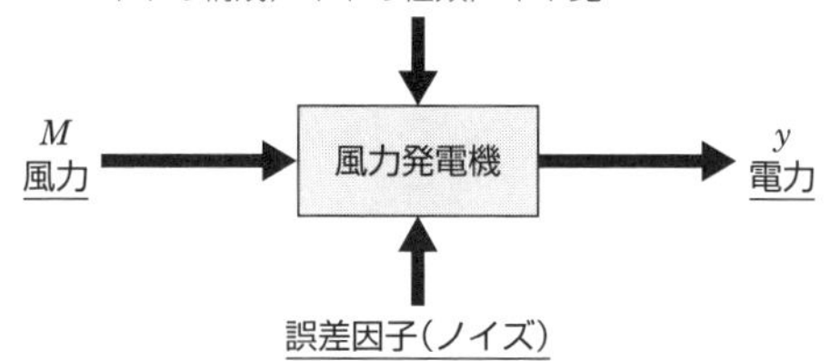

図 4.5　風力発電機のPダイアグラム

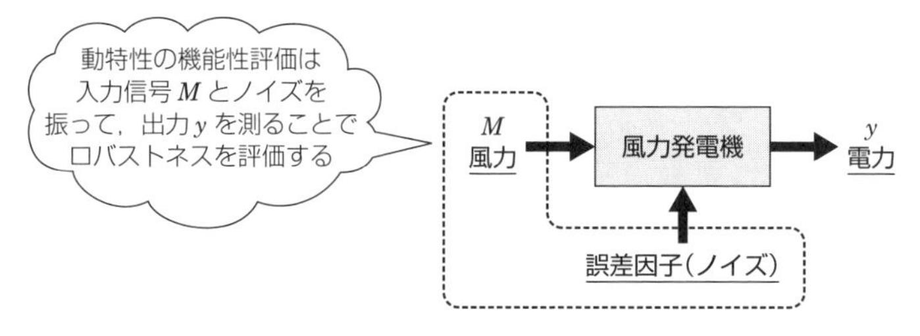

図 4.6　動特性の機能性評価

は，風力なので弱い風から強い風までを網羅しなくてはならない．微風であるときや台風並みの風などを想定して，極端な条件を考慮する必要がある．

実験では風車に当てる風は米国の市販の大型扇風機で起こすこととした．この扇風機は風力の調整が弱，中，強の3段階に調節できるようになっている．風力そのものを推定するには風速を測る必要があるが，風速の計測器がなかったため，扇風機の弱，中，強における消費電力の推定値である 0.07, 0.09, 0.11 キロワットを信号 M の3水準 M_1，M_2，M_3 の値とした．

台風並みの風は信号の水準に含めなかった．出力は計測の容易さのために電圧のみを計測した．理想機能は**図 4.7** のようになった．

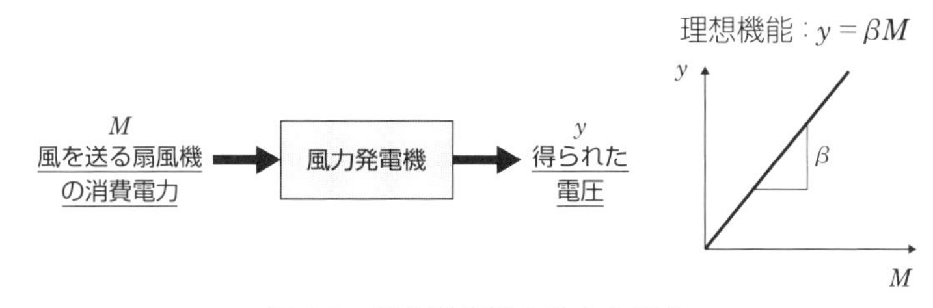

図 4.7　風力発電機の入力と出力

ノイズは“風向き”のみを設定した．この発電機は，風見鶏のように自動的に風の方向に向くことはないので，風向きはノイズである．30 度ほど斜め方向の風であっても，真っすぐの風と同じ程度に発電してほしいからでもある．

この実験では“風向き”という単純なノイズを一つだけとしたが，ノイズの戦略の考え方はタグチの中でも理想機能とともに非常に重要なポイントなので，章を追うごとに詳細な議論を進めていく．

外側のデータ（制御因子の直交表の外側に配置する，信号因子とノイズ因子の水準下における出力，すなわち機能性評価のデータ）は**図 4.8** のようになった．このように，信号 M とノイズ N のパラメータを割り振り，九つの組合せパターンの出力 y を測った結果を解析するのが，ロバストネスを評価するという方法論である．

外側のデータ（y＝電圧）

	M_1	M_2	M_3
N_1	y_1	y_4	y_7
N_2	y_2	y_5	y_8
N_3	y_3	y_6	y_9

入力信号と水準

	M_1	M_2	M_3
M：消費電力	0.07	0.09	0.11

ノイズ因子と水準

	N_1	N_2	N_3
N：風向き	真っすぐ	左 25 度	右 25 度

図 4.8 外側のデータ

●ステップ 4 制御因子と水準

この実験の制御因子は，中学生たちのブレーンストーミングの結果，**表 4.2** のようになった．羽の曲面というのは羽の曲面の度合い，重し位置の内側というのは羽の回転軸に近い位置である．初期設計は $A_3B_1C_2D_1E_2F_1G_1$ である．6 水準の因子一つと，3 水準の因子六つは，直交表 L_{18} にわりつけることができる．直交表の詳細は Appendix B を参照されたい．

ここまでのステップ 1，2，3，4 を経て**表 4.3** の最適化のための実験の計画ができたことになる．この表は，第 3 章でも紹介したように，どのような実験条件で実験を行うのかを示したものである．一番左側の列は，実験番号であり，合計 18 回の実験を行うことを示している．つまり，実験 1 は，A(羽取付

表 4.2 制御因子とその水準

制御因子	第 1 水準	第 2 水準	第 3 水準	第 4 水準	第 5 水準	第 6 水準
A 羽取り付け角度	5	10	15	20	25	30
B 羽の長さ	6″	7″	8″			
C 羽の曲面	小	中	大			
D 重し位置	なし	内側	外側			
E ギア比	軽	1：1	重			
F オイル	0	1	2			
G メインタワー剛性	Base	＋	＋＋			

表 **4.3**　最適化のための実験の計画

								角度	羽長	羽曲	重し	比	油	剛性									
	A	B	C	D	E	F	G	A	B	C	D	E	F	G	M_1			M_2			M_3		
	1	2	3	4	5	6	7	1	2	3	4	5	6	7	N_1	N_2	N_3	N_1	N_2	N_3	N_1	N_2	N_3
1	1	1	1	1	1	1	1	5	6″	小	なし	軽	0	Base									
2	1	2	2	2	2	2	2	5	7″	中	内側	1:1	1	+									
3	1	3	3	3	3	3	3	5	8″	大	外側	重	2	++									
4	2	1	1	2	2	3	3	10	6″	小	内側	1:1	2	++									
5	2	2	2	3	3	1	1	10	7″	中	外側	重	0	Base									
6	2	3	3	1	1	2	2	10	8″	大	なし	軽	1	+									
7	3	1	2	1	3	2	3	15	6″	中	なし	重	1	++									
8	3	2	3	2	1	3	1	15	7″	小	内側	軽	2	Base									
9	3	3	1	3	2	1	2	15	8″	大	外側	1:1	0	+									
10	4	1	3	3	2	2	1	20	6″	大	外側	1:1	1	Base									
11	4	2	1	1	3	3	2	20	7″	小	なし	重	2	+									
12	4	3	2	2	1	1	3	20	8″	中	内側	軽	0	++									
13	5	1	2	3	1	3	2	25	6″	中	外側	軽	2	+									
14	5	2	3	1	2	1	3	25	7″	大	なし	1:1	0	++									
15	5	3	1	2	3	2	1	25	8″	小	内側	重	1	Base									
16	6	1	3	2	3	1	2	30	6″	大	内側	重	0	+									
17	6	2	1	3	1	2	3	30	7″	小	外側	軽	1	++									
18	6	3	2	1	2	3	1	30	8″	中	なし	1:1	2	Base									

け角度)＝5°，B(羽の長さ)＝6″，C(羽の曲面)＝小，D(重し位置)＝なし，E(ギヤ比)＝軽，F(オイル)＝0，G(メインタワー剛性)＝Base，という条件（この実験条件を**レシピ**と呼ぶ）で実験を行うことを意味している．そして M（消費電力）と N（風向き）の九つの組合せ条件で得られた電力を測るのである．

コーヒーブレイク 12

直交表の表記と種類

以下は直交表の表記である.

$L_a(b^c)$
- L はラテン方格の Latin Square の L
- a は行数で実験の組み合わせ数
- b は因子の水準の数
- c は因子の数，直交表の列数

例：$L_{18}(2^1 \times 3^7)$
第３章で使った２水準を一つと
３水準を七つまでわりつけられる
L_{18} の表記

以下はよく使われる直交表である．この章の直交表は $L_{18}(6^1 \times 3^6)$ である.

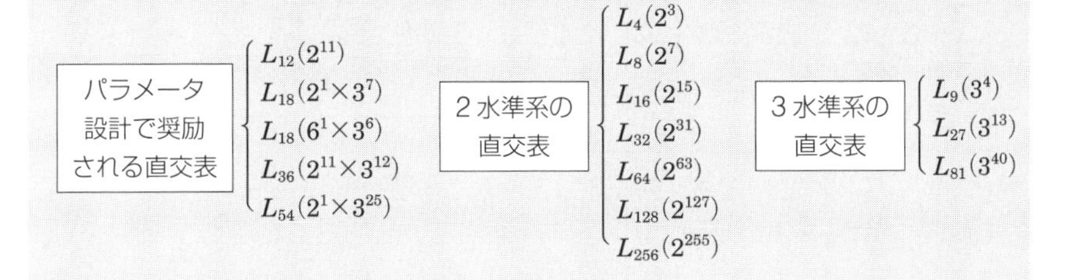

●ステップ 5　データ収集

L_{18} の 18 通りの風力発電機の設計レシピのそれぞれで扇風機の風力 3 水準，風方向 3 水準の 3×3＝9 条件で電圧を測ることになる．**表 4.4** が実験の計測結果である．出力特性は電圧である．

●ステップ 6　データ解析

図 4.9 の L_{18} の実験 No.1 のデータから SN 比と β の計算を説明する．

まず，動特性の基本的な SN 比と β の計算式を紹介する．動特性のデータは**表 4.5** のように，n 組の M と y のペアのデータとして表現できる．**図 4.10** に示す①，②，③，④の手順で SN 比と β の計算をする．

L_{18} の No.1 のデータを M と y のペアにすると**表 4.6** のようになる．

図 4.10 の手順①の計算は，“全 2 乗和の分解”という作業をするためのデータの前処理のようなものである．r は n 個ある入力信号の値の 2 乗和である．ΣMy というのは全部で n 組ある M と y を掛け算して足した M と y の積和である．

表 4.4 実験の結果

	A	B	C	D	E	F	G	M_1			M_2			M_3		
	1	2	3	4	5	6	7	N_1	N_2	N_3	N_1	N_2	N_3	N_1	N_2	N_3
1	1	1	1	1	1	1	1	1.0	0.8	0.7	1.3	1.0	0.9	1.8	1.1	1.0
2	1	2	2	2	2	2	2	1.6	1.5	1.4	2.0	1.8	1.7	2.5	2.1	2.0
3	1	3	3	3	3	3	3	1.1	1.0	1.0	1.5	1.3	1.2	1.8	1.5	1.4
4	2	1	1	2	2	3	3	1.5	1.4	1.4	1.9	1.8	1.8	2.4	2.2	2.2
5	2	2	2	3	3	1	1	1.3	1.1	1.1	1.8	1.4	1.4	2.2	1.6	1.5
6	2	3	3	1	1	2	2	1.5	1.3	1.3	1.9	1.7	1.6	2.4	1.9	1.6
7	3	1	2	1	3	2	3	1.4	1.3	1.3	1.8	1.7	1.7	2.2	2.0	2.0
8	3	2	3	2	1	3	1	1.7	1.4	1.5	2.2	1.8	1.9	2.7	2.1	2.1
9	3	3	1	3	2	1	2	1.7	1.6	1.5	2.2	2.0	1.9	2.8	2.3	2.3
10	4	1	3	3	2	2	1	1.2	1.0	0.9	1.6	1.2	1.2	2.0	1.4	1.4
11	4	2	1	1	3	3	2	1.9	1.8	1.8	2.5	2.4	2.3	3.1	2.7	2.8
12	4	3	2	2	1	1	3	2.0	1.9	1.9	2.6	2.5	2.4	3.1	2.9	2.9
13	5	1	2	3	1	3	2	1.4	1.2	1.3	1.8	1.5	1.6	2.3	1.8	1.9
14	5	2	3	1	2	1	3	1.4	1.2	1.2	1.8	1.5	1.5	2.2	1.8	1.7
15	5	3	1	2	3	2	1	2.2	2.1	2.1	2.8	2.8	2.7	3.5	3.4	3.3
16	6	1	3	2	3	1	2	1.1	0.9	0.8	1.4	1.1	1.1	1.7	1.2	1.2
17	6	2	1	3	1	2	3	1.7	1.6	1.5	2.2	2.0	2.0	2.7	2.3	2.3
18	6	3	2	1	2	3	1	1.9	1.7	1.7	2.4	2.1	2.1	3.0	2.5	2.4

L_{18} No.1 のデータ

	M_1	M_2	M_3
N_1	1.0	1.3	1.8
N_2	0.8	1.0	1.1
N_3	0.7	0.9	1.0

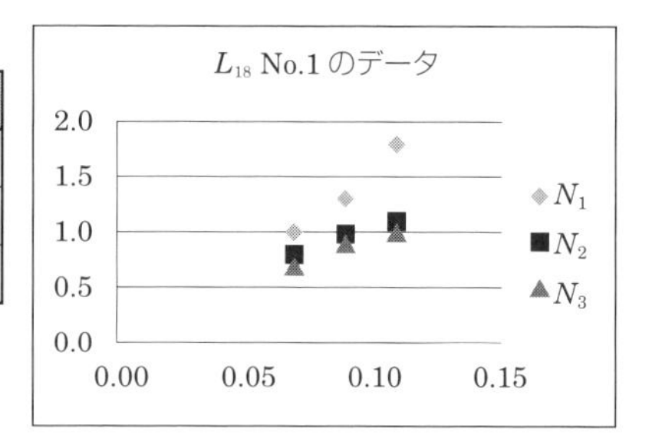

図 4.9 No.1 のデータの解析

表 4.5 動特性のデータの例

M_1	M_2	M_3	…	M_n
y_1	y_3	y_5	…	y_n

手順①　入力の 2 乗和と，入力と出力の積の和（データの前処理）

$$r=\sum_{i=1}^{n} M_i^2 = M_1^2 + M_2^2 + \cdots\cdots + M_n^2$$

$$\sum My = \sum_{i=1}^{n} M_i y_i = M_1 y_1 + M_2 y_2 + \cdots\cdots + M_n y_n$$

手順②　出力の全 2 乗和の分解

$$S_T = \sum_{i=1}^{n} {y_i}^2 = \begin{cases} S_\beta = \dfrac{1}{r}\left(\sum My\right)^2 \\ S_{Noise} = S_T - S_\beta \end{cases}$$

手順③　ノイズの分散

$$\sigma_{Noise}{}^2 = V_{Noise} = \frac{S_{Noise}}{n-1}$$

手順④　β と SN 比

$$\beta = \frac{1}{r}\sum My$$

$$S/N = \eta_{\text{db}} = 10 \log \frac{\beta^2}{\sigma_{Noise}{}^2} = 10 \log \frac{\beta^2}{V_{Noise}}$$

図 4.10　SN 比と β の計算手順

表 4.6　No.1 のデータの M と y

	M_1			M_2			M_3		
	N_1	N_2	N_3	N_1	N_2	N_3	N_1	N_2	N_3
M の値	0.07	0.07	0.07	0.09	0.09	0.09	0.11	0.11	0.11
y の値	1.0	0.8	0.7	1.3	1.0	0.9	1.8	1.1	1.0

No.1のデータに対してのこれらの計算は以下のようになる．

$$r=\sum_{i=1}^{n}M_i^{\ 2}=M_1^{\ 2}+M_2^{\ 2}+\cdots\cdots+M_n^{\ 2}$$
$$=0.07^2+0.07^2+0.07^2+0.09^2+0.09^2+0.09^2+0.11^2+0.11^2+0.11^2=0.0753$$

$$\sum My=\sum_{i=1}^{n}M_iy_i=M_1y_1+M_2y_2+\cdots\cdots+M_ny_n$$
$$=0.07(1.0)+0.07(0.8)+0.07(0.7)+0.09(1.3)+0.09(1.0)+0.09(0.9)+0.11(1.8)+0.11(1.1)+0.11(1.0)$$
$$=0.07(1.0+0.8+0.7)+0.09(1.3+1.0+0.9)+0.11(1.8+1.1+1.0)=0.892$$

これで**図4.10**の手順②の全2乗和の分解の計算の用意ができた．全2乗和とはn個のすべてのyを2乗して足したものでS_Tで表記される．基本的にS_TをS_βとS_{Noise}の二つの成分に分解するのである．

$$S_T=\sum_{i=1}^{n}y_i^{\ 2}=\begin{cases}S_\beta=\dfrac{1}{r}\left(\sum My\right)^2\\ S_{Noise}=S_T-S_\beta\end{cases}$$

この$S_T=S_\beta+S_{Noise}$の分解を**図4.11**に示す．

図4.12にある説明のとおりにS_βは大きいほど望ましくS_{Noise}は小さいほど望ましいことになる．S_βとS_{Noise}は図のとおりに計算してもよいし，面倒なら以下のような短い簡素化した式で計算でもよい．計算はショートカットの式で十分であるが，図にあるような$S_T=S_\beta+S_{Noise}$の物理的な意味を認識してほしい．

$$S_T=\sum_{i=1}^{n}y_i^{\ 2}=1.0^2+0.8^2+0.7^2+1.3^2+1.0^2+0.9^2+1.8^2+1.1^2+1.0^2=11.08$$

$$\begin{cases}S_\beta=\dfrac{1}{r}\left(\sum My\right)^2=\dfrac{1}{0.0753}0.892^2=10.57\\ S_{Noise}=S_T-S_\beta=11.08-10.57=0.513\end{cases}$$

SN比を計算するために**図4.10**の手順③にあるS_{Noise}を$n-1$で割ったノイズの平均的な効果であるノイズの分散を求める．

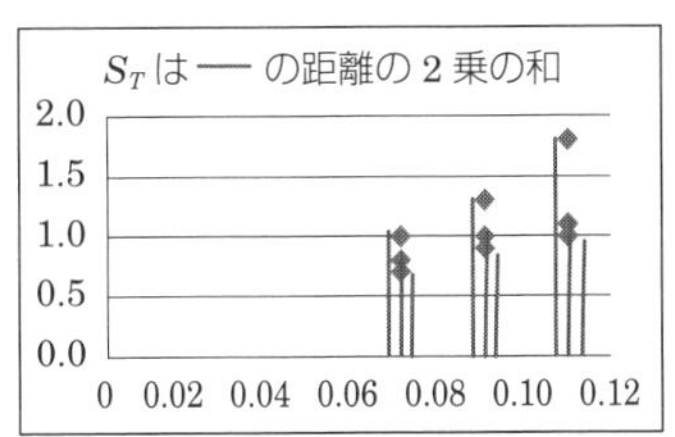

S_T はゼロから各データまでの距離の 2 乗の和であるトータルパワーといえる.

ゼロ点を通る
最小 2 乗の
ベストフィットの線

＝

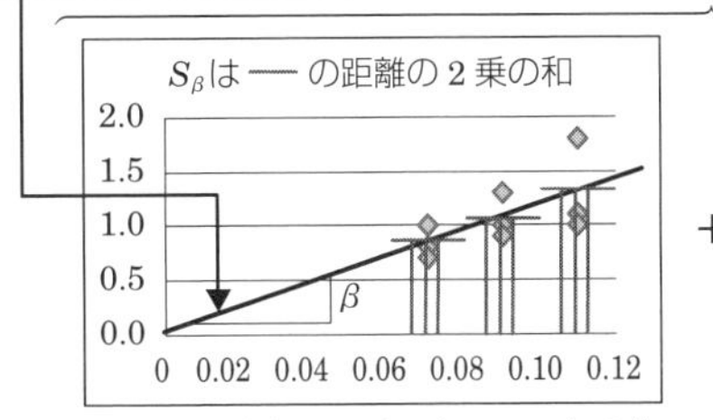

＋

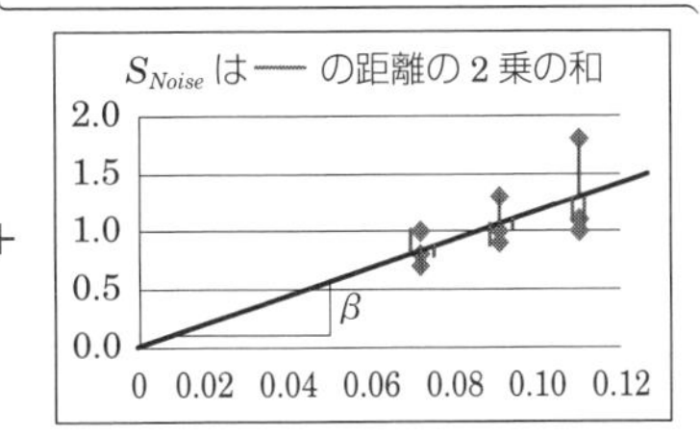

S_β はゼロ点を通るベストフィットの線までの，データの数だけの距離の 2 乗和である.
β はベストフィットの傾きである.
S_β の大きさは β の大きさに依存する.
β が大きいと S_β が大きく，β がゼロだと S_β もゼロである.

S_{Noise} は各データからゼロ点を通るベストフィットの線までの距離の 2 乗和である.
S_{Noise} はノイズの効果で，ベストフィットの線のまわりのバラツキの大きさである.

図 4.11　$S_T = S_\beta + S_{Noise}$ の分解

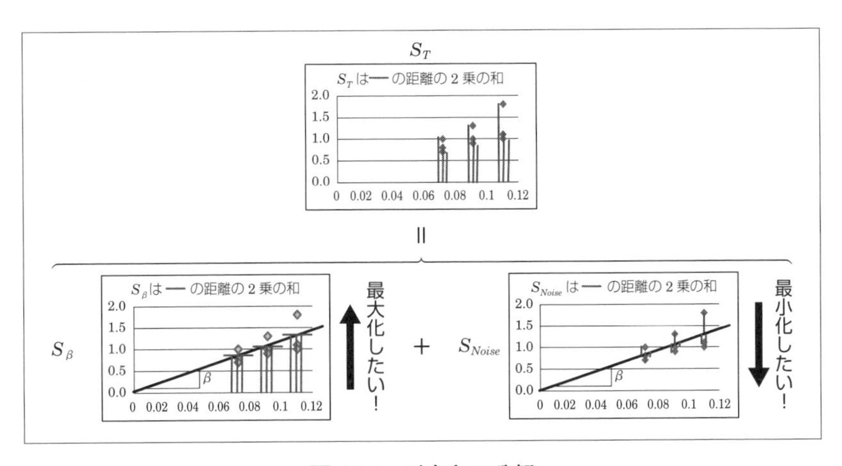

図 4.12　平方和の分解

$$V_{Noise} = \sigma_{Noise}{}^2 = \frac{S_{Noise}}{n-1} = \frac{0.513}{9-1} = 0.064$$

いよいよβとSN比を求める．βはゼロ点を通るベストフィットラインの傾きである．ベストフィットラインとは最小2乗といってゼロ点から直線を引いてS_eが最小になる角度の直線のことである．英語でいえばLeast Square Best Fitである．

$$\beta = \frac{1}{r}\sum My = \frac{1}{0.0753}0.892 = 11.8$$

$$S/N = \eta_{\mathrm{db}} = 10\log\frac{\beta^2}{\sigma_{Noise}{}^2} = 10\log\frac{\beta^2}{V_{Noise}} = 10\log\frac{11.8^2}{0.064} = 33.4\,\mathrm{db}$$

SN比は$10\times\log$で求めるが，これはすでに述べたように，10をかけるのは扱いやすい数字にするためで，対数logをとるのは加法性を良くするためである．この式では$\sigma_{Noise}{}^2$とV_{Noise}が等しいとなっている．詳しい説明は略すがV_{Noise}がノイズの分散の真値$\sigma_{Noise}{}^2$の推定値だから，このような表現になる．動特性のSN比の基本的な概念は以下のようなものと考えてよい．

$$S/N = \frac{\text{エネルギー変換の効率}}{\text{エネルギー変換のバラツキ}} = \frac{\beta^2}{\sigma_{Noise}{}^2}$$

$$\beta = \frac{\text{目的に使われたエネルギー}}{\text{入力されたエネルギー}}$$

$$\sigma_{Noise} = \text{ノイズによるバラツキ}$$

βが大きいということは，悪さをする無駄なエネルギーが小さいことを意味している．βが大きくてσ_{Noise}が小さいほど，動特性のSN比は大きい値になる．βがゼロというのは，すべてのデータがゼロの場合であり，まったく機能しない場合で，風力発電機の場合は出力された電圧がすべてゼロで発電力ゼロという意味である．SN比が高いほどエコで，性能が良く，悪さを起こさない傾向がある設計ということになる．

L_{18}のデータ解析を続ける．以下，同様に実験No.2から実験No.18のSN比とβを計算した結果を**表4.7**に，それをグラフ化した要因効果図を**図4.13**に示す．

表4.7 SN比とβの計算結果

	A 1	*B* 2	*C* 3	*D* 4	*E* 5	*F* 6	*G* 7	r	S_T	ΣMy	S_β	S_{Noise}	V_{Noise}	S/N	β
1	1	1	1	1	1	1	1	0.0753	11.08	0.892	10.567	0.513	0.064	33.4	11.8
2	1	2	2	2	2	2	2	0.0753	31.56	1.536	31.332	0.228	0.029	41.6	20.4
3	1	3	3	3	3	3	3	0.0753	16.04	1.094	15.894	0.146	0.018	40.6	14.5
4	2	1	1	2	2	3	3	0.0753	31.70	1.544	31.659	0.041	0.005	49.2	20.5
5	2	2	2	3	3	1	1	0.0753	20.92	1.242	20.486	0.434	0.054	37.0	16.5
6	2	3	3	1	1	2	2	0.0753	26.62	1.404	26.178	0.442	0.055	38.0	18.6
7	3	1	2	1	3	2	3	0.0753	27.20	1.430	27.157	0.043	0.005	48.2	19.0
8	3	2	3	2	1	3	1	0.0753	34.90	1.612	34.509	0.391	0.049	39.7	21.4
9	3	3	1	3	2	1	2	0.0753	38.57	1.699	38.335	0.235	0.029	42.4	22.6
10	4	1	3	3	2	2	1	0.0753	16.61	1.105	16.215	0.395	0.049	36.4	14.7
11	4	2	1	1	3	3	2	0.0753	52.13	1.979	52.011	0.119	0.015	46.7	26.3
12	4	3	2	2	1	1	3	0.0753	56.42	2.060	56.356	0.064	0.008	49.7	27.4
13	5	1	2	3	1	3	2	0.0753	25.28	1.374	25.071	0.209	0.026	41.1	18.2
14	5	2	3	1	2	1	3	0.0753	23.55	1.325	23.315	0.235	0.029	40.2	17.6
15	5	3	1	2	3	2	1	0.0753	71.33	2.317	71.295	0.035	0.004	53.3	30.8
16	6	1	3	2	3	1	2	0.0753	12.81	0.971	12.521	0.289	0.036	36.6	12.9
17	6	2	1	3	1	2	3	0.0753	38.41	1.697	38.244	0.166	0.021	43.9	22.5
18	6	3	2	1	2	3	1	0.0753	44.98	1.834	44.669	0.311	0.039	41.8	24.4

SN比の水準平均表($\overline{T}=42.2$ db)

	A	*B*	*C*	*D*	*E*	*F*	*G*
第1水準	38.6	40.8	44.8	41.4	41.0	39.9	40.3
第2水準	41.4	41.5	43.2	45.0	41.9	43.6	41.1
第3水準	43.4	44.3	38.6	40.2	43.7	43.2	45.3
第4水準	44.3						
第5水準	44.9						
第6水準	40.8						

βの水準平均表($\overline{T}=20.0$)

	A	*B*	*C*	*D*	*E*	*F*	*G*
第1水準	15.6	16.2	22.4	19.6	20.0	18.1	19.9
第2水準	18.5	20.8	21.0	22.2	20.0	21.0	19.8
第3水準	21.0	23.0	16.6	18.2	20.0	20.9	20.3
第4水準	22.8						
第5水準	22.2						
第6水準	19.9						

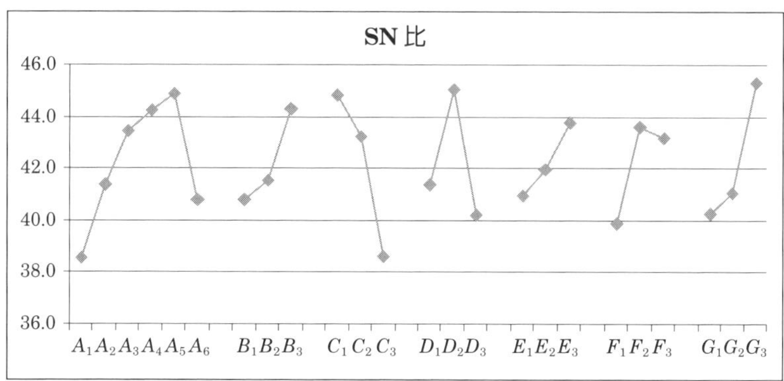

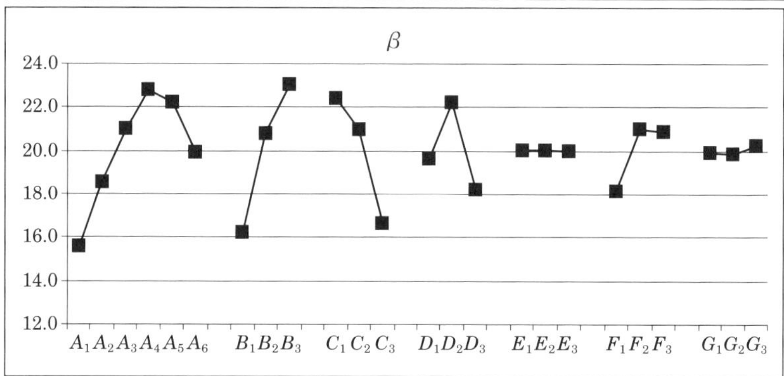

制御因子	第1水準	第2水準	第3水準	第4水準	第5水準	第6水準
A　羽取り付け角度	5	10	15	20	25	30
B　羽の長さ	6″	7″	8″			
C　羽の曲面	小	中	大			
D　重し位置	なし	内側	外側			
E　ギア比	軽	1：1	重			
F　オイル	0	1	2			
G　メインタワー剛性	Base	+	＋＋			

図 4.13　要因効果図

以下は要因効果図の解釈である．

① 因子 A の“羽取付け角度”の A_1 から A_6 の 6 水準を比べる．A_5，A_4，A_3，つまり角度 25°，20°，15° の順で SN 比が高くロバストなバラツ

キが小さい条件である．A_2とA_6はSN比が悪化してバラツキが大きく，A_1はSN比一番低くバラツキが大きい条件である．A_1とA_5のSN比で6.1 dbの差というのは大きな効果である．A_5とA_4の0.6 dbという差はそれほど大きな差ではない．

② 因子Aのβに対する効果はSN比に対する効果とほぼ同じ形をしている．A_4，A_5，A_3の順でエネルギー変換の効率であるβが大きい，つまりより大きな電圧が出力されていることになる．A_1と比べてA_4は$(22.8-15.6)/15.6\times100=46\%$効率がよく，1.46倍の電圧が出力されていることになる．羽の角度が大きすぎても小さすぎてもよくなく20°ぐらいがちょうど良いとなっている．これは直感でも理解できる結果である．理論でも証明できるかもしれないがこのような実験で検証していることになる．

③ 因子Bの“羽の長さ”はB_3がロバストネス（SN比）と効率（β）ともに最適である．

④ 因子C“羽の曲面”は曲がりの少ないC_1がロバストネスと効率ともに最適である．

⑤ 因子Dの“重しの位置”は内側の回転軸に近い位置に重しのあるD_2が最適である．

⑥ 因子E“ギヤ比”はβのグラフはほぼフラットで効率には効いていない．SN比のグラフではE_3のギヤ比が大きい水準がロバストな条件で最適水準はE_3とするべきである．

⑦ 因子FはF_1（:オイルなし）を避けて，オイルを使用するF_2かF_3を選ぶことになる．F_2とF_3ではたいした差がないようである．

⑧ 因子Gの“メインタワーの剛性”は因子Eと同様に効率βに対する効果はないが，剛性をG_1からG_3に増すことによって6 db近いロバストネスの利得が得られそうである．発電機を支えるメインタワーがしっかりした構造がよいという納得できる結果である．

コーヒーブレイク 13

簡素化した SN 比の式

下の（a）はタグチがこだわる動特性の SN 比の式，（b）はこの本で紹介している SN 比の式である.

（a）$S/N = 10 \log \dfrac{\frac{1}{r}(S_\beta - V_e)}{V_{Noise}}$　　　（b）$S/N = 10 \log \dfrac{\beta^2}{V_{Noise}}$

（a）の分子で S_β から引かれている V_e は誤差分散で，この引き算をしなければ（a）は（b）と等しくなる.

$$S/N = 10 \log \frac{\frac{1}{r}(S_\beta - V_e)}{V_{Noise}} \fallingdotseq 10 \log \frac{\frac{1}{r}(S_\beta)}{V_{Noise}} = 10 \log \frac{\beta^2}{V_{Noise}} \fallingdotseq 10 \log \frac{\beta^2}{\sigma^2}$$

ランダム変数の理論からデータというのは2乗すると過剰な値になる．9，10，11 の平均は 10.0 であるが，2乗した 81，100，121 の平均は 100.67 と平均の2乗である 100.0 よりも大きくなる．この過剰分を調整するために V_e を S_β から引くのである.

V_e は単なるランダム誤差だから物理的なノイズの効果である V_{Noise} に比べて小さくなくてはならない．そうならなければノイズの戦略の検討が十分でないということである．また V_e は S_β に比べて 1% とかそれ以下の場合がほとんどであるから V_e を引くことは SN 比の値は 0.1 db も変わらない.

さらに言えば，ランダム変数の世界の統計学に対し，最適化のために技術的な課題であるノイズ因子の概念を入れた時点で V_e を引く必要性はなくなったというのが筆者の考えである．また式としてこの方が美しい.

●ステップ 7　最適化，推定，確認実験

要因効果図を基に最適化を試みよう．動特性も次のように2段階で最適化を行う.

Step 1：ロバストネスの最適化　→　SN 比の最大化

Step 2：β の調整

Step 1 では SN 比が大きい水準を選ぶ．**図 4.13** から $A_5B_3C_1D_2E_3F_2G_3$ が SN 比が最大になっており，最もロバストな設計が期待できる設計条件である.

次に，Step 2 は β の調整である．タグチは β の最小化が望ましい事例も指

導したが，筆者はβはなるべく大きくしたい場合か，βは目標値があってその目標値に合わせ込む場合のどちらかという考えである．$\beta=0$であれば機能がゼロというような理想機能の定義が理にかなっている．入力が消費されたエネルギーまたはそれに準ずる変数で，出力が目的に変換されたエネルギーまたはそれに準ずるものであればβはエネルギー変換の効率である．

風力発電の理想機能は$M=$風力，$y=$発電された電力と定義した．したがってβが大きいほうが発電効率が高くなることから，βは大きいほうが望ましい．つまり，SN比がひどく悪化しない範囲でβが大きくなる設計条件を選択したい．

そのような指針で要因効果図を眺めてみると，A_4のβはA_5より若干大きい値で，SN比はA_5が0.6 dbだけ大きいが，たいした差ではない．また，制御因子EとGは水準が変わってもβの値には変化がなく効いていないといえるが，SN比の値には変化が見られ大きな効果があるといえる．結論としてはA_5か$A_4B_3C_1D_2E_3F_2G_3$を選択するのが最適設計条件といえそうである．

なお，A_6ではSN比とβが大きく悪化するので，そこから離れるという意味でA_5よりA_4を最適とした．最適条件の選択はコスト，軽量化，生産性などの指標も考慮することを付け加えておく．

$A_4B_3C_1D_2E_3F_2G_3$を最適条件としてSN比とβを推定しよう．この計算法は第3章で紹介したものと同様である．初期設計条件は$A_3B_1C_2D_1E_2F_1G_1$である．

$$\begin{aligned}
\hat{\eta}_{Opt} &= (\overline{A}_4-\overline{T})+(\overline{B}_3-\overline{T})+(\overline{C}_1-\overline{T})+(\overline{D}_2-\overline{T})+(\overline{E}_3-\overline{T})+(\overline{F}_2-\overline{T})+(\overline{G}_3-\overline{T}) \\
&= \overline{A}_4+\overline{B}_3+\overline{C}_1+\overline{D}_2+\overline{E}_3+\overline{F}_2+\overline{G}_3-6\overline{T} \\
&= 44.3+44.3+44.8+45.0+43.7+43.6+45.3-6(42.2)=57.7\,\text{db} \\
\hat{\eta}_{Base} &= (\overline{A}_3-\overline{T})+(\overline{B}_1-\overline{T})+(\overline{C}_2-\overline{T})+(\overline{D}_1-\overline{T})+(\overline{E}_2-\overline{T})+(\overline{F}_1-\overline{T})+(\overline{G}_1-\overline{T}) \\
&= \overline{A}_3+\overline{B}_1+\overline{C}_2+\overline{D}_1+\overline{E}_2+\overline{F}_1+\overline{G}_1-6\overline{T} \\
&= 43.4+40.8+43.2+41.5+41.9+39.9+40.3-6(42.2)=37.7\,\text{db}
\end{aligned}$$

$$\hat{\beta}_{Opt}=\overline{A_4}+\overline{B_3}+\overline{C_1}+\overline{D_2}+\overline{E_3}+\overline{F_2}+\overline{G_3}-6\overline{T}$$
$$=22.8+23.0+22.4+22.2+20.0+21.0+20.3-6(20.0)=31.7$$
$$\hat{\beta}_{Base}=\overline{A_3}+\overline{B_1}+\overline{C_2}+\overline{D_1}+\overline{E_2}+\overline{F_1}+\overline{G_1}-6\overline{T}$$
$$=21.0+16.2+21.0+19.6+20.0+18.1+19.9-6(20.0)=15.8$$

初期条件と最適条件のSN比とβを**表4.8**に示す．初期条件と最適条件の差を**利得**という．20.0 dbの利得があるということは，バラツキが1/10になることが期待される．発電効率も200%だから倍になることが見込まれる．

次に，この見込みをもって最適条件と現状設計で確認実験を行い再現性をチェックするのである．確認実験の結果が推定と近ければ，制御因子間の交互作用は無視してよい程度の効果であると判断できる．また，制御因子の効果には加法性があると判断できることから，要因効果図が信用できるのである．

再現しなかった場合の考え方は第10章を参照されたい．実際の中学生の実験では単に電圧の最大化を目的とし，推定のような難しいステップはスキップして，確認実験の結果が直交表で実験したどのレシピよりも良い結果が得られたので，確認がとれたとした．

●ステップ8　アクションプランをたてる（文書化する）

このステップはこの事例では省略する．

このようにして中学生たちの実験は直交表実験を3回行い**図4.14**のようなすばらしい発電電圧の改善を得たのである．

表4.8　利得の推定値

	推定値	
	S/N比	β
Base	37.7	15.8
OPT	57.7	31.7
利得	20.0	200%

中学生のチームが達成した結果

この例は米国ミシガン州のバーミンガム市の私立中学校のサイエンスの先生と生徒らが L_8 を数回繰り返して y=電圧として，電圧の最大化を目的とした実験をもとに編集したものである．彼らの実験では右のような改善が達成されている．

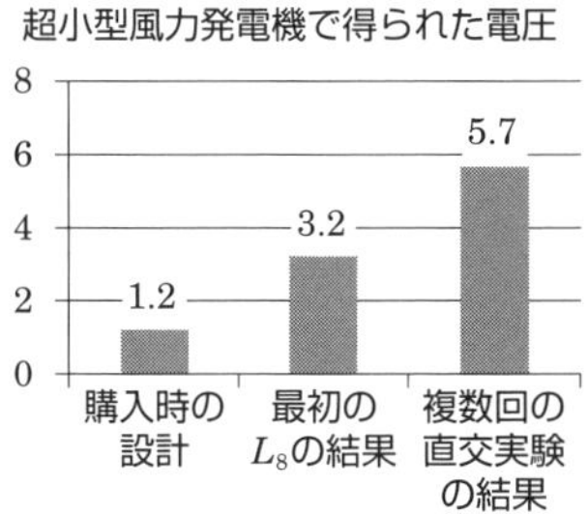

図 4.14　中学生が行った実験結果

コーヒーブレイク 14

QFK（Quality for Kids）

動特性の事例で版権の問題のない事例が多数あるなか，あえてこの例にしたのはわかりかりやすいこともあるが，オリジナルの研究を中学生が行ったことにある．彼らは理想機能やノイズの戦略は使わなかったが，直交表で多数の制御因子を最適化して1.2 ボルトだったのを 5.7 ボルトにまで改善した．こうした小学生（高学年）から高校生が行った最適化の事例には以下のようなものがある．

- 燃料電池の玩具の車の走行距離の最長化
- ワンエッグオムレツのレシピの最適化
- 紙飛行機の飛行時間，ハングタイムの最長化
- とうもろこしの収穫の最適化（メキシコの大学生）
- 木製コマの回転時間の最長化
- ロウソクの燃焼時間の最長化
- ゴルフのサンドウェッジの最適化

中学生や高校生がチームを組んで目的を決めて，計測特性，計測の方法，制御因子と水準を決め，直交表にわりつけて実験のプランを立てて，役割を決めて実験を実行しデータ収集をする．何か問題があれば話し合って進めていく．データ解析は水準の平均値を計算して要因効果図をつくり，グラフが何を語りかけているか議論をして最適条件を決めて，確認実験をする．研究をレポートにまとめて発表する．ついでに英語のレポートもつくる．

直交表というツールとともに繰り返しのデータをとることから“バラツキ”の概念を学べるのである．更に付け加えると，国語，算数，科学，物理，社会，英語すべてを網羅したすばらしい学習体験になる．理数離れの日本の子供たちに最も必要な教育と考えている．実際米国で行ったときの子供たちは目を輝かして楽しんでいた．世界中で Quality for Kids（QFK）活動を広めたいと考えている次第である．

第5章

特性値の種類，因子の種類

この章を通して品質工学独特の用語とその意味や概念の理解を更に深めていただければ幸いである．

5.1 特性値の種類

表 5.1 は特性値の種類と簡単な説明と例を挙げた表である．

第1章から第3章で紹介した望目特性は望目特性 Type 1 に属するものである．第4章では基本的な**動特性**を紹介した．最適化は機能を測る動特性を使うというのが効果的であると述べてきたが，筆者のまわりで実際に動特性が使われるのは4事例に一つぐらいというのが現実である．タグチを導入している組織でなかなか動特性が使われない理由を挙げると以下のようなものがある．

① 本質的な理想機能の定義ができない．

② 理想機能は定義できるが，測るのが面倒，測るための計測技術が存在しない，測るための計測技術の開発がサポートを得られない等．

③ 企画やスペックで要求されている特性を満足させることが仕事であるから，それ以外の特性を測る必要はないという考え方が強い．

④ 下流における火消し活動が仕事なので最適化をするという立場にいない．

動特性以外の特性値は**静特性**と呼ばれているが，上記のような理由で静特性を使う場合が多いのが現実である．新しい技術や設計の開発の場合，ブレークスルー的なダントツの性能と品質の向上が求められている場合，今ある技術の限界を見極めたい場合などは，制御因子は多ければ多いほどよいとともに，機能の本質を表現した動特性の SN 比で最適化をすることを勧める．

筆者は④の立場の場合は静特性でもかまわないという考えをもっているが，たとえ静特性でもタグチメソッドの考え方を反映してほしい．静特性の中でも最も分解能の低い評価点特性でも十二分に目的を達成した事例も多数報告されている．筆者も苦い経験があるが，動特性が望ましいからといって，無理矢理，動特性の形態にするほうが問題であることを付け加えたい．各特性値の考え方と扱い方の詳細は第 6 章と第 7 章で個別に議論する．

5.2　因子の種類

特性値に影響するのが因子である．因子の種類を**表 5.2** にまとめた．

統計学では特性値に対する因子の影響が認められる場合“有意差がある”といい，確率論を駆使してその有意差の度合いを判断の誤りの確率で評価する．タグチは簡潔にとりあえず**影響があるという立場をとる**．因子の影響は限りなくゼロに近いかもしれないし，大きいかもしれない．因子の種類によって目的意識をもち，戦略的にそれらをうまく利用するのがタグチの特徴である．そのことからも因子の種類とその意味を理解することは極めて重要である．

(1)　制御因子と誤差因子

パラメータ設計はシステムの機能がノイズに影響されない制御因子の組合せを見いだしていく作業である．同じ因子が目的によって制御因子になったり，誤差因子（ノイズ）になることもありうるので注意したい．例えばゴルフクラブのブランドである．M 社製でも T 社製でもコンスタントに飛ばしたいのであればゴルフクラブのブランドは誤差因子になる．また，どちらかを選べるのであれば制御因子である．ここから誤差因子のカテゴリー，対策，戦略に関して議論していく．制御因子と水準の選択については第 10 章を参照されたい．

(2)　誤差因子（ノイズ）とそのカテゴリー

ノイズ，**ノイズ因子**，日本では**誤差因子**と呼ばれているこれらの因子は

表 5.3 にあるように三つのカテゴリーに分けられる．ノイズの影響は単なるランダムな誤差ではない．米国でははっきり Noise Factor としている．

フォード社は自動車という複雑なシステムなので特に**まわりのサブシステム**

表 5.1　特性値の

特性値の種類		自動車
動特性	入力 M と出力 y の関係で理想の形が存在する，予測の機能，エネルギー変換の機能など	燃料ポンプの M＝消費電力 y＝流量×液圧 衝突までの時間の予測機能
望目特性 Type 1	マイナスをとらない特性値で目標値が存在する．バラツキは平均からの±%で評価する．	ドア閉め力 窓開けのスピード 照明の明るさ
望目特性 Type 2	プラスとマイナスの値をとり目標値が存在する． 目標値はゼロの場合が多い． バラツキは±絶対値で評価	タイヤのアライメント ヘッドランプの向き 組み立てのズレ
機能窓特性	信頼性を評価するための画期的な特性値であるが，説明が簡単ではな	
望小特性	マイナスの値をとらない特性値でゼロが理想	騒音・異音・水漏れなどの不具合 空気抵抗 エンジン起動時間
望大特性	無限大が理想の特性 望目特性とするほうが現実的な場合が多い．	燃費 故障が起きるまでの平均走行距離
診断・選別特性	火事でないのに火事と判断，火事なのに火事でないと判断など2種類の過ちの特性	エアバッグの作動の判断
評価点特性	良さ悪さに評価点 過小から過大に評価点	乗り心地 スイッチの操作感 長距離運転後の疲労感
率のデータ	不良率，成功率など0%から100%の間の値をとる特性	不良率 生存率

を四つ目のカテゴリーに指定している．例えば操舵システムにとってサスペンションの状態はノイズであり，サスペンションにとって操舵システムが何をしているのかはノイズである．

種類とその例

病院の救急ユニット	ゴルフ	オムレツ
M＝診療時間 y＝患者の重症度	M＝ヘッドスピード y＝飛距離	該当なし
診察時間 医師1人当たり患者数 看護師1人当たり患者数	ショットの飛距離 プレイ時間	固さ・柔らかさ 味覚各種
該当なし	ショットの方向	該当なし
いため第6章を参照．		
緊急手術までに要した時間 待ち時間	ミスった距離 スコア	こげ，生焼けなどの不具合モード
該当なし	ドライバーの飛距離	該当なし
診断結果の正誤 偽陽性と偽陰性	OBかどうかの判断 ルール違反の判断	該当なし
満足度	スイングフォームの美しさの評価点	おいしさ，固さ柔らかさなどの評価点
死亡率	パーオン率 フェアウェイキープ率	卵の殻が入ってしまう率

表 5.2 因子の種類と例

因子の種類		自動車のブレーキ	病院の救急室	ゴルフショット	オムレツレシピ
制御因子	設計者がそのノミナル値・中心値を指定できる因子	各サブシステムの設計因子である形状・材料などすべて 製造条件の制御因子	医師の数 看護師の数 ベッド数 診療機器の種類と数 ラボの規模	グリップ，スタンス， バックスイング クラブの種類 シャフト スパイク	ミルクの量，卵の種類，混ぜ方 焼き方，火加減 フライパンの種類
誤差因子 ノイズ因子	設計者が値を指定できない因子 使用環境，劣化，磨耗，製造のバラツキ，廻りのサブシステムなど	車総重量のバラツキ 製造のバラツキ 路面の種類と状態 オイルの劣化 パッドの摩耗 パッドの温度	患者数と種類 患者来院パターン 患者の重症度 スキルのバラツキ 診療機器の故障 病気の流行	制御因子のバラツキ スパイクの磨耗 ビールの摂取量 天候，芝の状態 同伴競技者	制御因子のバラツキ 料理人のスキル 卵の新鮮度 材料のバラツキ 火力のバラツキ フライパンの種類
信号因子	動特性の場合のシステムの入力信号因子と出力の間に理想の関係がある.	システム全体の場合運転者の踏み込み量や踏み込む力が信号・サブシステムそれぞれに信号が存在する.	患者の種類と重症度による最小時間を信号にして，実際にかかった時間を出力にするなど	飛距離が出力の場合 ヘッドスピード クラブのロフト角度	硬さに対しては熱エネルギーが信号
標示因子	ノイズでも制御因子でもない因子 ノイズだが最適化後にその影響を補正できる因子	エンジンマウントの設計に対するエンジンの種類 ワイパー液の液圧に対する車両の速度	曜日や季節に対して補正をするのであれば標示因子とする.	向かい風や追い風の風速に応じてアイアンの番手で補正するのであれば飛距離に対して番手は標示因子となる.	強いていえば調理器具の種類は標示因子

表 5.3　ノイズのカテゴリー

環境	使用環境や使用条件 使用者の使い方のバラツキなども含む. 複雑なシステムのサブシステムの場合はまわりのサブシステムの状態も含む. 窃盗行為やテロなどのための意図されたノイズはアクティブノイズとよばれ考慮が必要な場合もある.
劣化	摩耗，材料の特性の変化，劣化など時間による変化
制御因子のバラツキ	製造のバラツキ，部品のバラツキ，組み立てのバラツキ， 許容差内のバラツキ，サービスの場合は実行のバラツキや客の数のバラツキなど.

コーヒーブレイク 15

Coffee Break

制御因子と誤差因子について

“y=通勤時間(分)”という特性値にして考えよう．この特性値を望目特性 Type 1 とするか，望小特性とするか，また特性値を“y=目的到着時間からの差”として望目特性 Type 2 とするかは考えどころである．

通勤時間の逆数をとって“y=1/通勤時間”を望目特性 Type 1 とするのがいい．目的到着時間に間に合うかどうかの問題は要求なので，2 段階最適化の Step 2 で調整するべき問題である．

制御因子

	第 1 水準	第 2 水準	第 3 水準
A:交通手段	地下鉄	JR	バス
B:出発時間	7:45 AM	8:00 AM	8:15 AM

ノイズ因子

	第 1 水準	第 2 水準	第 3 水準
W:週日と天気	月	金	月＋雨
T:出発時間のバラツキ	−5 分	＋5 分	

パラメータ設計

		W_1 月曜日		W_2 金曜日		W_3 雨の日	
A	B	T_1 −5 分	T_2 +5 分	T_1 −5 分	T_2 +5 分	T_1 −5 分	T_2 +5 分
地下鉄	7:45						
地下鉄	8:00						
地下鉄	8:15						
JR	7:45						
JR	8:00						
JR	8:15						
バス	7:45						
バス	8:00						
バス	8:15						

$$y=\frac{1}{\text{通勤時間}}$$

制御因子と誤差因子を考えよう．右上の A の交通手段と B の出発時間は制御因子である．さて出発時間だが，何時何分と決めてもいつもいつもぴったりというわけにはいかないだろう．出発時間には±5 分ほどのバラツキがあるとする．一般的に制御因子のバラツキはノイズであるようにこの場合も±5 分である．であるからこの場合は出発時間のバラツキを表のようにとってノイズとするのである．あと週日の曜日であるとか，天気などもノイズ因子として取り上げてよいかもしれない．この場合は制御因子二つ，誤差因子二つ，計四つの因子の多元配置であるが，パラメータ設計の体をなしている．パラメータ設計は直交表を使うことが奨励されるが，このようなシンプルな形態のものでも行うべきである．

5.3 ノイズに対する5種類の対策

基礎的な設計が決まったらどのようなリスクがあるのか，どのような不具合モードがありうるのか，それらを引き起こすノイズ因子を考える必要がある．アクティブなノイズと呼ばれる，犯罪目的の行為やテロなどの意図的なノイズも視野に入れておくべき場合があるであろう．FMEAやリスク分析で不具合モードを予想する際の考え方と同じである．

ノイズに対して打てる対策は**表5.4**にある5種類しかない．どの対策をとるかは実現性とコストパフォーマンスに依存する．その考え方は実行可能な対策のうち，コストと機能のバラツキによる損失の合計金額が最小のものを採用することである．以下5種類の対策である．対策1から対策5の順に，より洗練された効果的な対策になっていく．

●対策1 無視する

“無視する”というのは，重要でないノイズは無視してもかまわないのだから対策となりうると，筆者のまわりの米国人が主張するので対策の一つとした．ただ重要なノイズを無視していたら後で痛いめにあうことになる．

●対策2 ノイズを制御する

“ノイズを制御する”に関して議論する．工程管理のためのシューハートの管理図はバラツキの原因をランダムな偶然原因と，Special Causeといわれる異常原因に分けることで成立した．管理図で工程をモニターして異常原因が出たら，それに対する対策を講じることで工程を管理していくというものである．異常が起きたら再発防止の絶好の機会と捉えて，異常原因のノイズに対する何らかの対策を講じて作業標準に反映していき，絶え間ない改善をすることを目的としている．管理図は日本企業の“品質を作り込む”というお家芸に大きく貢献した．

とんでもない異常原因には対策2が必要である．例えば，あるべき部品が

表 5.4 ノイズに対する考え方と例

ノイズに対する対策		自動車の例	救急ユニットの例	ゴルフの例	オムレツの例
1 無視する	重要でないノイズには無視することも対策である.	該当なしとする.	該当なしとする.	該当なしとする.	該当なしとする.
2 制御する	ノイズそのものを制御する. 低コストなら行うべきだが, コスト高や不可能な場合が多い.	メンテナンスをする. 一級品のオイルのみ使用してもらう. 受け入れ検査の実施	あるタイプの患者は受け付けない. 人員の能力の改善. スペア機器を設置	球を暖める. 天気が良く風のない日しかプレーしない 同じ人とプレー	常に同じ種類の新鮮な卵を使う. 火力を微調整する. 常に同じ人が調理
3 影響を 補正する	ノイズは制御しないがその影響を事後・事前に補正する. フィードバック制御, アダプティブ制御	エンジンやブレーキの制御システム 速度によってワイパー液の圧力を制御する自動運転のサブシステム	曜日や季節, 病気の流行によって人員の数を調整する.	風力によってクラブを変えたり, 風向きによって狙う方向を調整する.	卵の種類によって混ぜ方を変える. フライパンによって温度を変える.
4 ロバストネスの最適化	ノイズの影響を最小化する. ロバストネスの最適化でロバスト設計を得る. コストをかけずに達成可能	衝突しても客室部の変形が小さい構造設計 オイルの消費を半分にする. 各サブシステムのエネルギー変換の効率を上げる.	人員体制と設備の規模などの制御因子の最適化	スイングがぶれても, ナイスショットできるクラブを使う.	誰が作ってもおいしいレシピにする.
5 ロバストな 設計概念を 創造する	現世代の設計概念とは異なる, まったく新しい設計概念を創造して実用化する.	キャブレターからインジェクターへ ターボチャージャーを装備	自動的にニーズのあるところを見地して, 現場で対応するシステムなど	クラブのヘッドにチタンを使う.	該当なしとする.

第5章

取り付けられていない，というノイズに対してロバストにすることは無理がある．そのようなミスは制御されなければならないノイズであり，“ポカよけ”の仕組みを導入するなどがその対策である．100%受入検査で不合格品は除外することや，部品のグレードを精密な上級グレードにするなどは対策2の範疇である．

●対策3　ノイズの影響を補正する

一方，タグチの**オンライン品質工学**は原因を考えないで調整限界を超えたら調整をするという**フィードバック制御**や**フィードフォワード制御**といわれる**“ノイズの影響を補正する”**に属する経済的な管理法を設計する方法論である．筆者は工程管理にはシューハートとタグチの両方の考え方を併用することが効果的だと考えている．

“ノイズの影響を補正する”という対策のコストパフォーマンスが優れている場合がしばしばある．安い部品を使って一つひとつ調整すれば，性能は同等で安価な場合がある．例えば高価な水晶振動子を使うより，安価なセラミック振動子を使って抵抗値を調整することで補正するなどである．今日我々はIT革命の真っ只中にいる．デジタル技術を駆使した補正の機能はこれから指数関数的に増えていくことは間違いない．自動車の自動運転などはその最たるものである．考えなくてはならないのは補正の機能を足すのであれば，補正の機能のロバストネスを最適化する必要性がある．それは補整機能のサブシステムであるセンサーの機能，制御のロジックやルックアップテーブル，調整の調整性のロバストネスである．

●対策4　ロバストネスの最適化

“ロバストネスの最適化”がこの本の主題であり，それは制御因子を使って最適化するパラメータ設計である．試行錯誤で時間をかけることなく開発の上流で最適化することが目的である．

●対策5　ロバストな設計概念を創造する

“ロバストな設計概念”の創造が理想である．真空管とトランジスターではトランジスターのほうがロバストな設計概念であるから，真空管はニッチな存在となってしまった．新しい設計概念の創造やイノベーションをすることこそがエンジニア冥利に尽きる仕事である．新しい概念に対してパラメータ設計で最適化することである．

ここでまた強調したいのは，どのような設計にもロバストネスの限界があるという事実である．米国でいわれている表現を紹介する．

You cannot achieve robust design by optimizing lousy design concept.
“素性の悪い設計を最適化してもロバスト設計は得られない.”

パラメータ設計の一番の目的は設計概念の限界を見極めることである．最適化をしても要求を満たせない場合，つまりロバスト性が十分でない場合には2, 3，5の対策を考えるしかないのである．ロバスト性はその設計がもっているロバストネスの潜在能力で，英語では“robustability”という造語にした．タグチのパラメータ設計に“魔法の杖”や“特効薬”を期待する向きが多いが，そのようなものではない．

タグチ語録に“**失敗するなら早く失敗しろ！**”というものがある．下手な設計は早く見極め，あきらめ，捨て去って，次に進めという意味である．ロバストネスの最適化はその見極めのためだといっても過言ではない．このことは裏を返せばロバストネスが期待できるロバスタビリティに優れた設計概念の創造が何よりも大事だということである．火消しの達人だけがエンジニアとして褒められているような企業文化からは早く脱却することである．イノベーションこそが日本のエンジニアに最も求められていることなのである．

5.4 ロバストネスの評価 —— 機能性評価の3大要素

ノイズを振って機能を測る機能性評価と，その機能性評価を外側にわりつけたパラメータ設計の基礎を紹介した．そのためにはロバストネスの評価が定量的にできなくてはならない．その定量的な評価のモノサシがSN比である．SN比を計算する機能性評価のための**データの“設計”**が重要である．“ガラクタを入れたらガラクタが出てきた”という意味のない“Garbage-in Garbage-out”は避けなければならない．SN比を定義するための機能性評価は以下が3大構成要素である．

① 理想機能の定義（静特性の場合は特性値の定義）

② ロバストネスの評価のためにどのノイズをどう変えれば普遍的な評価ができるかという機能性評価のためのノイズの戦略

③ SN比の計算法

①に関しては第6章，第7章でさらに紹介していく．③のSN比の計算法であるが，100事例のうち92事例ぐらいは第6章と第7章で紹介する基本的なSN比の式で対応できる．特殊なケースにも対応する必要があれば外部からコンサルタントを招いたり，社内エキスパートの養成を勧める．社内エキスパートは米国ではMBB（Master Black Belt）と認定された人たちである．タグチは武道にも例えられる．

(1) ノイズの戦略

ここでは，②のノイズの戦略について議論する．市場におけるノイズ条件は星の数ほどあるのだから，すべてのノイズ条件に対する評価は不可能である．**このノイズの戦略で評価してロバストであれば，他のノイズに対してもロバストである**と確信できるようなノイズの戦略を開発していくことが重要なテーマである．米国ではNoise Strategyといっている．

考え方の一つを挙げる．電気回路の抵抗値は環境温度によって影響される．そのことから回路の機能が環境温度変化に対してロバストであれば，抵抗値のバラツキに対してもロバストであろうと考えられる．またその逆に，抵抗値のバラツキに対してロバストであれば，環境温度のバラツキにもロバストであろうと考えられる．最適化実験がシミュレーションによるものであれば，抵抗値のバラツキをノイズにとりやすい．実験が実物やテストピースであれば，抵抗値をバラツキ範囲内に細かく振るより環境試験室で温度を振ったほうが手間がかからない．このようにロバストネスの評価に効果的で，かつ実験しやすいノイズの取り方を考えるのである．

製造や組立てのバラツキは，材料の特性・寸法・位置合わせなどがばらつくことであるが，環境・劣化というノイズも材料の特性を変化させたり，摩耗して表面粗さを変化させたり，温度で寸法が変化したりする．ケースバイケースで考える必要があるが，基本的には環境や劣化のノイズに対してロバストであれば製造や組立てのバラツキに対してもロバストである．そしてその逆も成り立つという考え方をするのである．ノイズの取り方にはざっと**表 5.5** のような種類がある．

第5章

表 5.5　ノイズに対する戦略

ノイズに対する対策		備考
ノイズの調合	複数のノイズを2〜3のノイズ条件に調合する． N_1＝出力が小さくなるノイズ条件 N_2＝出力が大きくなるノイズ条件	機能はエネルギー変換であるとともにノイズもエネルギーに影響するからその傾向を利用して，たかだが2〜3のノイズ条件で評価してしまう．
一つの強いノイズ	ある一つのノイズで十分と考えられる場合	一つの重要なノイズに対してロバストであればロバスト設計ができる場合（例：第3章のタイルの最適化）
多元配置	複数のノイズのすべての組合せ	ノイズを変えるのが比較的楽にできる場合，調合するのに傾向がわからない場合など
直交表	複数のノイズを直交表にわりつける．	計算時間のかからないシュミレーションの場合などにはよく行われる方法
ハイブリッド	上記の組合せ	効果性と効率性を兼ね備えるために上記のやり方を組み合わせる．

(2)　ノイズの戦略を決めるためのノイズ因子の予備実験

手間がかからないうえに効果的なノイズの戦略を立てるのが理想と述べた．そのための知見がなく自信がもてなければノイズ因子だけを取り上げた予備実験をして，その結果からノイズの戦略を練ることが効果的である．複数のノイズ因子をL_{12}などの直交表にわりつけて特性値を測ることなどがよく行われている．ノイズ因子の特性値に対する要因効果図を描いて，傾向と効果の強さを見極めてノイズの調合法などを決める．設計者の従来の知見と逆の結果が出ることもあったりするので興味深い．

気をつけなくてはならないのは，ノイズの予備実験の要因効果図はノイズの実験をした設計条件における効果であって，制御因子の組合せが変わっても同じ傾向かどうかを考える必要がある．もし傾向が変わるのであればノイズの調合は危険である．

そのような危険性を回避するためにはやはり物理を考えることである．第12章の紙送り機構の事例ではノイズを調合している．

N_1＝表面がツルツルの重い紙で，ばね係数がそのバラツキ内で小さい値

N_2＝表面がザラザラで軽い紙で，ばね係数がそのバラツキ内で大きい値

N_1は紙が十分に送られないミスフィードをしやすいノイズ条件，N_2は1枚以上の紙を送ってしまう重送をしがちなノイズ条件である．このN_1とN_2はローラーで紙を送るという設計概念である限り，制御因子の水準が変わってもこの傾向が逆になることはあるまい．そしてN_1とN_2に対してロバストであれば他のノイズに対してもロバストであろうと考えられる．ツルツルのボール紙とザラザラのトイレットペーパーを交互に1枚ずつ送れたらロバストな設計といえる．

(3)　信号因子

信号因子は動特性の場合のみ適用される，動特性の理想機能の入力信号である．以下，様々な場合を挙げてみた．動特性の例を挙げた表4.1や事例の章も参照されたい．

① 信号因子の定義の一つは**システムに入力されたエネルギー**（Energy）である．システムにエネルギーを 10 単位入力したらエネルギー 10 単位分の仕事をしてほしいということである．そのエネルギー変換のバラツキがゼロで 100％の効率であることが理想である．無駄なエネルギーはゼロにしたい．

② 機能によっては信号因子は**使用者の意図**（Intention）という言い方ができる．システムの機能は入力信号がもつ意図を出力の仕事量に変換することという見方である．車を運転していて運転手が右に曲がりたいときには右にハンドルを切る．どのくらい曲がりたいかでハンドルの切り込み量と切り込み速度を変える．ハンドルの操舵角と操舵速度が運転している人の意図でシステムに入力される信号であり，出力はその結果として曲がる力である車の横加速であるとか，車の曲がった量である．

③ 信号因子はユーザーが求めている**要求の量**（Demand）とも解釈できる．電力会社の電力供給システムであれば電力の要求量が信号で，実際に供給された電力が出力である．要求以上に送ると無駄が発生する．要求以下だとユーザーが迷惑する．理想は要求された量を送ることである．

④ システムの機能によっては信号因子は**真値**（True Value）とか**真の状態**（True State）である．計測やセンサーの機能は入力信号である真値を測ることで，計測値が出力である．

⑤ 再生することが機能の場合は信号因子は**オリジナルの値**（Original）である．コピー機，プリンター，写真の機能は，オリジナルを録って再生することである．3 次元プリンターはオリジナルが 3 次元というだけで同じことである．テレビの機能は撮られた映像と音声を再生することにある．これらはみなオリジナルを再生することが機能で，オリジナルが真値で信号因子であり，再生されたイメージが出力である．

⑥ 地震の予測，経済の予測などの予測の機能は，将来に起きる真値を予測することで，真値が信号で予測値が出力である．

⑦ 医療の診断，システムの診断，火災報知システム，自動車が安全な状

態であるかの診断などの診断は真の状態が信号で，診断結果が出力という機能である．

⑧　ものの形をつくる機能は様々である．製造技術である鋳造，鍛造，射出成形，ブロー成形，押出成形，ダイカスト，機械加工，ドリリング，エッチングなどの機能は意図した寸法をつくることにある．信号因子は，型の寸法としたり，ドリルの直径としたり，消費電力としたり様々である．

(4)　標示因子

第2章のゴルフのアプローチショットで簡単に紹介したが，更に説明を加えたい．自動車のドア閉め力を例にする（**図 5.1** 参照）．特性値を“y＝ドアを閉めるために必要な力”とする．大きすぎるとなかなか閉まらない，小さすぎると危険である．ドア閉め力というのはちょうど良い目標値が存在する望目特性である．しかし，ドア閉めの初期位置は全開の位置の場合と半開の位置がありうる．Pという因子と水準を次のように定義する．

P：ドアの初期位置（P_1＝全開　P_2＝半開）

Pが制御因子ではないことは明白であろう．Pの扱いは設計の意図が何なのかという目的に依存する．P_1でもP_2でも同じ力にしたいというのであればPはノイズであるが，全開からと半開からでは物理的にドア閉め力が異なるのは自然である．使用者としてもP_1とP_2で必要な力が違うことは受け入れられることであろう．その場合P_1とP_2で異なった目標値を設定してPは標示因子

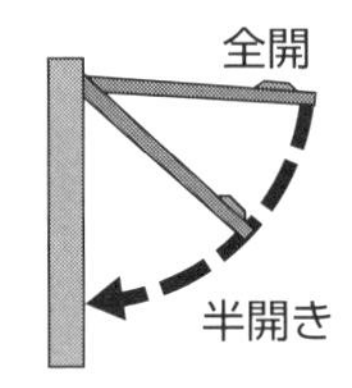

図 5.1　自動車のドア閉め力

とするべきである．P の効果をノイズの効果に入れない望目特性の SN 比で 2 段階の Step 1 の最適化をする．Step 2 で P_1 を調整，P_1 と P_2 の差を調整することが技術的に妥当と考える．P を標示因子とはしないで，P_1 と P_2 の最適化を第 7 章の標準 SN 比で対応することもありうる．どのアプローチをとるかはケース・バイ・ケースで考えていくしかない．

第 12 章の酸素センサーにおける血液温度の事例も標示因子である．血液中の酸素の濃度を計測する機能に対して血液温度はノイズであるが，あまりにも影響が強いノイズであり，このノイズに対してロバストネスを得るには限界がある．そこで補正ができるのであれば補正を考えることになる．計測値に対する温度の影響がわかっていて，使用時の温度がわかっていれば温度の効果を補正できるから標示因子として外側にわりつけるのである．若干複雑になるが標示因子がある場合の動特性は第 7 章に考え方と SN 比の計算法を紹介しているので参照されたい．計算法を理解することよりもこのような戦略的なアプローチを理解してほしいのである．

(5)　P ダイアグラム

すでに何度も紹介しているが，**図 5.2** は各因子を配した P ダイアグラムである．標示因子はスペシャルケースなのでまずは標示因子のない場合を示す．

標示因子がある場合は**図 5.3** のようになる．

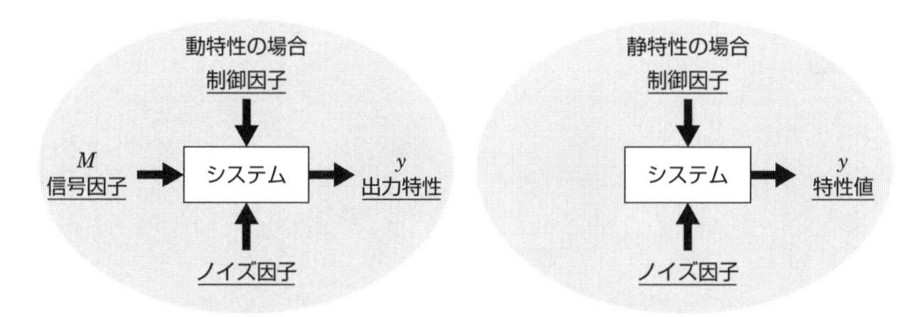

図 5.2　P ダイアグラム（標示因子のない場合）

図 5.4 は燃料ポンプ機能のPダイアグラムである．Pダイアグラムの中心は最適化の対象のシステム，左から右の横軸は理想機能の入力と出力，下はノイズ，右斜め下は不具合モードである．これらはすべて“ユーザーのいるスペー

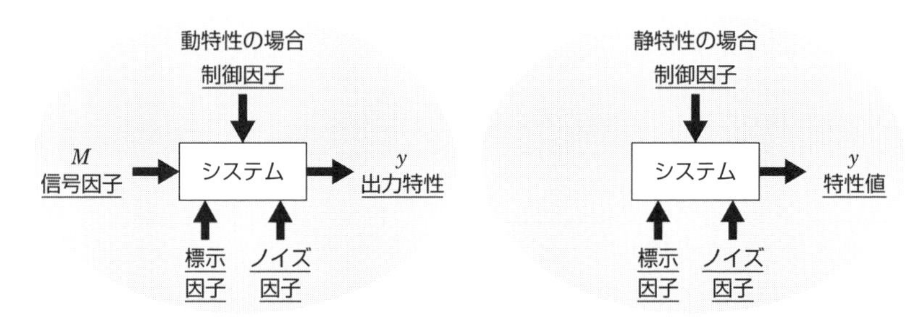

図 5.3　Pダイアグラム（標示因子のある場合）

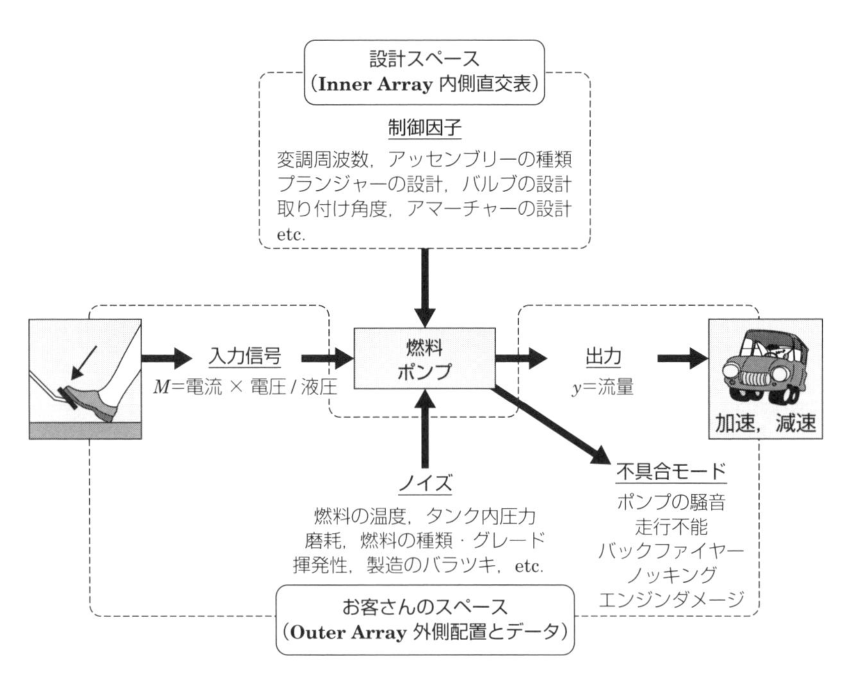

図 5.4　燃料ポンプ機能のPダイアグラム

ス”，すなわち市場で起きる事象である．図の上にある制御因子は“設計者が意思決定ができるスペース”である．設計者はここで設計する．最適化のために制御因子を内側にわりつけて，外側でノイズを振って理想機能を測ることは意味がある．それがパラメータ設計である．カスタマーファーストというようなスローガンをよく目にするが，本当にユーザーのことを考えているのであればこのような視点をもつことを勧める．

なお，静特性の P ダイアグラムには入力信号がない（**図 5.5** 参照）．

次の第 6 章と第 7 章では特性値のタイプごとに議論し，ロバストネスのモノサシである SN 比を紹介する．

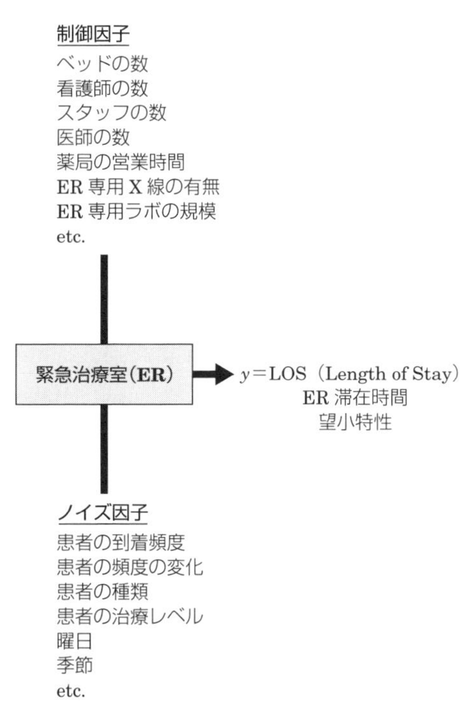

図 5.5　静特性の P ダイアグラム

第6章

静特性とSN比

この章では静特性を分類し，そのSN比を望目特性Type 1，望目特性Type 2，機能窓特性，望小特性，望大特性，評価点特性，率の特性の順で紹介する．機能の本質を表現するのは動特性であるが，その前段階としてまずは静特性を解説し，動特性のSN比は次章で議論する．

6.1 望目特性

望目特性には二つのタイプがある（**表6.1**参照）．**望目特性Type 1**はすでに紹介した望目特性である．基本的にType 1は非負，つまりマイナスの値をとらない目標値のある特性値のことを指し，エネルギー，パワー，仕事量などとそれらに準じる特性値である．

望目特性Type 2は目標値があるが仕事量ではない．ゼロが目標値となることが多いため日本では**ゼロ望目特性**と呼ばれている．ゼロが目標値とも限らないので米国ではType 2としている．Type 2は加法性が期待できない場合が多い．

英語でいう“Tolerance Stack-up”はType 2である．日本語では“**累積バラツキ**”と訳せばよいであろうか．例えば，自動車のドアとボディの隙間の目標値が3.0 mmである場合などが実はType 2の望目特性である．これは一つひとつの部品の製造のバラツキ，プレスや溶接工程でのバラツキ，組立て工程のバラツキなど組合せの結果である．このような特性値を対象にパラメータ設計しても強い交互作用が発生するために再現性は期待できない．この場合，本質に立ち戻ってエネルギー変換の現場である，各部品の製造技術の機能，組立

表 6.1　二つの望目特性の違い

	望目特性 Type 1	望目特性 Type 2
SN 比	$S/N = 10\log\dfrac{\overline{y}^2}{\sigma_{Noise}^2}$	$S/N = 10\log\dfrac{1}{\sigma_{Noise}^2}$
ばらつきの評価	± %	± 絶対単位
最適化の手順	Step 1：SN 比 の最大化 Step 2：平均値の調整	
特徴	ゼロでない目標値がある非負の特性値 成された仕事量，目的の物理量 出力されたエネルギー量 出力されたパワー	目標値があるが負の値をとりうる特性値 ゼロが目標値の場合が多いので，ゼロ望目とも呼ばれている． エネルギーとは関係のない特性
例	変位，力，速度，回転数， 温度の変化量，光度，飛距離 金額，時間，時間の逆数 機能の出力	照準ミス，狙い損ね，不均衡， アンバランス，ずれ，外れ， タイヤのアライメント 複数の部品のバラツキの累積バラツキはすべて 英語では Tolerance Stack Up 機能のバラツキの症状

て工程の機能を改善することが必要である．ただ，それらに限界がある場合は，部品やモジュールの組立て時に調整をする効果的な補正の機能を考えるべきである．

強い交互作用が見込まれる Type 2 はできるだけ避けるべきであるが，計測技術に限界があるなどの理由で，Type 2 を特性値にとって実験を行う場合もままある．また，ゴルフショットの距離を Type 1 で最適化する際に，左右のブレを 2 次的な特性値として測って Type 2 として解析するようなことも行われている．Type 2 の機能性評価や最適化の手順は Type 1 と同じであり，SN 比の式のみが違うことになる．

第6章

表 6.1 にあるようにType 2望目のSN比の分子は“1”である．したがって，シグマが小さいほどSN比が大きくなる．Type 2の望目特性はシグマを最小化して，平均値の調整をすることになる．

6.2 機能窓特性

何を測って設計の“良し悪し”を評価するかは，それ自体が一つの技術力であり，十分企業秘密になりうる．このことは“Better, Cheaper, Faster”という競争力確保のためには重要な要素であるが，このことを理解していない経営者が多いようである．

第12章にあるコピー機の紙送り機構の事例を紹介する．重複するが第12章の説明も参照されたい．**図 6.1** にあるような設計コンセプトを説明する．コピー機の紙送り機構は，ばねの力 f がペーパートレイを押し上げることにより，紙を動かすフィードローラーと1枚目の紙との間に摩擦力を発生する．ユーザーがスイッチを押すとモーターが回り，ギヤシステムを経てフィードローラーが回転して1枚目の紙を搬送する仕組みである．願わくば確実に1枚ずつ送りたい．

ではこの設計のロバストネスをいかに評価すればよいであろうか．米国のゼロックス社が行っていたのは**図 6.1** のような画期的な方法である．まずはこの評価方法のためにばねの力 f を自在に変えらるような仕組みをつくる．以下データ収集の手順である．

① ばね力をゼロにして紙を送ってみる．摩擦力が不十分で紙は送られない．

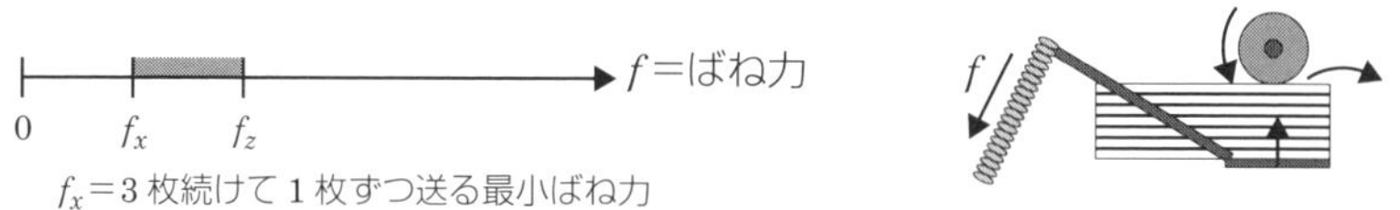

図 6.1 紙を搬送するシステム

② ばね力を1単位上げて紙を送ってみて，紙が送られるかを観察する．おそらくまだ摩擦力が不十分で紙は送られない．

③ 更に1単位上げて紙を送ってみる．これを繰り返す．そのうちに摩擦力が十分となり紙が1枚送られる．1枚ずつ3枚続けて送るのに成功したばね力をf_xとして記録する．

④ f_xを記録した後も同じ作業を続ける．そのうちに摩擦力が大きくなりすぎて1枚以上の紙が同時に送られるか，紙が詰まってしまう不具合が発生する．そのバネ力をf_zとして記録する．これでf_xとf_zというデータを得たことになる．

さてf_xとf_zというデータを得た．何が目的であろう．この質問を米国のエンジニアらに問いかけると，ほぼ100％以下のような答えが返ってくる．

“ばね力のf_xとf_zが特定できたらばね力の中心値と上限と下限をf_xとf_zの間に設定することによって不具合をゼロにできる．”

米国のエンジニアらがよく使う表現に，“Find the sweet spot”というものがある．不具合の出ないスィートな領域を探して，その領域内で設計しろという意味である．f_xとf_zの間は紙が1枚ずつ送られるスィートスポットの窓である．これを“機能窓”という．機能窓が特定できたらその中間に調整しておしまい，というのは必ずしも間違っているわけではないが，タグチからするともったいない考え方である．ばね力は最終的にf_xとf_zの間にセットしなければならない．しかしこれは2段階最適化のStep 2に過ぎない．機能窓特性も2段階最適化なのである．

機能窓特性の2段階最適化

Step 1：機能窓の大きさを最大化

Step 2：バネ力をf_xとf_zの間に調整

機能窓特性の2段階最適化のStep 1はf_xとf_zの差を最大化することである．

紙送り機構のノイズの調合
N_1＝重送しやすいノイズ条件＝粗い表面で軽い紙＋新しいローラー＋低湿度
N_2＝ミスフィードしやすいノイズ条件＝ツルツルで重い紙＋磨耗したローラー＋高湿度

ノイズを振った機能窓特性

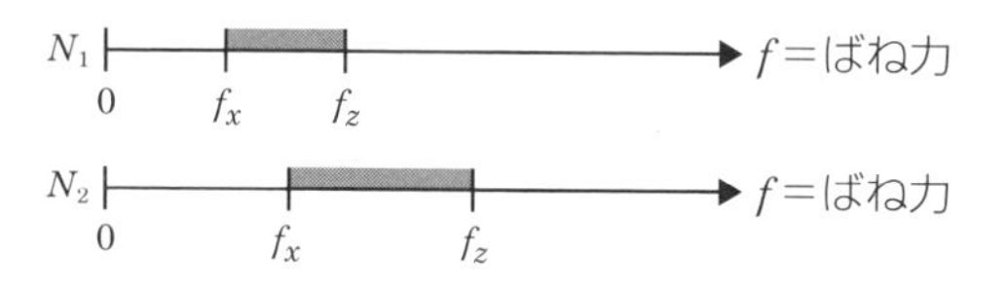

2段階最適化
Step 1：機能窓の最大化
Step 2：ばね力調整

図 6.2 紙送り機構のノイズの調合

つまり機能窓の最大化である．f_x と f_z の差が大きければ不具合は出にくいロバストな設計であることを認識してほしい．Step 1 はスィートスポットを探すのではなくて，スィートスポットを最大化することを目的にする．Step 2 でばね力をスィートスポット内の最適な目標値に調整するのである．

また，ノイズを考える必要がある．ただ単に，標準条件において機能窓を最大化してもそれは危険である．第5章でノイズの調合の考え方は，N_1＝出力の小さくなる条件，N_2＝出力の大きくなる条件であると述べた．機能窓の場合も同じような考えで，N_1＝重送という1枚以上送られるマルチフィードしやすい条件，N_2＝紙が送れないミスフィードしやすい条件である．**図 6.2** に紙送り機構のノイズ調合の例を示す．

図 6.2 で N_1 の機能窓が N_2 より低いばね力に位置しているのは理にかなっている．N_1 の f_z が N_2 の f_x よりも小さいと，すなわち N_1 と N_2 で機能窓がオーバーラップしないと市場でクレームが出ることは間違いない．

機能窓特性の SN 比の計算法を示す．まず，f_x を望小特性，f_z を望大特性として二つの SN 比の和を求める．**図 6.3** は SN 比の式である．f_x のデータを x，f_z のデータを z で表記した．

図 6.4 は計算例である．N_1 と N_2 で繰返し3回ずつのデータであるから $n=6$ である．これは機能窓特性を使った機能性評価のデータであるから，最適化の場合は制御因子の直交表の組合せごとの外側のデータである．

$$S/N=\eta_{\mathrm{db}}=10\log\left[\frac{1}{\frac{1}{n}\sum x_i^2}\right]+10\log\left[\frac{1}{\frac{1}{n}\sum\frac{1}{z_i^2}}\right]$$

$$=10\log\left[\frac{1}{\frac{1}{n^2}\left[\left(\sum x_i^2\right)\times\left(\sum\frac{1}{z_i^2}\right)\right]}\right]$$

図 6.3　機能窓特性の SN 比

	f_x のデータ			f_z のデータ		
N_1	32	30	36	58	54	60
N_2	54	48	52	98	108	106

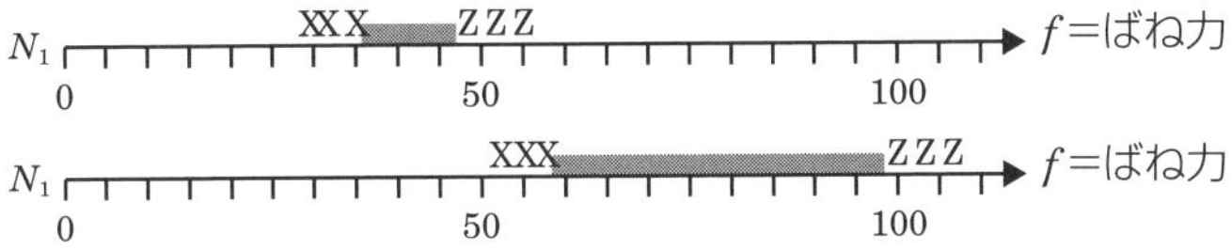

N_1　XXX　ZZZ　f=ばね力　0　50　100

N_1　XXX　ZZZ　f=ばね力　0　50　100

図 6.4　機能窓特性を使った機能性評価のデータ

$$S/N=\eta_{\mathrm{db}}=10\log\left[\frac{1}{\frac{1}{n}\sum x_i^2}\right]+10\log\left[\frac{1}{\frac{1}{n}\sum\frac{1}{z_i^2}}\right]$$

$$=10\log\left[\frac{1}{\frac{1}{6}(32^2+30^2+36^2+54^2+48^2+52^2)}\right]$$

$$+10\log\left[\frac{1}{\frac{1}{6}\left(\frac{1}{58^2}+\frac{1}{54^2}+\frac{1}{60^2}+\frac{1}{98^2}+\frac{1}{108^2}+\frac{1}{106^2}\right)}\right]$$

$$=-32.69+37.00=4.31\,\mathrm{db}$$

この SN 比が大きければ大きいほど機能窓は大きくなり，そのバラツキは小さくなっていることを示している．エネルギーが小さすぎるために起きる不具合モードと，エネルギーが大きすぎるために起きる不具合モードの距離が大きいロバストな設計になる．

紙送り機構のばね力は制御因子の一つである．機能窓法は，**制御因子の軸上においてロバストネスを評価**してしまうという画期的な評価法の概念である．どの制御因子を使って機能窓を構築するかはセンスが必要である．

ガンの治療法や治療薬の効果を機能窓特性で評価することは効果的と考える．筆者の知る限り実際の事例は発表されていないが，投与量で機能窓を構成し，以下のように定義する．

d_x＝ガン細胞の90％が死んでしまう投与量

d_z＝正常細胞の10％が死んでしまう投与量

このような機能窓をtherapeutic window（治療濃度域）と定義されているが，ノイズを振って最大化するという最適化は新薬の開発に効果がある．その場合，ガンの種類はノイズではなく標示因子とし，患者の種類もその特徴で数グループに分けて標示因子とし，グループ内のノイズとともに外側にわりつけるのが効果的である．

オーストラリアの自動車企業でガソリンタンクのシーム溶接の最適化に機能窓が使われた．機能窓は溶接の電流値で構築された．電流がゼロだとまるで溶接ができないし，電流が大きいと溶けてしまう．不十分な溶接の電流値i_xと過剰な電流値i_zで機能窓としたのである．実験においてi_xとi_zを特定するための具体的な条件を定義する必要があったことを付け加えておく．

コーヒーブレイク16

Coffee Break

ATMの紙幣でマルチフィードの経験はありますか？

ATMの紙幣のベンディングマシンの最適化に関わったが，紙幣の場合はいくら最適化したからといっても銀行としてはマルチフィードは絶対に避けたいのでミスフィード側にばね力を調整する．ミスフィードしても何回か回しているうちに次の紙幣が出てくるぐらいの調整である．最終的に合計何枚出たかをセンサーで数えているのである．

紙幣の状態というのは非常に強いノイズなのでロバストネスに限界があり，マルチフィードという不具合モードを絶対に出さないために，このような補正の機能を取り入れていることになる．

6.3 望小特性

望小特性とは，プラスの値しかとらない非負の特性値で，ゼロが理想の場合である．不具合モードは望小特性である．**表 6.2** に例を挙げる．

機能の出力が，ゼロが理想なら何もしなければよいのだから，これらは目的とする機能ではありえない．動特性，望目特性，機能窓特性を使いたいが，しかたなく望小特性による機能性評価や，最適化はよく行われているというのが現実である．**図 6.5** は，望小得性の SN の式である．

理想値であるゼロまでの距離の 2 乗の平均を最小化する．平均値とシグマの両方を最小化することになる．n は機能性評価のデータ数である．

一見，望小特性でも望目特性の場合はありうる．“表面粗さ”の場合，ゼロが理想であれば望小得性だが，ある程度の表面粗さが理想の場合は望目特性になるから注意が必要である．

表 6.2　望小特性の例

振動	漏れ	ストレス	消費燃料	雑音	風切り音
ひび	空気穴	真円度	表面粗さ	回転抵抗	摩擦
摩耗	衝突変形量	ゆがみ	エミッション	反応時間	待ち時間
不具合モード	故障率	無駄	ムラ	クーレム数	ダウンタイム

$$S/N = \eta_{\mathrm{db}} = 10\log\left[\frac{1}{\frac{1}{n}\sum_{i=1}^{n} y_i^{2}}\right] \doteqdot 10\log\left[\frac{1}{\overline{y}^{2} + \sigma_{Noise}^{2}}\right]$$

図 6.5　望小特性の SN 比

フルサイズトラックの“フロントシェイク”

米国ではフルサイズトラックが人気がある．販売数の競争で中型セダンを負かす勢いである．左右の前の車輪が車軸でつながっている構造の場合，運転中にいきなり前輪部が激しく揺れ動いてしまうという不具合モード“フロントシェイク”というのが問題になる．これは，なかなか予測が付きにくい，再現するのが容易でない，しかも危険な不具合モードなので未然防止したい．ある運転状態で，ある速度に達すると激しい共振が起きるのである．

ステアリングダンパーという部品の役目の一つは，この共振のエネルギーを減衰させることにある．ステアリングダンパーがなければ“フロントシェイク”は頻繁に起きることになる．そこに注目して以下のような望小特性を定義したのである．

現行使用されているステアリングダンパーの減衰能力である減衰係数を100%とする．減衰係数が現行の90%，80%，…，10%，0%のものを特注した．普段は必要がないのだがロバストネスの評価のためだけに特注したことになる．ここで望小の特性値yを以下のように定義する．

y＝フロントシェイクが起きる減衰係数（現行のパーセンテージ）

それぞれの設計条件で，まず現行の100%のダンパーからテストを始め，90%，80%と減らしていき，何%の特注ダンパーでフロントシェイクが出始めたかというのがデータである．100%でシェイクしたら最悪で，0%でもシェイクが起きなければ良い設計といえる．ステアリングダンパーの減衰係数は制御因子なので，これは“片側機能窓”というべきものである．

ノイズ因子の中で特に強いのがタイヤの空気圧であることはわかっていた．空気圧が低いとフロントシェイクが起きやすい．**図6.6**と**図6.7**は，望小特性による機能性評価のデータとSN比の計算例である．

最適化の場合は制御因子をわりつけたL_{18}を内側の直交表のそれぞれで**図6.6**のデータで機能性評価することになる．再現することが難しい不具合モードであるフロントシェイクに対して，この不具合が出やすい設計と出にくい設計を見分けるための新しいモノサシを新調できたことが画期的なのである．

A_1 の SN 比の計算：

$$S/N=\eta_{db}=10\log\left[\frac{1}{\dfrac{1}{n}\displaystyle\sum_{i=1}^{n}{y_i}^2}\right]=10\log\left[\frac{1}{\dfrac{1}{3}(0.1^2+0.2^2+0.4^2)}\right]=11.5\,\mathrm{db}$$

y＝フロントシェイクの起きるダンパー係数（望小特性）
A：機能性評価の対称の設計 3 種類 A_1，A_2，A_3
T：タイヤ空気圧　T_1＝奨励値　$T_2=T_1$ の 80%　$T_3=T_1$ の 60%

	T_1	T_2	T_3	平均値	σ	S/N	利得
A_1	10%	20%	40%	23%	0.153	11.5	Base
A_2	0%	10%	10%	7%	0.058	21.8	10.2
A_3	10%	30%	80%	40%	0.361	6.1	−5.5

図 6.6　フロントシェイクの機能性評価のデータ

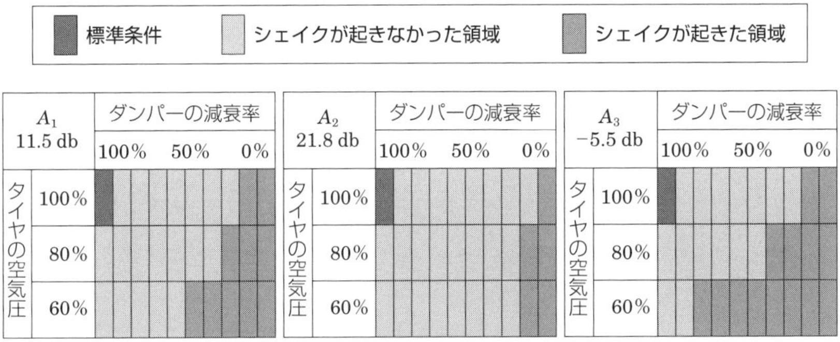

図 6.7　ダンパーの減衰率

6.4 望大特性

望大特性は，**表 6.3** に示すように平均値が大きくて，そのまわりのバラツキが小さいことが理想である．

図 6.8 は望大特性のSN比の式である．n はデータ数である．

この式は y の逆数 $1/y$ を望小特性扱いしている．y の平均が無限大に，y のシグマがゼロに近づくにつれてSN比はプラス無限大に近づく．

望大特性の例として，様々な製品にとって重要なシーリングの機能を使う．いわば漏れを防ぐ機能である．漏れの対象は水や空気や騒音やオイル，または汚物と様々である．漏れの量を何らかの方法で測ってシーリングの望小特性で評価するのが普通である．漏れの量がゼロなのは結構なことだが，シールする力が大きすぎるとストレスがかかり摩耗であるとか，ひびであるとか別の不具合モードが発生しやすい設計になりうる．なるべく小さい力で完璧な密閉がしたいことになる．シール性を測り評価するために様々な試みがされている．

表 6.3　望大特性の例

強度，剛性など	平均故障間隔，アップタイムなど
燃費，エネルギー変換効率など	売り上げ，利益率など
単位時間内に出力した仕事量	目的反応速度と過剰反応速度の比

$$S/N=\eta_{db}=10\log\left[\frac{1}{\frac{1}{n}\sum_{i=1}^{n}\frac{1}{y_i^2}}\right]=-10\log\left[\frac{1}{n}\sum_{i=1}^{n}\frac{1}{y_i^2}\right]$$

図 6.8　望大特性のSN比

自動車のドアとボディの隙間をシールする場合のウェザーストリップ（以下WSという）のフォード社で行われた事例で説明する．**図6.9**のようにWSはドアにつぶされることによってシール力を発生する．

シール性を評価するために図のような治具をつくり，WSを挟みこんで治具内を密封し治具内の空気圧を徐々に上げていき“漏れの始まる圧力”を測れるようにした．“漏れの始まる圧力”が高いほど大きな圧力を密封できるのだからシールする能力が高く，さらにノイズに対してロバストであればシール性の良い設計といえる．**図6.10**はPダイアグラムである．

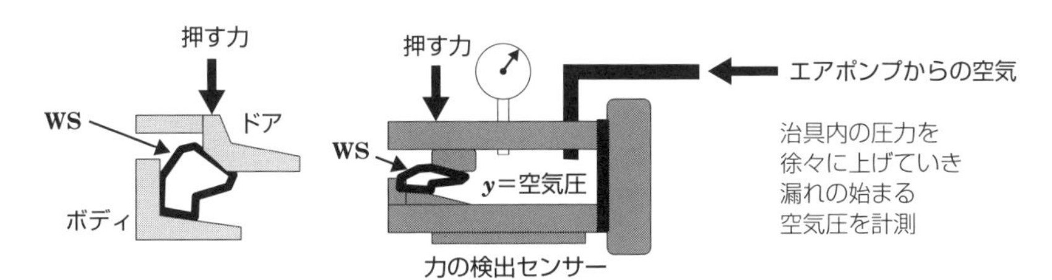

図6.9　ウェアザーストリップと“漏れの始まる空気圧”の計測のイメージ

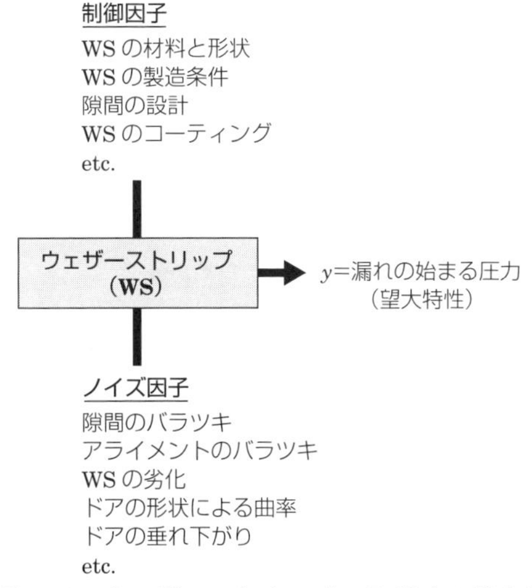

図6.10　ウェザーストリップのPダイアグラム

ノイズの戦略は，**表6.4**の三つのノイズのすべての組合せである三元配置である．

Q と R は治具で対応し，劣化前に計測してから WS を取り出して強制劣化した後でまた計測する．これらのノイズは調合もできそうであるが，比較的簡単に条件を変えられるのですべての組合せである三元配置とした．

図6.11は A_1 と A_2 の2通りの設計の機能性評価の比較のためのデータとグ

表6.4　三つのノイズの三元配置

Q：隙間のばらつき	Q_1：小さい（隙間が広い）	Q_2：大きい（隙間が狭い）	
R：アライメントのズレ	R_1：なし	R_2：内側に2mm	R_3：外側に2mm
W：劣化	W_1：劣化前	W_2：劣化後	

A_1	W_1			W_2		
	R_1	R_2	R_3	R_1	R_2	R_3
Q_1	42	44	22	17	10	8
Q_2	62	52	32	30	14	16

A_2	W_1			W_2		
	R_1	R_2	R_3	R_1	R_2	R_3
Q_1	36	38	33	28	25	22
Q_2	44	40	37	40	35	33

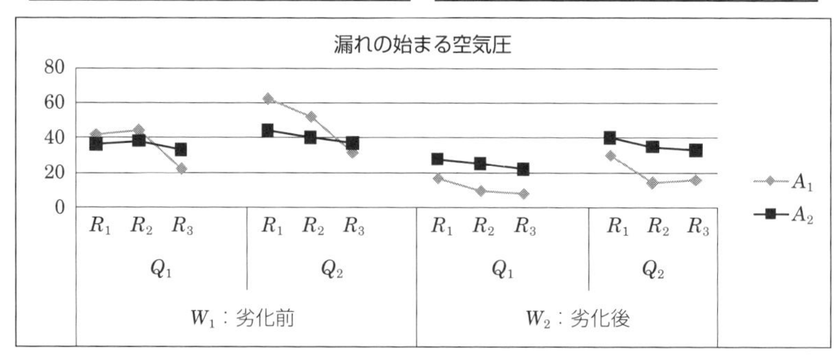

図6.11　データとSN比

ラフである．以下はSN比の計算である．これを計算すると**表 6.5** の結果が得られる．A_2 がよりロバストな設計である．

$$S/N=\eta_{\mathrm{db}}=10\log\left[\frac{1}{\dfrac{1}{12}\left(\dfrac{1}{42^2}+\dfrac{1}{44^2}+\cdots\cdots+\dfrac{1}{16^2}\right)}\right]=24.4\,\mathrm{db}$$

表 6.5　利得

	平均値	σ	望大特性のSN比
A_1	29.1	17.6	24.4
A_2	34.3	6.5	30.2
		利得	5.8

コーヒーブレイク 17

望大特性について

様々な特性値が望大特性として定義できる．構造体の強度や剛性，燃費，共振問題の固有周波数，接着強度，ホームページ設計の最適化での特性値としてウェブサイトヒット数などであるが，望大特性は特性値が無限大になりうると仮定しているため今一度考えてほしい．溶接強度などは溶接部が母材より強い場合は実際の強度は測れないので最高値は母材の強度以上にはならない．このように一見望大特性でも物理的な最大値，理論上の最大値，または理想といえる最大値などが存在する場合が多い．その最大値を y^* とする．

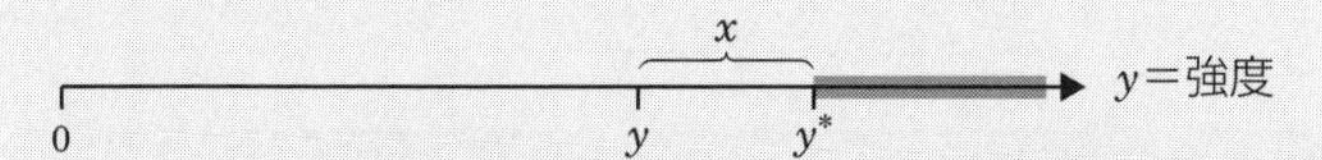

このような場合は特に y^* の近傍では加法性が劣悪になるので以下の2通りを勧める．

1）$x=y^*-y$ として，x を望小特性で最適化する．$y>y^*$ の場合は $x=0$ とする．
2）特性値 y をそのまま望目特性 Type 1 として解析し，2段階最適化においては，Step 1（：SN比の最大化）と Step 2（：平均値を最大化）を同時に行う．その場合SN比は A_1 がよいが，平均値は A_2 がよいなどの相反する状況になった場合はトレードオフが必要になる．

6.5 評価点特性

評価点特性は米国ではClassified Attributeと呼ばれている．これは機能そのものを測れないが良し悪しを主観的に判定できる場合などである．良し悪しに点数付けして評価するなどで，自動車の内装の表面のキズの付き方を点数評価した例である．

$$
y = \text{表面のキズ}
\begin{cases}
0 & \text{キズなし} \\
1 & \text{若干のキズあり} \\
3 & \text{キズあり} \\
7 & \text{多数のキズあり} \\
15 & \text{過剰なキズあり}
\end{cases}
$$

表6.6は，サンプル3枚のキズのつき方を3人が上の点数付けに従って評価した結果である．SN比は望小特性のSN比である．

表6.6　キズのつき方の評価結果

A：	制御因子	材料のタイプ
N：	ノイズ	エージング
R：	ノイズ	判定人
S：	ノイズ	サンプル

		N_1：半日エージング			N_2：2日エージング			平均	σ	SN比（望小）	利得
		S_1	S_2	S_3	S_1	S_2	S_3				
A_1	R_1	0	1	0	3	7	7	3.53	4.10	－15.16	Base
	R_2	1	1	3	7	15	7				
	R_3	0	0	1	7	7	7				
A_2	R_1	1	1	1	3	3	3	2.33	1.50	－9.09	6.06
	R_2	1	3	1	3	7	3				
	R_3	1	1	3	3	3	3				

コーヒーブレイク 18

評価点特性の例

評価点特性の例をもう一つ．米国ミシガン州の従業員 60 人という小企業で行われた事例である．ステーキングという溶接工程で 2 枚の板に 1 枚の板をサンドイッチするのだがうまく付かなかったり，熱で溶けてしまったりする不良が多くて困っていた．

小企業のため立派な計測器をもたないために以下のような評価点特性で評価し最適化した．

$$y=\text{ステーク後の状態}=\begin{cases}+8\text{：溶けすぎ}\\+2\text{：少々の溶けあり}\\0\text{：ちょうど良いステーキング}\\-2\text{：片側が弱いステーキング}\\-8\text{：両側とも弱いステーキング}\end{cases}$$

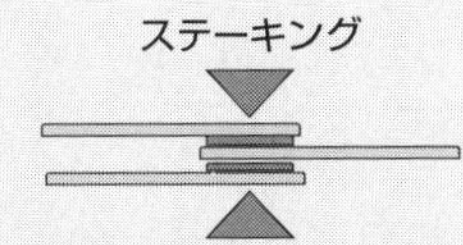

- 制御因子は直交表 L_{18} にわりつけられた．
- 2 水準のノイズ因子を三つ直交表 L_4 にわりつけた．
- L_{18} のそれぞれで L_4 の 4 通りのノイズ条件ごとにサンプルが 16 個作られた．したがって，L_{18} のそれぞれで $4\times16=64$ 個のサンプルのステーク状態が評価されたことになる．$n=64$ のデータから望目特性 Type2 の SN 比を計算して，2 段階最適化した結果の確認実験が右のグラフである．Base が初期条件，OPT が最適条件でほぼ 100%が良品になっている．
- 評価点特性でもエネルギー変換のバラツキを最適化しようという意思がある．
- 一つ気をつけなければならないのはデータがすべて+8 か−8 になった場合である．
  →この最適化ではそれは起きなかったので問題はなかった．

確認実験の結果

70
60
50
40
30
20
10
0
Base
OPT
−8　−2　0　+2　+8

6.6 率のデータとオメガ変換

0%から100%の範囲をもつ率のデータは最適化には向いていないことはすでに議論してきた．収率や歩留まりが悪かったり，不良率や故障率が高いのは機能がばらつくからである．

このテーマでページ数をかけたくないが，加法性のための**オメガ変換**という手法の概念はタグチを理解するために知っておいたほうがよいと思うので簡略化した例で説明する．新しい機構を採用したクラッチ機能の製品の加速寿命試験における生存率のデータである．実はこの例は理想機能を測るつもりが欠測値が出たために動特性のSN比が使えないため，機転を利かせてデータを生存率とすることで解析ができたという事例を基にしている．タグチの手法の引き出しは多いに越したことはない．

制御因子A，B，CをL_4にわりつけ，N_1を通常の加速試験後，N_2はN_1より新しい時間のかからないシビアな加速試験後とする．データはサンプル5個の1k，2k，4kサイクルごとの生存率のデータである（**表6.7**参照）．例えばN_1で寿命試験の1k＝1 000サイクル後ではサンプル5個中2個が壊れて，3個が生存したから60%が生存率のデータである．N_1とN_2のデータを総合するとサンプル10個中の生存率になる．

表6.7　生存率のデータ

（%）

No.	A	B	C	N_1における生存率			N_2における生存率		
	1	2	3	1k	2k	4k	1k	2k	4k
1	1	1	1	60	20	20	40	0	0
2	1	2	2	100	80	80	100	80	80
3	2	1	2	80	80	80	100	60	40
4	2	2	1	100	80	60	80	80	80

（%）

N_1&N_2の生存率		
1k	2k	4k
50	10	10
100	80	80
90	70	60
90	80	70

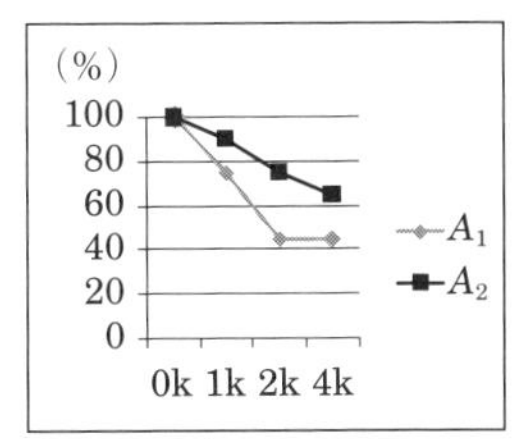

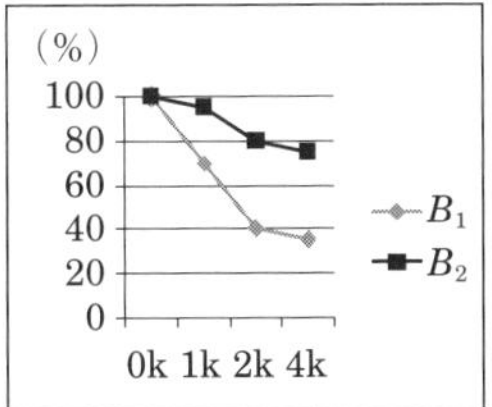

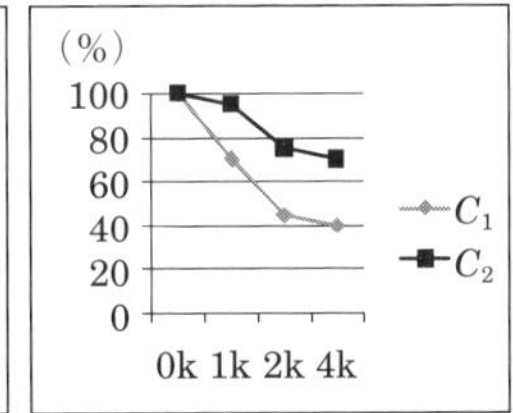

	1k	2k	4k
A_1	75	45	45
A_2	90	75	65

	1k	2k	4k
B_1	70	40	35
B_2	95	80	75

	1k	2k	4k
C_1	70	45	40
C_2	95	75	70

図 6.12　生存率の要因効果図

図 6.12 は，要因効果図，最適化，推定式とその結果である．

最適条件 $A_2B_2C_2$ における 1k，2k，4k の生存率の推定は加法性を仮定すると以下のようになる．

$$\text{1kの生存率}\quad \hat{\mu}_{Opt} = (\overline{A}_2 - \overline{T}) + (\overline{B}_2 - \overline{T}) + (\overline{C}_2 - \overline{T}) + \overline{T}$$
$$= \overline{A}_2 + \overline{B}_2 + \overline{C}_2 - 2\overline{T}$$
$$= 90\% + 95\% + 95\% - 2(82.5\%) = 115\%$$
$$\text{2kの生存率}\quad \hat{\mu}_{Opt} = \overline{A}_2 + \overline{B}_2 + \overline{C}_2 - 2\overline{T} = 75\% + 80\% + 75\% - 2(60.0\%) = 110\%$$
$$\text{4kの生存率}\quad \hat{\mu}_{Opt} = \overline{A}_2 + \overline{B}_2 + \overline{C}_2 - 2\overline{T} = 65\% + 75\% + 70\% - 2(55.0\%) = 100\%$$

最適条件の 1k や 2k では生存率の推定は 115％と 110％と 100％を超えている．このような現実的でない推定になるのは率のデータに加法性を仮定しているからである．率のデータは 100％や 0％に近づくにつれ加法性は極端に悪化する．それ以前に率のデータの引き算や足し算というのは理にかなっていない．

そこでオメガ変換というデータ変換をして加法性を強化するのである．オメガ変換は**図 6.13** のように 0％から 100％という率のスケールを，マイナス無限大からプラス無限大に引き伸ばすことによって，特に 0％と 100％の近傍の加法性が改善されるというほどのものである．

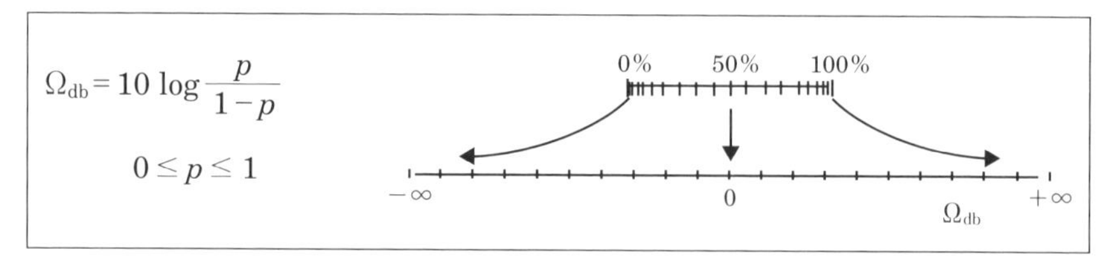

図 6.13　オメガ変換

表 6.8　生存率のオメガ値

	A_2	B_2	C_2	$\overline{T}$
生存率 p	90%	95%	95%	82.5%
p のオメガ値	9.54	12.79	12.79	6.73

推定式にオメガ変換を応用する．最適条件の 1k サイクルの生存率の推定式である．90%のオメガ値は 9.54 db, 95%のオメガ値は 12.79 db である（**表 6.8** 参照）．

$$\hat{\mu}_{Opt} = (\overline{A}_2 - \overline{T}) + (\overline{B}_2 - \overline{T}) + (\overline{C}_2 - \overline{T}) + \overline{T} = \overline{A}_2 + \overline{B}_2 + \overline{C}_2 - 2\overline{T}$$
$$= 90\% + 95\% + 95\% - 2(82.5\%)$$
$$= 9.54_{\text{db}} + 12.79_{\text{db}} + 12.79_{\text{db}} - 2(6.73_{\text{db}}) = 21.65_{\text{db}}$$

加法性が信頼できるオメガ値の推定は 21.65 db であった．このオメガ値を率に変換し直すのである（**図 6.14** 参照）．

$$p = \frac{10^{\frac{21.65}{10}}}{1 + 10^{\frac{21.65}{10}}} = \frac{146.2}{1 + 146.2} = 0.993 \rightarrow 99.3\%$$

$$\Omega_{\text{db}} = 10 \log \frac{p}{1-p} \quad 0.01 \leq P \leq 1.0 \quad \Longleftrightarrow \quad p = \frac{10^{\frac{\Omega_{\text{db}}}{10}}}{1 + 10^{\frac{\Omega_{\text{db}}}{10}}} \quad -\infty \leq \Omega_{\text{db}} \leq +\infty$$

図 6.14　オメガ値からの変換

生存率 115%という非現実的な推定の代わりに 99.3%という現実的な推定となった．**図 6.15** は最適条件 $A_2B_2C_2$ と現状条件 $A_1B_1C_1$ の生存率をオメガ変換を使って推定した結果である．

	オメガ値の予測			生存率の予測		
	1k	2k	4k	1k	2k	4k
現状	−1.34	−7.03	−7.06	42%	17%	16%
最適	21.65	12.04	9.40	99%	94%	90%

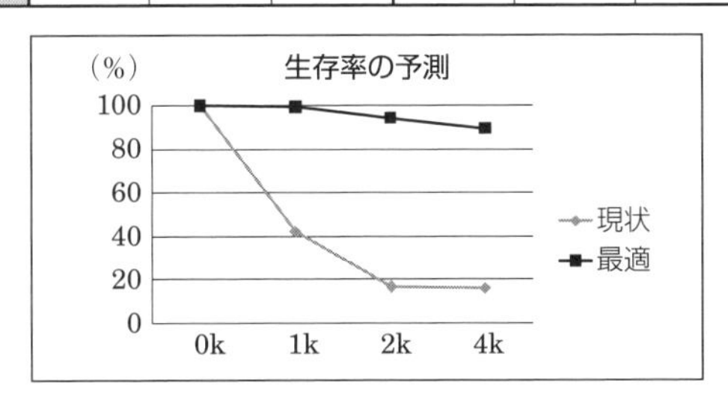

図 6.15　生存率の予測

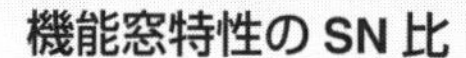

コーヒーブレイク 19

機能窓特性の SN 比

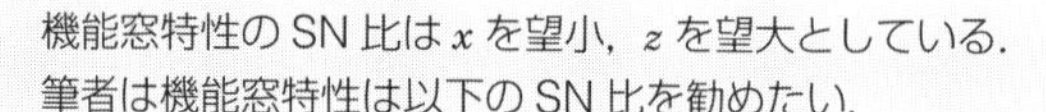

機能窓特性の SN 比は x を望小，z を望大としている．
筆者は機能窓特性は以下の SN 比を勧めたい．
このほうが技術情報が多いという意見である．

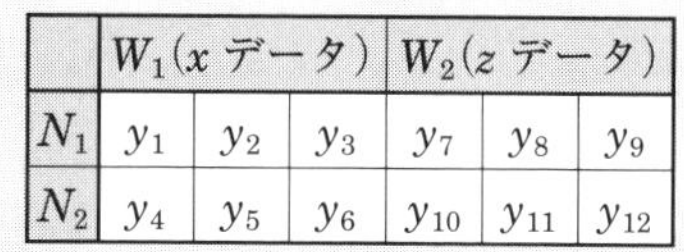

	W_1（x データ）			W_2（z データ）		
N_1	y_1	y_2	y_3	y_7	y_8	y_9
N_2	y_4	y_5	y_6	y_{10}	y_{11}	y_{12}

ANOVA

Source	f	S	V
m	1	S_m	
W	1	S_w	V_w
Noise	10	S_{Noise}	V_{Noise}
Total	11	S_T	

$$T=\sum_{i=1}^{12} y_i \qquad \overline{T}=\frac{T}{12} \qquad d=\overline{W}_2-\overline{W}_1$$

$$W_1=y_1+y_2+y_3+y_4+y_5+y_6$$
$$W_2=y_7+y_8+y_9+y_{10}+y_{11}+y_{12}$$

$$S_T=\sum_{i=1}^{12} y_i^2 \begin{cases} S_m=\dfrac{T^2}{12} \\ S_W=\dfrac{W_1^2}{6}+\dfrac{W_2^2}{6}-\dfrac{T^2}{12} \\ S_{Noise}=S_T-S_W \end{cases}$$

$$V_W=\frac{S_W}{1} \qquad V_{Noise}=\frac{S_{Noise}}{10}$$

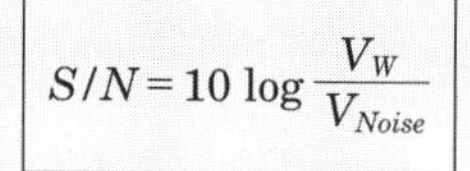

$$S/N=10\log\frac{V_W}{V_{Noise}}$$

要因効果図
- SN比
- d

最適化の手順
Step 1：SN 比の最大化
Step 2：d の最大化
Step 3：ばね力の調整

第7章

動特性とSN比

動特性のロバストネスの評価を行うためのSN比の計算式は，理想機能の形に依存する．第4章にある様々な動特性の例を挙げた**表4.1**を参照されたい．この章では主な動特性の理想機能とそのSN比を紹介する．それぞれの場合ごとに簡単に機能性評価やパラメータ設計の例を挙げてみた．

また，主な動特性とSN比の関係を**図7.1**にまとめた．

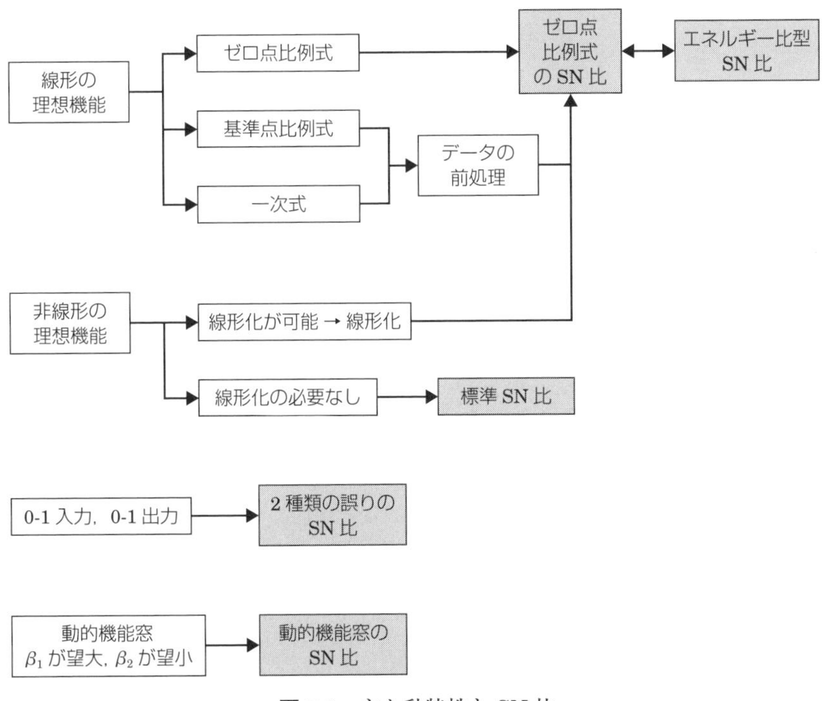

図7.1　主な動特性とSN比

7.1 ゼロ点比例式の理想機能

ゼロ点比例式の理想機能は最も一般的な理想機能である．それは**図 7.2** の(1)にあたる．定義した機能の入力 M と出力 y がエネルギーやパワー，またはその平方根であったり，それらに準じた物理量であれば，M がゼロなら y はゼロという，M と y が比例関係になる，$y=\beta M$ が理想の形になる．

1） ゼロ点比例式

$$y=\beta M$$

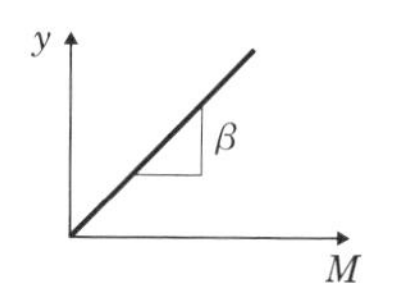

ベストフィットが(0，0)を通らなくてはならない．

2） 基準点比例式

$$y-y_0=\beta(M-M_0)$$

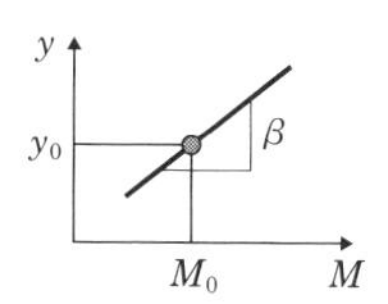

ベストフィットが基準点(y_0，M_0)を通らなくてはならない．

3） 一次式

$$y=\alpha+\beta M$$

$$\left[\begin{array}{l} y=m+\beta(M-\overline{M}) \\ y-\overline{y}=\beta(M-\overline{M}) \end{array}\right]$$

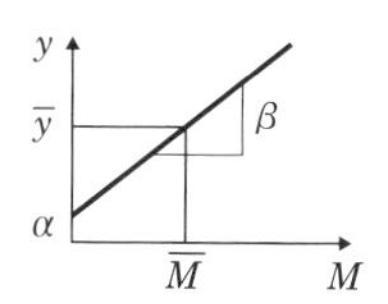

特に基準点は存在しない．

図 7.2 線形の理想機能

動特性を使った機能性評価のデータ，最適化の場合の外側のデータの例を**図 7.3** に挙げた．

図 7.3 のいずれの形でも動特性の機能性評価のデータは，**表 7.1** のように簡素化して示せる．一般的に n 個のデータである y_1，y_2，…，y_n のそれぞれが信号因子 M の値が付随しているから，**表 7.1** のように M と y の n 対のかたちで表現できる．

(a)

	M_1	M_2	M_3	M_4	M_5
N_1	y_1	y_2	y_3	y_4	y_5
N_2	y_6	y_7	y_8	y_9	y_{10}

M が 5 水準の信号
N はノイズ（$n=10$）

(b)

		M_1	M_2	M_3	M_4
N_1	Q_1	y_1	y_2	y_3	y_4
	Q_2	y_5	y_6	y_7	y_8
N_2	Q_1	y_9	y_{10}	y_{11}	y_{12}
	Q_2	y_{13}	y_{14}	y_{15}	y_{16}

N，Q はノイズ（$n=16$）

(c)

	M_1	M_2	M_3	…	M_{243}
N_1	y_1	y_3	y_5	…	y_{485}
N_2	y_2	y_4	y_6	…	y_{486}

M が 243 水準，
N はノイズ（$n=486$）

(d)

	M_1								M_2								M_3							
U	1	2	2	1	2	1	1	2	1	2	2	1	2	1	1	2	1	2	2	1	2	1	1	2
T	1	2	2	1	1	2	2	1	1	2	2	1	1	2	2	1	1	2	2	1	1	2	2	1
S	1	2	1	2	2	1	2	1	1	2	1	2	2	1	2	1	1	2	1	2	2	1	2	1
R	1	2	1	2	1	2	1	2	1	2	1	2	1	2	1	2	1	2	1	2	1	2	1	2
Q	1	1	2	2	2	2	1	1	1	1	2	2	2	2	1	1	1	1	2	2	2	2	1	1
P	1	1	2	2	1	1	2	2	1	1	2	2	1	1	2	2	1	1	2	2	1	1	2	2
N	1	1	1	1	2	2	2	2	1	1	1	1	2	2	2	2	1	1	1	1	2	2	2	2
	y_1	y_2	y_3	y_4	y_5	y_6	y_7	y_8	y_9	y_{10}	y_{11}	y_{12}	y_{13}	y_{14}	y_{15}	y_{16}	y_{17}	y_{18}	y_{19}	y_{20}	y_{21}	y_{22}	y_{23}	y_{24}

シミュレーションの場合などで複数のノイズを変えやすい場合はノイズ直交表にわりつける．
この場合は M の水準ごとに N, P, Q, R, S, T, U の七つのノイズを L_8 にわりつけてある．（$n=24$）

(e)

	1	2	3	4	5	6	7	8	9	10	11	12	13	14	15	16	17	18
M 1	1	1	1	2	2	2	3	3	3	4	4	4	5	5	5	6	6	6
N 2	1	2	3	1	2	3	1	2	3	1	2	3	1	2	3	1	2	3
P 3	1	2	3	1	2	3	2	3	1	3	1	2	2	3	1	3	1	2
Q 4	1	2	3	2	3	1	1	2	3	3	1	2	3	1	2	2	3	1
R 5	1	2	3	2	3	1	3	1	2	2	3	1	1	2	3	3	1	2
S 6	1	2	3	3	1	2	2	3	1	2	3	1	3	1	2	1	2	3
T 7	1	2	3	3	1	2	3	1	2	1	2	3	2	3	1	2	3	1
	y_1	y_2	y_3	y_4	y_5	y_6	y_7	y_8	y_9	y_{10}	y_{11}	y_{12}	y_{13}	y_{14}	y_{15}	y_{16}	y_{17}	y_{18}

6 水準の信号因子 M と 3 水準のノイズ因子 N，P，Q，R，S，T を L_{18} にわりつけた場合

➡

M_1	M_2	M_3	M_4	M_5	M_6
y_1	y_4	y_7	y_{10}	y_{13}	y_{16}
y_2	y_5	y_8	y_{11}	y_{14}	y_{17}
y_3	y_6	y_9	y_{12}	y_{15}	y_{18}

M の各水準ごとに直交したノイズの影響を受けたデータが 3 個づつとなる．（$n=18$）

図 7.3　動特性の外側のデータの形

表 7.1 動特性のデータ

M_1	M_2	M_3	……	M_n
y_1	y_3	y_5	……	y_n

基本的なゼロ点比例式のSN比とβの計算法は第4章で紹介した．重複するが**図 7.4**に示す．

手順① 入力の**2**乗和と，入力と出力の積の和（データの前処理）

$$r=\sum_{i=1}^{n}M_i^2=M_1^2+M_2^2+\cdots\cdots+M_n^2$$

$$\sum My=\sum_{i=1}^{n}M_iy_i=M_1y_1+M_2y_2+\cdots\cdots+M_ny_n$$

手順② 出力の全**2**乗和の分解

$$S_T=\sum_{i=1}^{n}{y_i}^2=\begin{cases}S_\beta=\dfrac{1}{r}(\sum My)^2\\ S_{Noise}=S_T-S_\beta\end{cases}$$

手順③ ノイズの分散

$${\sigma_{Noise}}^2=V_{Noise}=\frac{S_{Noise}}{n-1}$$

手順④ βと**SN**比

$$\beta=\frac{1}{r}\sum My$$

$$S/N=\eta_{\mathrm{db}}=10\log\frac{\beta^2}{{\sigma_{Noise}}^2}=10\log\frac{\beta^2}{V_{Noise}}$$

図 7.4 ゼロ点比例式の求め方

コーヒーブレイク 20

信号因子の値が計測値の場合

	M_1	M_2	M_3	M_4	M_5	M_6	M_7	M_8	M_9	M_{10}	M_{11}	M_{12}
N_1	y_1	y_2	y_3	y_4	y_5	y_6	y_7	y_8	y_9	y_{10}	y_{11}	y_{12}
	M_{13}	M_{14}	M_{15}	M_{16}	M_{17}	M_{18}	M_{19}	M_{20}	M_{21}	M_{22}	M_{23}	M_{24}
N_2	y_{13}	y_{14}	y_{15}	y_{16}	y_{17}	y_{18}	y_{19}	y_{20}	y_{21}	y_{22}	y_{23}	y_{24}

$(n=24)$

直交表の条件ごとや N_1 と N_2 で信号因子の水準の範囲が異なる場合は基準化が必要

信号の水準が固定された値ではなく結果として測った計測値や，計測値から計算された値の場合は以下の SN 比を使う必要がある．それは設計条件ごとに信号の範囲が異なってくるからである．信号が大きい値であれば出力も大きくなるので出力のバラツキも大きくなるのが自然だからである．例えば，ある設計条件では M の範囲が 1 から 10 までで，他の条件では 1 から 20 であった場合，$M=10$ で y のバラツキが±2，と $M=20$ で y のバラツキが±4 は同等に評価されるべきである．ノイズの分散 σ^2 を信号の 2 乗和 r で割ることで基準化してフェアな評価にする．第 7 章の標準 SN 比もこの方法をとる．またこの章の最後にあるエネルギー比型 SN 比を使うことでもこの問題に対応できる．

$$S/N=\eta_{\mathrm{db}}=10\log\frac{\beta^2}{\dfrac{\sigma_{Noise}^2}{r}}=10\log\frac{r\beta^2}{\sigma_{Noise}^2}$$

7.2 基準点比例式の理想機能

基準点比例式の理想機能とは，基準点（M_0, y_0）を通る線形の理想機能である．ゼロ点比例式は（0, 0）が基準点という基準点比例式の一種である．**図 7.5** に理想機能が基準点比例式の例を二つ挙げた．

バイメタルは M＝基準温度からの温度差，y＝基準温度における寸法からの変化量とすれば，そのままゼロ点比例式になる．M と y の定義の仕方によって基準点になったりゼロ点になったりするというほどのものである．

重量計測中のトラック

米国ではトラックの重量を量る秤量所が高速道路に設けられている．5 トンから 50 トンぐらいがその計量の範囲である．入力 M は真値，入力 y は計測値であるが，この場合はゼロ点を基準点とするよりも，この計測システムの校正点を基準点とするほうが合理的である．例えば校正点が 10 トンの標準で行われるのであれば，M_0 を 10 トンとして理想機能を以下のように定義することになる．

$$y - y_0 = \beta(M - M_0)$$

$$M_0 = 10\,000 \text{ kg}$$

$y_0 = M_0$ における y の平均値

これはすべての計測値 y から y_0 を引いて，すべての真値 M から M_0 という値を引くことで，座標（M_0, y_0）を原点の座標（0, 0）に変換しているにすぎない．このように SN 比の計算はデータをゼロ点比例式のデータになるように前処理することによって，ゼロ点比例式の計算式を使うことになる．その手順は**図 7.6** のようになる．

基準点比例式の理想機能

$$y - y_0 = \beta(M - M_0)$$

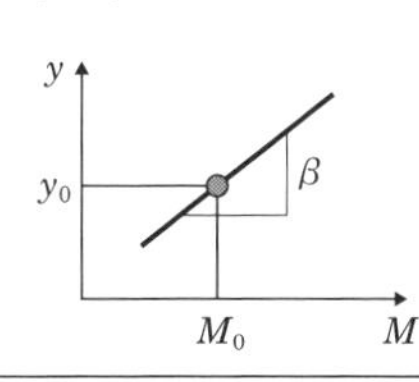

バイメタルの理想機能

M ＝温度（C）　M_0 ＝基準温度
y ＝変形量（mm）　y_0 ＝基準温度における変形量＝ゼロ

トラックの重量計測

M ＝重量の真値　M_0 ＝重量計の校正点 =10 000 kg
y ＝計測値　y_0 ＝10 000 kg

図 7.5　基準点比例式の理想機能の例

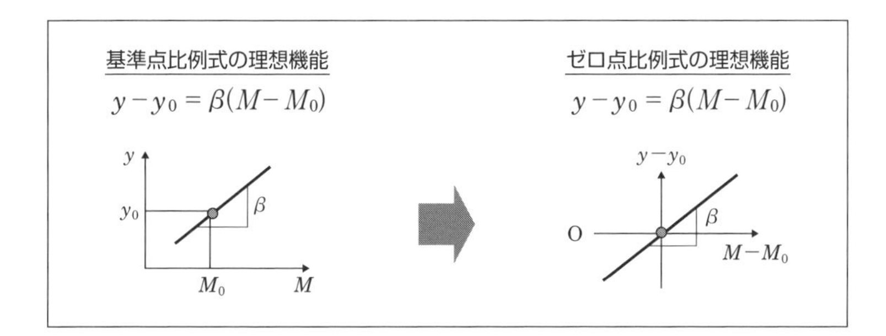

1. 理想機能を定義する．M_0 と y_0 を定義する．

2. データを得る．

M_1	M_2	M_3	……	M_n
y_1	y_3	y_5	……	y_n

3. M から M_0 を引いて，y から y_0 を引く．
   y_0 は M_0 おけるデータ y の平均値とする．

$M_1 - M_0$	$M_2 - M_0$	$M_3 - M_0$	……	$M_n - M_0$
$y_1 - y_0$	$y_2 - y_0$	$y_3 - y_0$	……	$y_n - y_0$

4. ゼロ点比例式の式を使う

図 7.6　基準点比例式のデータの計算手順

第7章

7.3 一次式の理想機能

一次式の理想機能は基準点がない．Mとyの理想関係が線形であるが，どこを通ろうとかまわないという場合である．筆者はどのようなシステムでも何かしらの基準点が存在するから，一次式の理想機能はありえないという考えである．回帰式のように自然現象や社会現象に数式をあてはめるのであれば一時式は便利であるが，人工のシステムの最適化のための理想機能の形として使うことは勧められない．

理想機能が一次式と思われたら，今一度，基準点をどこに定義するかを考えて基準点比例式を使うことを勧める．基準点は仕事量がゼロの点，通常の状態，校正点などである．

もし，どうしても一次式を使うというのであれば計算手順は**図 7.7**のようになる．

1. 理想機能を定義する．

2. データを得る．

M_1	M_2	M_3	……	M_n
y_1	y_3	y_5	……	y_n

3. すべてのMから$\overline{M}$を引く．$\overline{M}$はすべてのMの平均値．
すべてのyから$\overline{y}$を引く．$\overline{y}$はすべてのyの平均値．

$M_1-\overline{M}$	$M_2-\overline{M}$	$M_3-\overline{M}$	……	$M_n-\overline{M}$
$y_1-\overline{y}$	$y_2-\overline{y}$	$y_3-\overline{y}$	……	$y_n-\overline{y}$

4. ゼロ点比例式の式を使う．ただし，$V_{Noise}=\dfrac{S_{Noise}}{(n-2)}$を使う．

図 7.7　一次式の計算手順

コーヒーブレイク 21

Coffee Break

SN 比の最大化の意義

動特性や望目特性の SN 比の最大化の意義を概念的に説明することを試みる．

世の中にはストレスというものがある．製品やサービスの機能にとって大きなストレスは問題である．人間の場合はある程度のストレスは必要といわれているが，やはり大きすぎるストレスは問題を起こす．ストレスに対して強度が足りないと何かしらの不具合が発生したり，病気になったりする．下の図の(a)の場合，ストレスが大きく強度が足りないために問題が起きやすい状態を示している．

ストレスが大きいというのはノイズの影響が大きい，強度がばらつくのは機能がバラツキが大きいと解釈ができる．SN 比の分母の σ を最小化することでノイズの影響を最小化し，機能のバラツキを最小化することになり(b)の状態が得られる．さらに SN 比の分子である β を最大化することは概念的には強度を大きくすると解釈できるので(c)を達成できることになる．ロバストネスの最適化によって問題を起こさない設計を目指すイメージである．

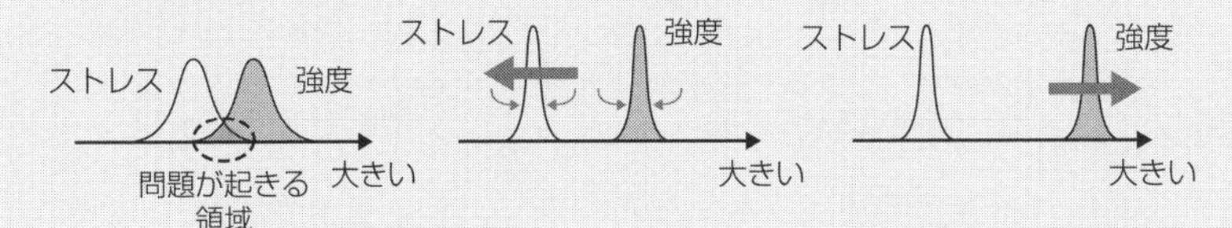

7.4　線形化できる非線形の理想機能

理想機能が線形ではないけれど，データの前処理で線形化することによって，ゼロ点比例式の SN 比を使うことが合理的な場合である．

(1)　成長期の成長曲線 —— もやしの成長の例

単位時間当たり x%成長する生物の成長は指数関数で表現できる．三宝化学という企業における，もやしの成長の最適化を例にする．理想機能は**図 7.8** のように定義された．

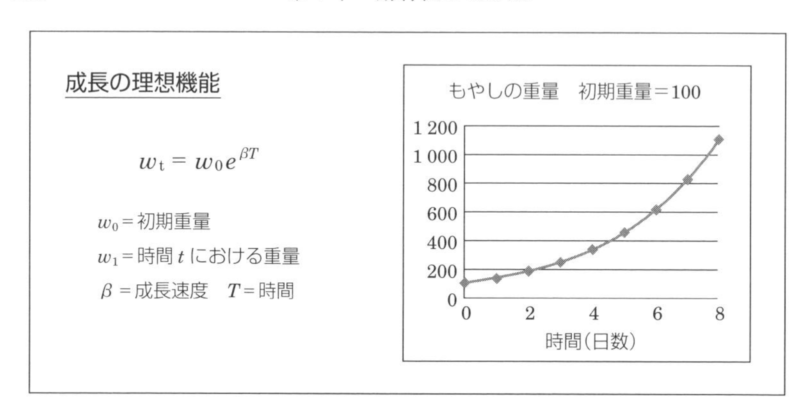

図 7.8　もやしの成長

この指数関数の理想機能を線形化する.

$$w_t = w_0 e^{\beta T} \quad \rightarrow \quad \frac{w_t}{w_0} = e^{\beta T} \quad \rightarrow \quad \ln\left(\frac{w_t}{w_0}\right) = \beta T$$

$$\rightarrow \quad y = \ln\left(\frac{w_t}{w_0}\right) \quad M = T = Time \quad \rightarrow \quad \text{理想機能}：y = \beta M$$

図 7.9 は，この理想機能のパラメータ設計のPダイアグラムである.

制御因子は“水やりの量”，“水やりの頻度”，“ミネラルの種類”などが L_{18} にわりつけられ，湿度をノイズ因子として，N_1：低湿度と N_2：高湿度のノイ

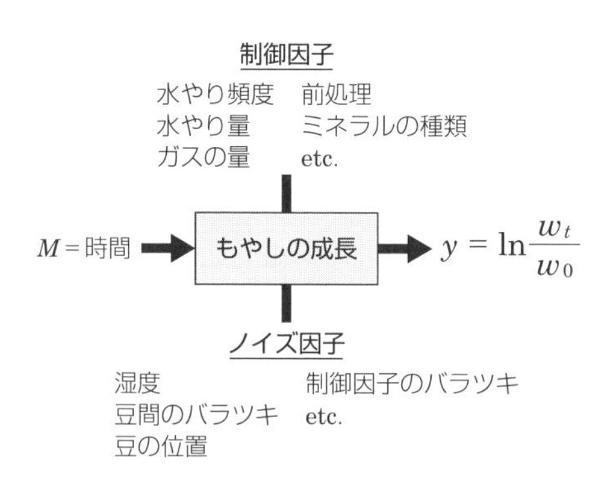

図 7.9　もやしの成長のPダイアグラム

ズ条件で5日後，6日後，7日後の重量 w_t が測られた．**表 7.2** のデータは w_t を初期重量で割った w_t/w_o と，その値の自然対数値 $\ln(w_t/w_o)$ である．もやしの重量が1日ごとに何%か増えるのであれば，$y=\ln(w_t/w_o)$ は日数 M に比例することになる．

表 7.2　L_{18} にわりつけて得られたデータ

									データ：(w_t/w_o)						$\ln(w_t/w_o)$							
	A	B	C	D	E	F	G	e	M_1=5日目		M_2=6日目		M_3=7日目		M_1=5日目		M_2=6日目		M_3=7日目			
	1	2	3	4	5	6	7	8	N_1	N_2	N_1	N_2	N_1	N_2	N_1	N_2	N_1	N_2	N_1	N_2	SN比	β
1	1	1	1	1	1	1	1	1	4.48	5.08	5.07	5.46	5.43	5.80	1.50	1.63	1.62	1.70	1.69	1.76	3.60	0.27
2	1	1	2	2	2	2	2	2	4.34	4.22	4.80	4.53	5.20	5.94	1.47	1.44	1.57	1.51	1.65	1.78	6.18	0.26
3	1	1	3	3	3	3	3	3	4.49	4.86	4.80	4.85	5.19	5.25	1.50	1.58	1.57	1.58	1.65	1.66	2.86	0.26
4	1	2	1	1	2	2	3	3	7.48	8.73	8.77	9.98	9.30	10.05	2.01	2.17	2.17	2.30	2.23	2.31	2.97	0.36
5	1	2	2	2	3	3	1	1	7.74	8.42	8.80	9.91	9.23	9.53	2.05	2.13	2.17	2.29	2.22	2.25	2.68	0.36
6	1	2	3	3	1	1	2	2	6.94	7.74	8.00	8.82	8.76	9.38	1.94	2.05	2.08	2.18	2.17	2.24	3.80	0.35
7	1	3	1	2	1	3	2	3	6.83	7.87	7.72	7.68	7.32	8.23	1.92	2.06	2.04	2.04	1.99	2.11	1.46	0.33
8	1	3	2	3	2	1	3	1	6.74	7.53	7.32	8.27	7.26	7.31	1.91	2.02	1.99	2.11	1.98	1.99	0.95	0.33
9	1	3	3	1	3	2	1	2	6.49	6.83	7.20	7.70	7.83	8.10	1.87	1.92	1.97	2.04	2.06	2.09	3.56	0.33
10	2	1	1	3	3	2	2	1	4.94	5.42	5.34	6.04	5.80	5.64	1.60	1.69	1.68	1.80	1.76	1.73	2.30	0.28
11	2	1	2	1	1	3	3	2	4.46	4.75	4.91	5.24	5.22	5.45	1.50	1.56	1.59	1.66	1.65	1.70	3.55	0.26
12	2	1	3	2	2	1	1	3	4.83	5.43	5.22	5.55	5.91	6.51	1.57	1.69	1.65	1.71	1.78	1.87	4.01	0.28
13	2	2	1	2	3	1	3	2	6.04	6.69	7.02	8.07	7.99	8.03	1.80	1.90	1.95	2.09	2.08	2.08	4.25	0.33
14	2	2	2	3	1	2	1	3	6.19	7.04	7.23	7.98	8.29	8.69	1.82	1.95	1.98	2.08	2.12	2.16	4.66	0.33
15	2	2	3	1	2	3	2	1	5.60	5.86	6.14	6.60	6.59	7.22	1.72	1.77	1.81	1.89	1.89	1.98	3.87	0.30
16	2	3	1	3	2	3	1	2	6.25	6.21	6.26	6.37	6.37	7.36	1.83	1.83	1.83	1.85	1.85	2.00	2.14	0.31
17	2	3	2	1	3	1	2	3	6.28	7.02	6.57	6.91	6.41	7.25	1.84	1.95	1.88	1.93	1.86	1.98	1.07	0.31
18	2	3	3	2	1	2	3	1	5.51	5.62	5.66	6.51	7.10	7.01	1.71	1.73	1.73	1.87	1.96	1.95	4.89	0.30

L_{18} の No.1 のデータ

	M_1	M_2	M_3
N_1	y_1	y_3	y_5
N_2	y_2	y_4	y_6

	$M_1=5$	$M_2=6$	$M_3=7$
N_1	1.50	1.62	1.69
N_2	1.63	1.70	1.76

第7章

L_{18} の No.1 の SN 比と β の計算を示す.

① $$r = \sum_{i=1}^{n} M_i^2 = 5^2 + 5^2 + 6^2 + 6^2 + 7^2 + 7^2 = 220.0$$

$$\sum My = \sum_{i=1}^{n} M_i y_i = 5(1.50 + 1.63) + 6(1.62 + 1.70) + 7(1.69 + 1.76) = 59.72$$

② $$S_T = \sum_{i=1}^{n} y_i^2 = 1.50^2 + 1.63^2 + 1.62^2 + 1.70^2 + 1.69^2 + 1.76^2 = 16.375$$

$$S_\beta = \frac{1}{r}\left(\sum My\right)^2 = \frac{1}{220.0} \times 59.72^2 = 16.211$$

$$S_{Noise} = S_T - S_\beta = 0.164$$

③ $$\sigma_{Noise}^2 = V_{Noise} = \frac{S_{Noise}}{n-1} = \frac{0.164}{6-1} = 0.0327$$

④ $$\beta = \frac{1}{r}\sum_{i=1}^{6} M_i y_i = \frac{1}{220.0} \times 59.72 = 0.271$$

$$S/N = \eta_{\mathrm{db}} = 10\log\frac{\beta^2}{\sigma_{Noise}^2} = 10\log\frac{\beta^2}{V_{Noise}} = 10\log\frac{0.271^2}{0.0327} = 3.52\ \mathrm{db}$$

L_{18} の制御因子の 18 通りのレシピごとに，SN 比と β を計算して SN 比と β の要因効果図をつくり最適化した．確認実験で SN 比が 2.2 db の利得，β の最大化で β が 1.43 倍になったのが確認できた．β の大幅な改善により，通常 7 日かかるもやしが 4 日間で出荷できるようになったという事例である．しかも 4 日間で成長するため，細胞も新鮮で食感が改善されたという一石二鳥の事例である.

生物の成長期の理想機能をもやしの例で紹介した．株式の投資などで初期投資した金額が増えて成長していく過程も同じである．植物や動物の成長にしろ，投資金にしろ，成長速度がばらつくことで問題が起きるのだから，2 段階最適化することが重要である．投資の場合も成長がゼロになったりマイナスになっては困ることになる．バラツキがあるから闇雲に成長速度を最大化するすることは危険である．以下のような 2 段階最適化をすることで，予測のつく高い成長が見込まれるようになりうる.

Step 1：成長速度のバラツキを最小化　→　SN 比の最大化

Step 2：成長速度の調整　→　β の調整

Step 1 で SN 比を最大化することで，全体のリスクを最小化することになる．その後の Step 2 で，ハイリスク・ハイリターンとローリスク・ローリターンのバランスをとるという調整ができることになる．

(2)　化 学 反 応

単位時間当たり x%の分子が反応するという単純な化学反応も指数関数で表現する．化学反応も反応速度 β がばらつくことで目的の反応が足りなかったり，過剰反応などで副作用が出るなど様々な不具合が発生することになる．化学反応の最適化の 2 段階最適化は以下のようになる．

Step 1：反応速度のバラツキを最小化

Step 2：反応速度の調整

図 7.10 は単純な化学反応の場合の線形化の例である．

指数関数の理想機能を $y = \beta M$ へ変換

理想機能が指数関数の場合には線形化して $y = \beta M$ に変換する．

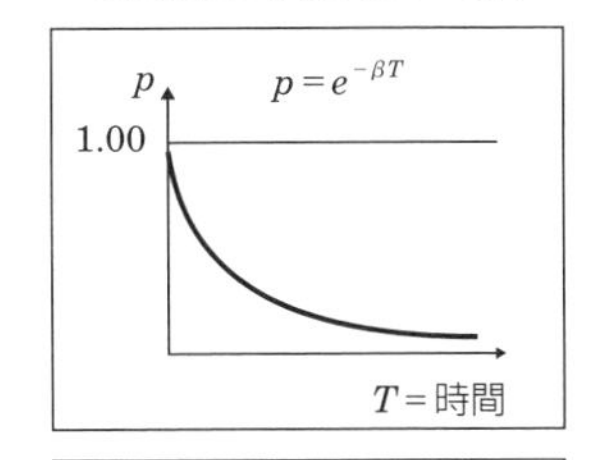

化学反応でよくある理想機能

反応が時間ごとに指数関数で 0%に近づく

$$p = e^{-\beta T} \rightarrow \ln(p) = -\beta T \rightarrow \ln\frac{1}{p} = \beta T$$

$$y = \ln\frac{1}{p} \quad M = T = \text{時間} \rightarrow \text{理想機能}：y = \beta M$$

q
$q = 1 - e^{-\beta T}$
1.00
T = 時間

化学反応でよくある理想機能

反応が時間ごとに指数関数で 100%に近づく

$$q = 1 - e^{-\beta T} \rightarrow 1 - q = e^{-\beta T} \rightarrow \ln\frac{1}{1-q} = \beta T$$

$$y = \ln\frac{1}{1-q} \quad M = T = \text{時間} \rightarrow \text{理想機能}：y = \beta M$$

図 7.10　指数関数の理想機能を $y = \beta M$ へ変換

(3)　加熱や冷却の機能

ある目標温度に過熱とか，冷却する機能も指数関数である．**図7.11**はそれらの場合の線形化の例である．これらも2段階最適化を応用する．

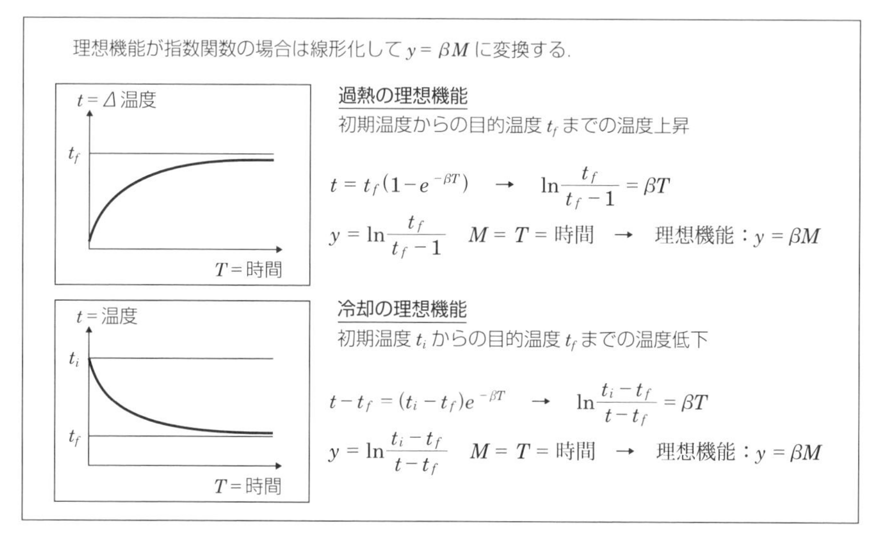

図7.11　指数関数の理想機能を $y=\beta M$ に変換する

7.5　標準SN比を応用した非線形の理想機能

理想のプロファイルが非線形であるが簡単に線形化できない場合，もしくは線形化することに意味がない場合には**標準SN比**を応用する．タグチが標準SN比を提唱したのは今世紀に入る直前であるが，そのきっかけとなった事例を使って説明する．

フランスにあるITT社のキャノンという事業部門で行われたマイクロスイッチの作動感の事例で，第18回タグチシンポジウムで発表されたものである．携帯電話などの文字盤のスイッチの操作感には，その変位と力の関係において目標曲線が存在する．この理想の形をどのような形にするのかは好みの問

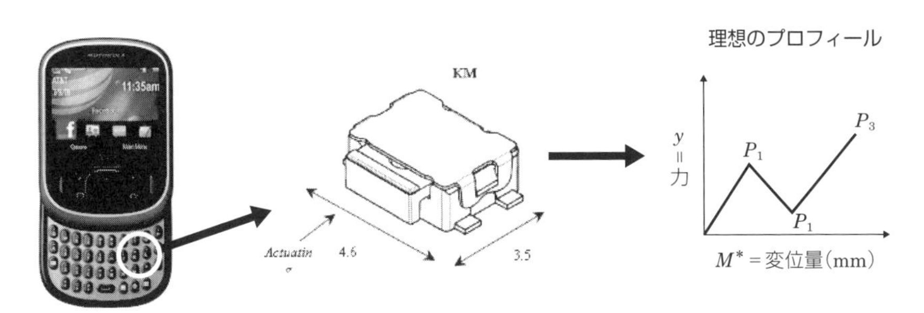

図 7.12　作動感の理想の形・理想のプロファイル

題でありタグチの範疇ではない．機能がロバストでありどのような形にでも調整ができるようにすることが，タグチの役割である．**図 7.12** は作動感の理想の形・理想の曲線プロファイルである．

プロファイルには，操作感の良し悪しを左右する指に力を感じるポイント P_1, P_2, P_3 の 3 点がある．m_1, m_2, m_3 は 3 点の目標値でそれぞれ 6.0N，3.0N，9.0N である．標準 SN 比も 2 段階最適化である．

Step 1：プロファイルの形にとらわれずノイズの影響を最小化する．

Step 2：プロファイルの形を理想の形に調整する．

● Step 1　ノイズの影響を最小化する

以下のように入力信号 M と出力 y を定義することでゼロ点比例式の SN を使って Step 1 の最適化をする．

y = 操作力(N)	M = 標準条件 N_0 における出力 y
	y = N_0 以外のノイズ条件下における出力 y

ノイズ因子を調合できる場合は，出力の小さくなるノイズ条件 N_1 と出力の大きいノイズ条件 N_2 の間に標準条件 N_0 が存在することになる．

N_1＝ミスフィードしやすいノイズ条件

　＝ツルツルで重い紙＋摩耗したローラー＋湿度80%

N_2＝重送しやすいノイズ条件

　＝粗い表面で軽い紙＋新しいローラー＋湿度20%

であれば，標準条件 N_0 は以下のようになる．

N_0＝標準条件＝標準的な紙＋ほどほどに摩耗したローラー＋湿度50%

標準条件でデータをとるのが面倒であれば，N_0 の出力は N_1 と N_2 の出力の間に入るのだから，標準条件 N_0 のデータは N_1 と N_2 の出力の平均値としてもかまわない．ノイズが調合されていない場合も同様にノイズ条件の出力の平均値を N_0 とすることで問題はない．標準条件の出力を信号とするということはノイズ条件の出力が標準条件と同じになってほしいという意味と考えればよい．

N_0 のデータを信号 M，N_1 と N_2 のデータを y として，ゼロ点比例式のSN

P_1		P_2		P_3		N_0		
N_1	N_2	N_1	N_2	N_1	N_2	M_1	M_2	M_3
6.4	8.9	1.9	3.9	12.9	18.7	7.7	2.9	15.8

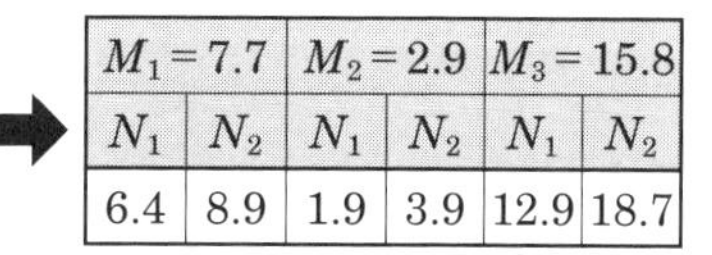

$M_1=7.7$		$M_2=2.9$		$M_3=15.8$	
N_1	N_2	N_1	N_2	N_1	N_2
6.4	8.9	1.9	3.9	12.9	18.7

N_0 を信号として，ゼロ点比例の理想機能に変換したイメージ

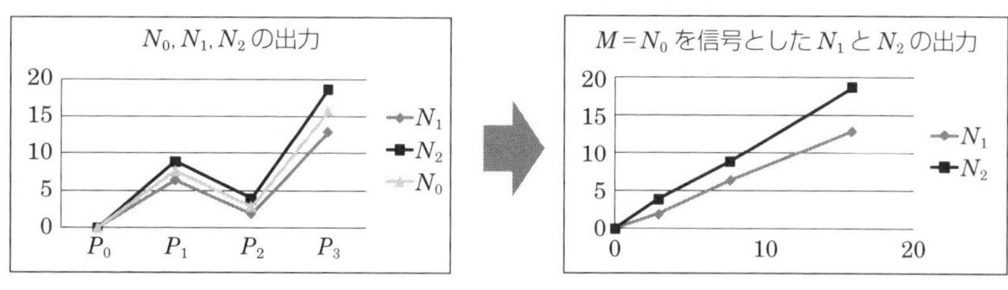

図 7.13　ゼロ点比例の理想機能に変換したイメージ

$$r = \sum_{i=1}^{6} M_i^2 \qquad \sum My = \sum_{i=1}^{6} M_i y_i$$

$$S_T = \sum_{i=1}^{6} y_i^2 \begin{cases} S_\beta = \dfrac{1}{r}\left(\sum My\right)^2 \\ S_{Noise} = S_T - S_\beta \end{cases}$$

$$\sigma_{Noise}{}^2 = \frac{S_{Noise}}{n-1}$$

$$\beta = \frac{1}{r}\left(\sum My\right)$$

No.1 の計算結果

r	633.15
My	633.15
S_T	655.09
S_β	633.15
S_{Noise}	21.94
V_{Noise}	4.39
β	1.000
SN比	21.6

$$S/N = \eta_{\text{db}} = 10\log\frac{\beta^2}{\dfrac{\sigma^2_{Noise}}{r}} = 10\log\frac{r \times \beta^2}{\sigma^2_{Noise}}$$

図 7.14　標準 SN 比の計算式と計算結果

比を計算する．**図 7.13** と**図 7.14** はマイクロスイッチの L_{18} の No.1 のデータと計算結果である．N_0 は N_1，N_2 のデータの平均値としている．

計算式はゼロ点比例式と同じであるが，SN 比の分母のノイズの分散を r で割る必要がある（**図 7.14** 参照）．コーヒーブレイク 20 で述べたように，標準 SN 比の場合は標準条件 N_0 のデータを信号 M としていることから M の値は計測結果に依存している．M の範囲，M の最小値，M の最大値が制御因子の各組合せで大きく変わる場合があるからである．信号の値が倍になれば出力のシグマが倍で同等であるから，ノイズの分散を r で割ることでフェアな評価になる．このことは信号が計測結果に依存する場合には共通する問題であるから注意が必要である．

表 7.3 は L_{18} のデータと計算結果である．N_0 のデータをノイズ条件の平均値にした場合は β は必ず 1.000 になる．このあとの手順は**図 7.15** のようになる．

図 7.16 は確認実験の結果で，推定された 8.8 db の利得に対して 9.2 db とほぼ完全に再現している．

表 7.3　L_{18} のデータと計算結果

P_1		P_2		P_3		N_0										
N_1	N_2	N_1	N_2	N_1	N_2	M_1	M_2	M_3	r	My	S_T	S_β	S_{Noise}	V_{Noise}	SN比	β
6.4	8.9	1.9	3.9	12.9	18.7	7.65	2.90	15.80	633.1	633.1	655.1	633.1	21.95	4.39	21.6	1.000
9.8	11.4	3.5	4.4	13.2	14.4	10.60	3.95	13.80	636.8	636.8	639.2	636.8	2.40	0.48	31.2	1.000
3.5	3.7	0.8	1.2	7.7	7.9	3.60	1.00	7.80	149.6	149.6	149.7	149.6	0.12	0.02	37.9	1.000
2.8	3.3	0.9	1.3	4.2	4.9	3.05	1.10	4.55	62.4	62.4	62.9	62.4	0.45	0.09	28.4	1.000
9.3	11.2	5.7	6.3	16.6	17.7	10.25	6.00	17.15	870.4	870.4	873.0	870.4	2.59	0.52	32.3	1.000
6.9	7.9	3.2	3.6	8.9	10.1	7.40	3.40	9.50	313.1	313.1	314.4	313.1	1.30	0.26	30.8	1.000
8.2	9.7	4.1	5.8	17.6	19.9	8.95	4.95	18.75	912.3	912.3	917.6	912.3	5.21	1.04	29.4	1.000
5.0	5.5	2.2	2.9	7.8	8.9	5.25	2.55	8.35	207.6	207.6	208.6	207.6	0.98	0.20	30.3	1.000
2.2	2.7	1.2	1.5	3.2	3.8	2.45	1.35	3.50	40.2	40.2	40.5	40.2	0.35	0.07	27.6	1.000
6.9	8.0	3.8	5.5	12.7	19.7	7.45	4.65	16.20	679.1	679.1	705.7	679.1	26.55	5.31	21.1	1.000
4.5	5.0	2.8	3.3	6.7	6.9	4.75	3.05	6.80	156.2	156.2	156.5	156.2	0.27	0.05	34.6	1.000
6.0	6.9	3.1	3.7	10.3	10.6	6.45	3.40	10.45	324.7	324.7	325.4	324.7	0.63	0.13	34.1	1.000
3.7	4.0	1.7	1.9	6.7	7.9	3.85	1.80	7.30	142.7	142.7	143.5	142.7	0.78	0.16	29.6	1.000
4.5	5.0	1.8	2.4	8.9	9.2	4.75	2.10	9.05	217.8	217.8	218.1	217.8	0.35	0.07	34.9	1.000
8.7	9.2	4.7	5.0	10.0	10.2	8.95	4.85	10.10	411.3	411.3	411.5	411.3	0.19	0.04	40.3	1.000
8.9	10.8	3.6	5.6	17.8	18.7	9.85	4.60	18.25	902.5	902.5	906.7	902.5	4.21	0.84	30.3	1.000
4.7	5.9	2.6	2.9	7.8	9.3	5.30	2.75	8.55	217.5	217.5	219.4	217.5	1.89	0.38	27.6	1.000
4.4	4.9	2.7	2.9	6.7	7.7	4.65	2.80	7.20	162.6	162.6	163.3	162.6	0.64	0.13	31.0	1.000

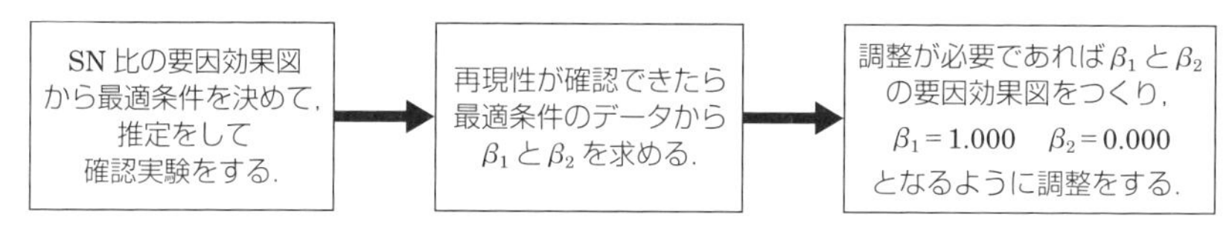

図 7.15　SN比計算後の手順

	推定値	P_1		P_2		P_3		確認値
	SN比	N_1	N_2	N_1	N_2	N_1	N_2	SN比
初期設定	44.7	7.2	8.2	3.9	4.5	9.5	10.6	31.4
最適設計	35.9	4.8	5.1	3.0	3.1	6.7	6.9	40.6
利得	8.8						利得	9.2

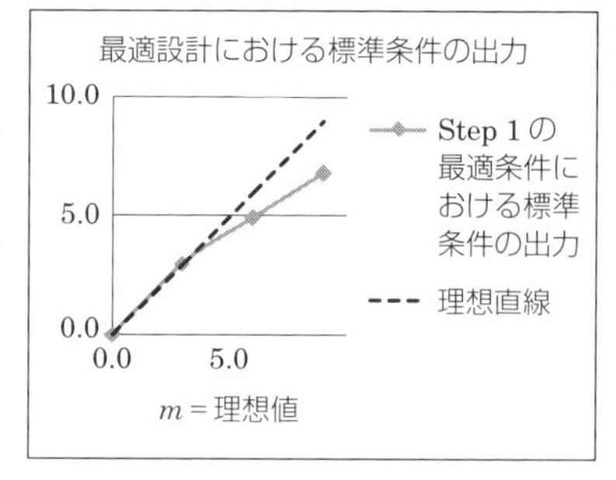

図 7.16　確認実験の結果

● Step 2　プロファイルの形を理想の形に調整する

ここまでが2段階最適化のStep 1のロバストネスの最適化である．Step 2はプロファイルを理想の形に合わせ込む作業である．**図7.16**の右のグラフの実線はStep 1の最適条件における標準条件の出力である．グラフの点線は「出力＝目標値」という理想を表している．点線の一次係数β_1は1.000であり，まったく直線であることから2次係数β_2は0.000である．したがって，出力の曲線を$\beta_1 = 1.000$と$\beta_2 = 0.000$に調整することで目標値を達成するのである．これに対して，Step 1の最適条件の出力の傾きは点線より低いためβ_1は1より小さく，若干のカーブがかかっていることから二次係数であるβ_2がゼロではないことがわかる．

図7.17，**図7.18**はStep 1の最適条件におけるβ_1とβ_2の計算式である．β_1は今までのβの計算式と同じだが，β_2はまったく新しい計算式になる．

一次係数のβ_1が0.79というのは，最適設計の出力は理想の平均79％という意味である．β_2が-0.035というのはグラフでも見られるように下弦の形の丸みのある2次効果の曲線になっている．ちなみにβ_2がプラスの値であれば上弦の丸みである．いずれにしてもβ_1を1.00に，β_2を0.00に調整するこ

第7章

β_1の計算

理想値 m	m_1	m_2	……	m_k
標準条件の出力 M	M_1	M_2	……	M_k

$$r = \sum_{i=1}^{k} m_i^2 \qquad \beta_1 = \frac{1}{r}\left(\sum_{i=1}^{k} m_i M_i\right)$$

β_2の計算

$$K_2 = \frac{1}{k}\left(m_1^2 + m_2^2 + \cdots + m_k^2\right)$$

$$K_3 = \frac{1}{k}\left(m_1^3 + m_2^3 + \cdots + m_k^3\right)$$

$$L_2 = \frac{1}{r_0}\left(w_1 M_1 + w_2 M_2 + \cdots\cdots + w_k M_k\right) \qquad r_0 = 1$$

$$r_2 = w_1^2 + w_2^2 + \cdots\cdots + w_k^2$$

$$w_i = m_i^2 - \frac{K_3}{K_2} m_i \qquad (i = 1,\ \cdots\cdots,\ k)$$

$$\beta_2 = \frac{L_2}{r_2}$$

図7.17　βの計算式

最適条件のβ_1とβ_2の計算

	P_1	P_2	P_3
理想値 m	6.0	3.0	9.0
標準条件の出力 M	4.95	3.05	6.80

$$r = 6^2 + 3^2 + 9^2 = 126$$

$$\sum_{i=1}^{3} m_i M_i = 6(4.95) + 3(3.05) + 9(6.80) = 100.05$$

$$\beta_1 = \frac{1}{126}(100.05) = 0.79$$

$$K_2 = \frac{1}{3}(6^2 + 3^2 + 9^2) = 42.0 \qquad K_3 = \frac{1}{3}(6^3 + 3^3 + 9^3) = 324.0$$

$$w_1 = 6^2 - \frac{324.0}{42.0} \times 6 = -10.29 \qquad w_2 = 3^2 - \frac{324.0}{42.0} \times 3 = -14.14$$

$$w_3 = 9^2 - \frac{324.0}{42.0} \times 9 = 11.57$$

$$L_2 = -10.29(4.95) - 14.14(3.05) + 11.57(6.80) = -15.36$$

$$r_2 = (-10.29)^2 + (-14.14)^2 + 11.57^2 = 439.71$$

$$\beta_2 = \frac{-15.36}{439.71} = -0.035$$

K_2	K_3	W_1	W_2	W_3	r_2	L_2	β_2
42.0	324.0	−10.29	−14.14	11.57	439.71	−15.36	−0.035

図 7.18　最適条件のβ_1とβ_2の計算

とで理想のプロファイルに合わせ込むことになる．それは知見で十分できる場合もあるだろうが，β_1とβ_2に対する要因効果図が欲しいところである．

その要因効果図を得るためには以下の2通りがある．

① 最適条件のまわりに制御因子の水準を振って，もう1回L_{18}を行ってβ_1とβ_2を計算して要因効果図をつくる．

② もう一度L_{18}をする余裕はないので，最初のL_{18}からβ_1とβ_2を計算して要因効果図を作成する．

①が理想であるが，ITT の事例では後から標準 SN 比にしたために最初のL_{18}のデータから18対のβ_1とβ_2を計算して**図 7.19** の要因効果図をつくった．

	β_1	β_2
1	1.56	0.144
2	1.58	−0.012
3	0.75	0.089
4	0.50	0.013
5	1.86	0.019
6	1.11	−0.032
7	1.88	0.125
8	0.91	0.015
9	0.40	−0.009
10	1.62	0.102
11	0.78	−0.030
12	1.13	0.015
13	0.75	0.044
14	0.92	0.060
15	1.26	−0.100
16	1.88	0.102
17	0.93	0.013
18	0.80	0.009

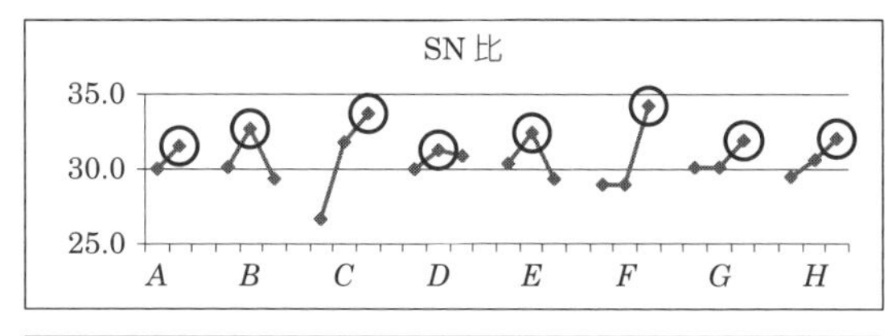

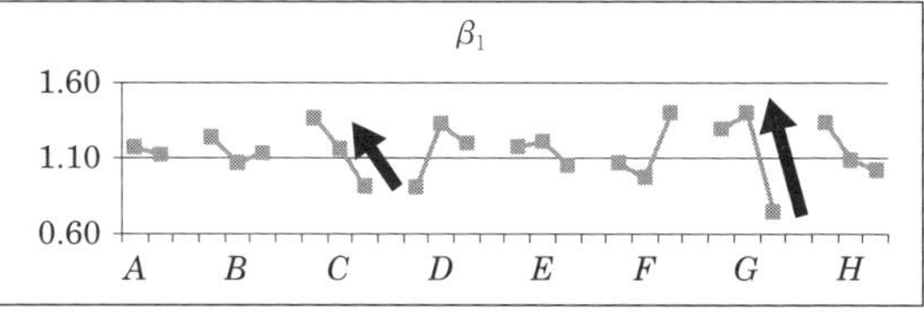

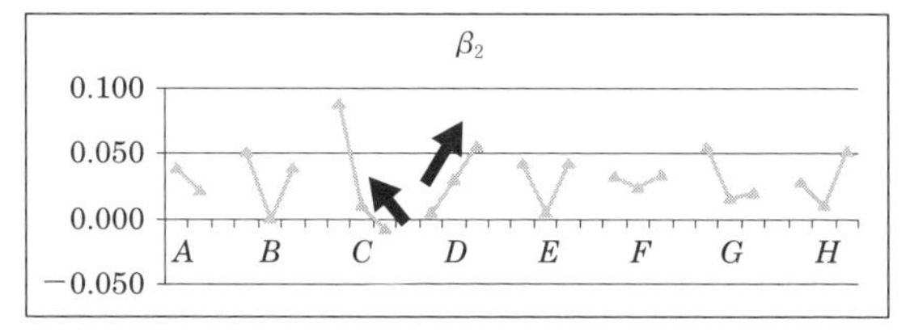

図 7.19　β_1とβ_2の要因効果図

β_1とβ_2の調整はできるだけ SN 比を悪化させないように，SN 比に効かない因子の水準を使い調整して検証していくことになる．β_1を 0.79 から 1.00 に調整するためにG_3をG_2のほうへ，C_3をC_2のほうへずらしていくことが考えられる．β_2を 0.035 だけ増加する必要があるが，β_1のためにC_3をC_2のほうへずらせばβ_2は増加する．それでも足りなければD_2をD_3にずらすなどである．

2 段階最適化の結果をまとめると**図 7.20** のようになる．

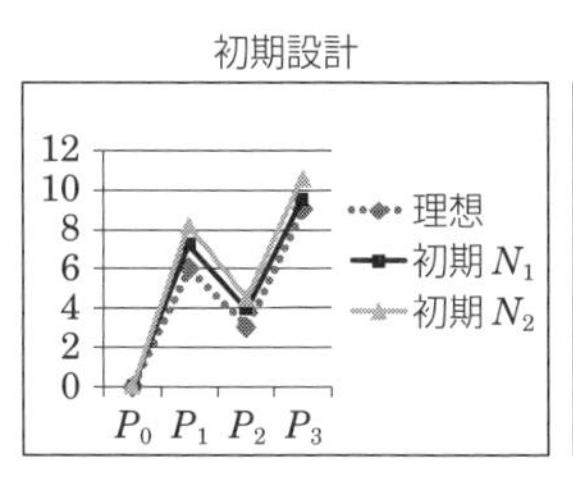

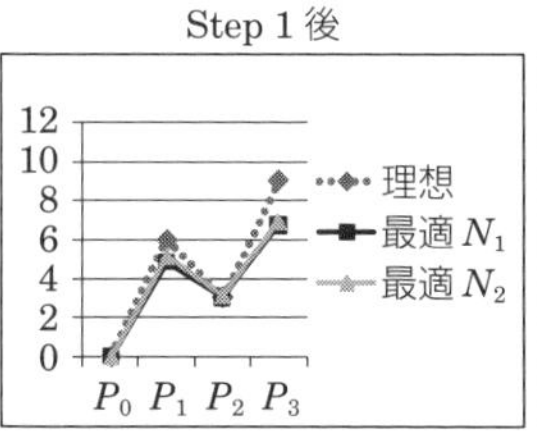

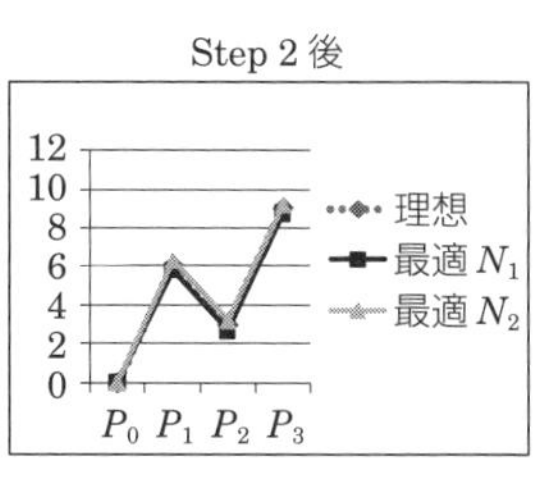

図 7.20　2 段階最適化の結果

タグチはこの事例をきっかけに標準SN比を世に出した．その後，日本や米国で様々な発表がされている．2006年のGM社による操舵感の事例は，**図7.21**にあるように操舵力と横加速の非線形の関係を標準SN比でロバストネスを最適化した．図にあるグラフの曲線は中型車と大型車の様々なモデルである．Step 2において，どのような曲線にも対応して調整できるという，操舵感の味付けをシステマティックにできるようにしたものである．

標準SN比のもう一つの活躍の場は，線形の理想機能で再現しなかった場合である．同じデータを標準SN比で最適化しなおすのである．いわゆるLinearityといわれる線形性は犠牲となりがちであるがやってみる価値はある．

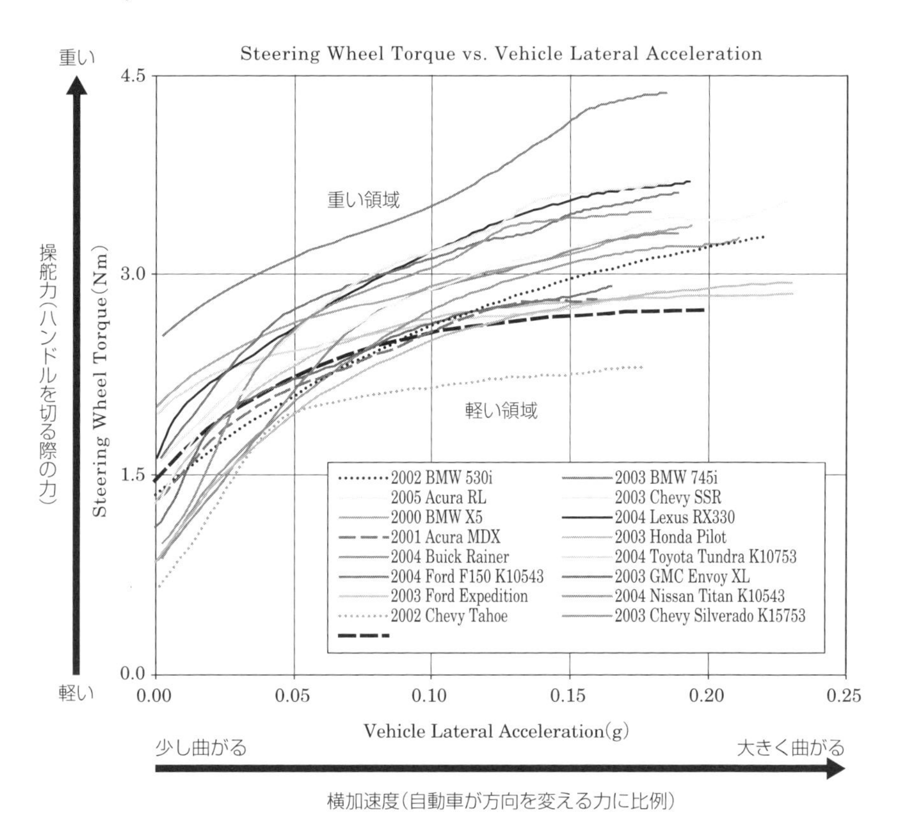

図7.21　GM社の自動車のハンドルの操舵感の事例

コーヒーブレイク 22

ダブル望目特性と標準 SN 比の裏話

ITT 社の事例は最初操作感に効く図 7.12 の P_1 と P_2 の力をダブル望目の SN 比で最適化して 1999 年，米国のタグチシンポジウムで発表された．指導したのは筆者であった．

下はそのダブル望目特性の SN 比の計算法である．SN 比，平均値，P_1 と P_2 の差の要因効果図をつくり，Step 1 で SN 比の最大化をして，Step 2 で平均値と P_1 と P_2 の差を調整したのである．ダブル望目特性は P を標示因子として，P の効果をノイズの効果に入れないことで成り立つ．標準 SN 比と比べて最適条件は H_2 が H_3 なったのみでほぼ一致している．ダブル望目特性が使える場面は多く，効果的なやり方だと思っている．

	P_1	P_3
N_1	y_1	y_2
N_2	y_3	y_4

ANOVA（スイッチ操作力）

	Source	f	S	V
平均値の大きさ→	m	1	S_m	
P_1 と P_2 の差→	P	1	S_P	V_P
ノイズの影響→	$Noise$	2	S_{Noise}	V_{Noise}
	Total	4	S_T	

ダブル望目特性の SN 比

$$S_T=\sum_{i=1}^{4}y_i^{\,2}=\begin{cases}S_m=\dfrac{(y_1+y_2+y_3+y_4)^2}{4}\\[2mm] S_P=\dfrac{(y_1+y_3)^2}{2}+\dfrac{(y_2+y_4)^2}{2}-S_m\\[2mm] S_{Noise}=S_T-(S_m+S_P)\end{cases}$$

$$\bar{y}=\frac{y_1+y_2+y_3+y_4}{4}$$

$$V_{Noise}=\sigma_{Noise}^{\;2}=\frac{S_{Noise}}{2}$$

$$\boxed{S/N=10\log\frac{\bar{y}^2}{\sigma_{Noise}^{\;2}}}$$

7.6　動的機能窓

以下のエンジンの例は，事例として行われたものではないが，タグチが動的機能窓の説明に使っていた例である．ガソリンエンジンの燃焼は，ガソリンが酸素と反応して二酸化炭素と水になることであるが反応がばらつくため，不完全反応，過剰反応によりエミッションが出てしまう．そこで目的反応速度の β_1 が分子，過剰反応速度の β_2 が分母の比を最大化することで，高出力かつエミッションのない燃焼を目指せることになる（**図 7.22** 参照）．もちろんノイズを振って，この比がロバストな設計を目指すことになる．

エンジン設計A_1とA_2の機能性評価のためのβ_1とβ_2を**表7.4**に示す．**図7.23**にSN比の計算を示す．このSN比は単純にβ_1を望大，β_2を望小としたものである．単位時間ごとにpとqのデータが得られるのであれば線形化の後，動特性のSN比の分解でpとqのβの差を分子とし，その他をノイズとしてその分散を分母にするSN比も考えられるが，筆者はこの単純なSN比で十分と考える．

動的機能窓 —— 自動車の前面衝突性能の例

もう一つの例として，自動車の前面衝突性能を紹介する．前方からの時速50 kmのスピードでバリヤというコンクリートの固まりを衝突させて評価したものである．新しい中型セダンの開発で車の前部の構造設計は“ゆりかご型”，“K-メンバー型”，“競合C型”の3種類の設計コンセプトが視野に入れられていた．一つ選んで開発するよりも三つとも最適化して，最終的にコスト・重量・衝突性能・乗り心地に影響する周波数などの指標を比べて選択することになる．最適化してみないと各コンセプトの本当の実力がわからないから，三つとも最適化することが理想である．

衝突試験で居住区の変形を5.0センチ以内にすることで，欧州で五つ星の評価を受けられるため居住区変形量を望小特性にすることが考えられる．しかしこれは単なる要求であり，機能は衝突の動的エネルギーをうまくあしらって居住区に届くまでにエネルギーを吸収することであるから，エンジンより前の構造で大きくエネルギーを吸収することで，エンジンからの居住区までの変形は小さく抑えたいという考えのもとに以下のように定義する．

エネルギー吸収比：$\dfrac{\beta_1}{\beta_2}$
- β_1＝衝突のエネルギーを吸収してほしい部品のエネルギー吸収量
- β_2＝衝突のエネルギーを吸収してほしくない部品のエネルギー吸収量

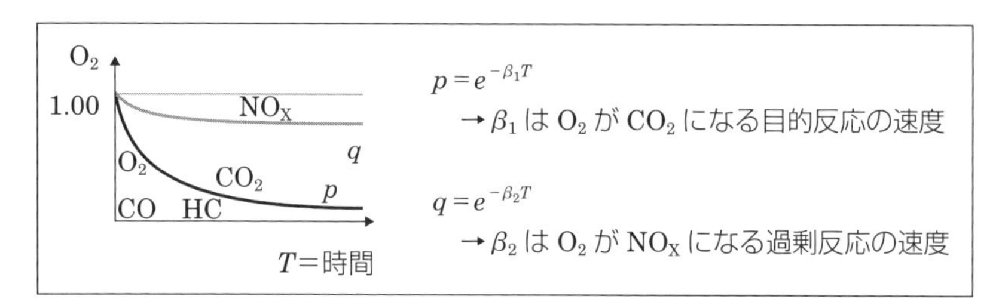

図 7.22　エンジン燃焼機能と反応速度比という特性

表 7.4　実験結果から推定した反応速度

	N_1		N_2	
	β_1	β_2	β_1	β_2
A_1	10.6	0.12	19.2	0.33
A_2	17.5	0.05	28.5	0.13

$$\eta_{A_1}=10\log\left[\frac{1}{\frac{1}{4}(0.12^2+0.33^2)\times\left(\frac{1}{10.6^2}+\frac{1}{19.2^2}\right)}\right]=34.46\ \text{db}$$

$$\eta_{A_2}=46.61\ \text{db}$$

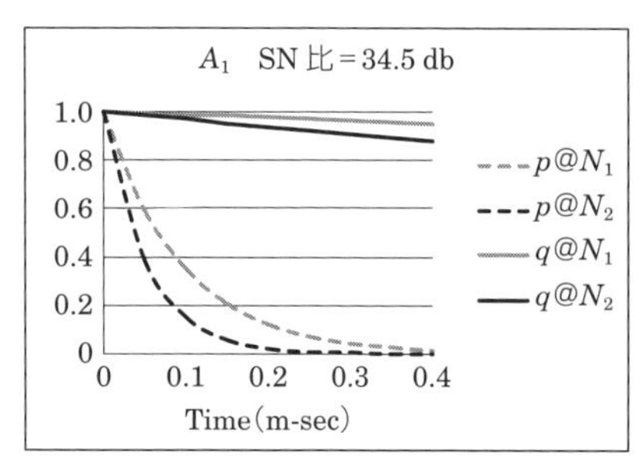

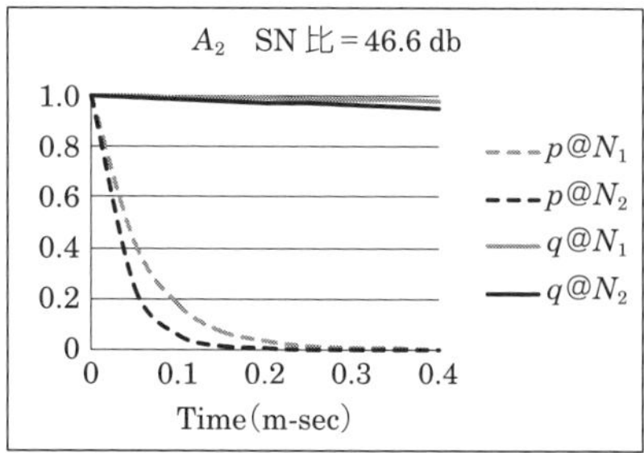

図 7.23　反応速度β_1とβ_2から推定される反応のグラフ

計測は3次元CAEと呼ばれる精密なシミュレーションを使うと，1回の衝突のデータを得るのに30時間以上かかってしまうので，3水準の制御因子を25個までとれるL_{54}であると時間がかかる．精度はそれほどよくないが，古きよきバネマスモデルをつくったことで1回の衝突を10分ほどの計算時間でできるようにしたため，L_{54}でも1日で計算できるようになった．もちろんCAEとバネマスモデルの傾向の整合性は確認されている．

ノイズであるが，制御因子である構造体の部品やモジュールの剛性のバラツキを，製造・環境・劣化による現実的な幅に振って以下のように調合してノイズの戦略とした．

ノイズの戦略

$N_1 = \beta_1 / \beta_2$が小さくなる剛性の条件
$N_2 = \beta_1 / \beta_2$が大きくなる剛性の条件

制御因子は構造体の23の構成部品で，それぞれの部品の初期設計の剛性を第2水準にして，そのまわりに第1水準と第3水準を振ってL_{54}にわりつけた．剛性の小さい水準を選択すれば重量が減るので，衝突性能と軽量化の両立が目指せることになる．

バネマスモデルのおかげでそれほど時間のかからないシミュレーションになり，第8章で紹介するテクニックで1回目のL_{54}の制御因子の最適条件のまわりに新たに3水準振ってまたL_{54}を行う．これを3種類の設計に対して5回ずつ繰り返したのである（**図7.24**参照）．このことによって山登りのように最適条件の頂上を目指すのである．これが時間のかからない機能性評価法を開発していく価値で，前にも述べたが時間のかかる精密なシミュレーションはバリデーションのためである．

図7.25はそのうち1回の要因効果図である．因子Bのように第1水準のβ_1 / β_2が大きい場合や，因子Cのようにβ_1 / β_2にあまり効果のない因子は第1水準を選択することで軽量化も達成したのである．

動的機能窓特性の概念 → β_1/β_2 の最大化を目指す！

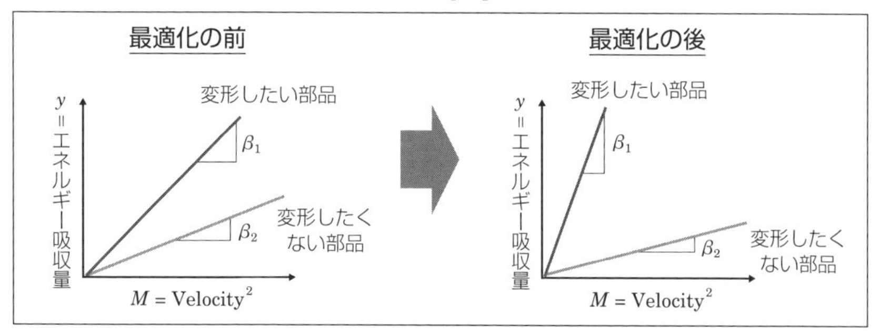

居住区のダッシュボードの変形量(**mm**)

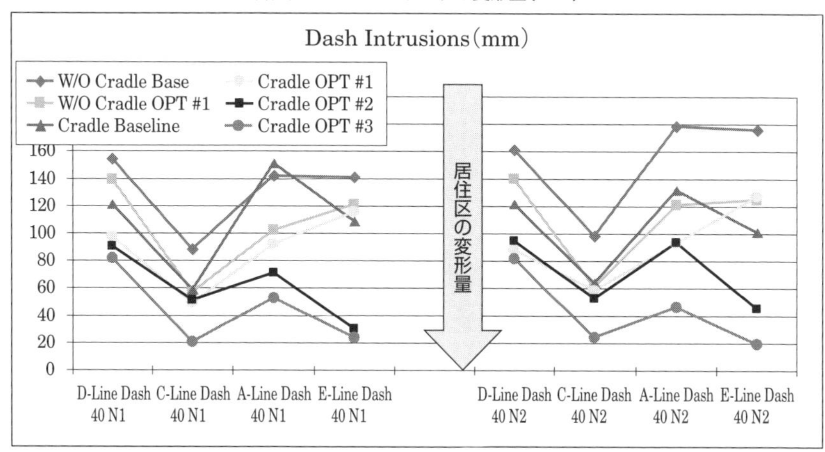

揺り籠型設計概念 → L_{54}　5 回
K- メンバー型設計概念 → L_{54}　5 回
競合 C 型設計概念 → L_{54}　5 回

網羅した設計スペース
$= 3^{23} \times 3 \times 5$ **iterations＞1 400 000 000 000**

図 7.24　動的機能窓特性の概念

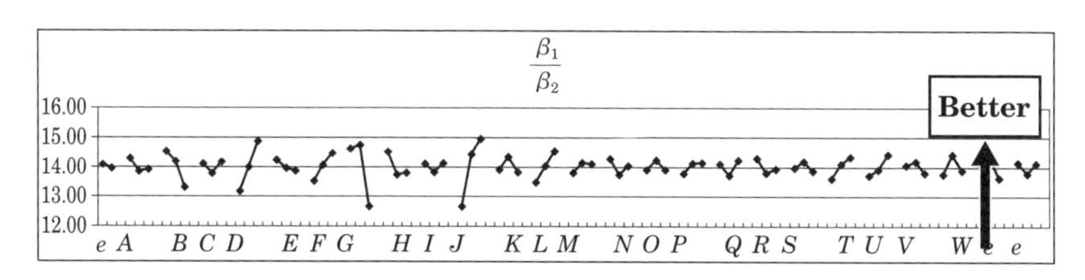

図 7.25　要因効果図

7.7 2種類の誤りのSN比

2種類の誤りがある場合は**率のデータの動特性**である．簡単な例として“○×テスト”を考えよう．田中氏，山田氏，鈴木氏の回答が**図 7.26** のようであったとする．

田中氏は100点の評価でよいとして，山田氏と鈴木氏はどうであろうか．タグチでは鈴木氏は100点で山田氏は0点である．山田氏は○と×の区別がまるでできていないから0点で，鈴木氏は逆ではあるけれど○と×の区別が完全にできているので100点である．

目的や要求を満たすことを考える前に一歩下がって，機能を定義することが最適化の第一歩である．要求は正解率を上げることかもしれないが，機能は分別することである．この例は筆者がタグチの考え方を理解し始めたきっかけになったものである．いわゆる**アハモーメント**(Aha! Moment) である．アハモーメントとは突然何かを悟るとか理解するという意味合いである．タグチは“晴れか雨か必ず間違える天気予報は素晴らしい天気予報だ”という言い方を好んでしていた．

2種類の誤りには次のような例がある．

① 良品と不良品を分別する検査の機能も，良品を不良品と判断するミスと，不良品を良品と判断するミスと2種類のミスが存在する．

② 医療における診断も，大きく分けると2種類の誤診がある．日本語で偽陰性と偽陽性，英語では False Negative と False Positive である．

③ 火災検知の機能も診断である．火事ではないのに警報を鳴らしたり水

田中氏の回答

		○	×
正解	○	100%	0%
	×	0%	100%

山田氏の回答

		○	×
正解	○	50%	50%
	×	50%	50%

鈴木氏の回答

		○	×
正解	○	0%	100%
	×	100%	0%

図 7.26 率のデータ(○×テスト)

を散布することや，火事なのに警報を鳴らさないことは損失が発生することになる．

④　原料の選別工程の機能も同じである．例えばタバコの原料を製品にする葉の部分と破棄する枝の部分に選別する工程では，製品にする葉っぱが破棄する枝に混ざってしまうと無駄が発生し，枝が製品に混入すると品質問題が発生することになる．

⑤　自動車のエアバッグを展開するかどうかの判断の機能も基本的に診断であり2種類の誤りが存在する．エアバッグだけでなく自動車の自動運転においては診断や推定・予測の機能がうまくできないと危険である．

⑥　この章の例はカテゴリーが二つであるが，カテゴリーが二つ以上でも同じ考えでSN比を定義できる．例えば不良のタイプが2種類あって製品を“良品”，“不良品 Type 1”，“不良品 Type 2”の三つに仕分けしたい場合などである．数種類のビールのブランドを当てる目隠し試験もその一つである．

2種類の誤りのSN比は2種類の誤りの割合 p と q から計算する．**図 7.27** に計算式を示す．

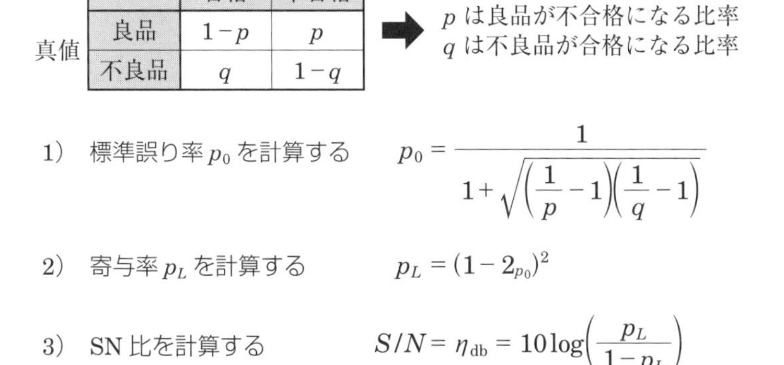

図 7.27　2種類の誤りがある機能のSN比

図 7.28 は参考として様々な p と q の場合の SN 比である.

標準誤り率 p_0 は p と q がバランスした際の誤り率である. 診断の機能は“しきい値”が存在する場合がほとんどである. 例えば p が大きく q が小さい場合, しきい値を調整すれば p と q が同じ値になるようにすることが可能である. バランスのとれた標準誤り率 p_0 で SN 比を算出して評価するのである. **図 7.28** の例では A_8 の場合 p が 0.1%で q が 50%であれば標準誤り率 p_0 は 3.1%になる. A_9 の p が 80%で q が 19%の A_9 の場合は p_0 は 49.2%になる.

A_1	合格	不合格		
良品	0.51	0.49	P_0	0.490
不良	0.49	0.51	SN比	-34.0

A_4	合格	不合格		
良品	0.90	0.10	P_0	0.100
不良	0.10	0.90	SN比	2.5

A_7	合格	不合格		
良品	0.01	0.99	P_0	0.990
不良	0.99	0.01	SN比	13.8

A_2	合格	不合格		
良品	0.80	0.20	P_0	0.200
不良	0.20	0.80	SN比	−2.5

A_5	合格	不合格		
良品	0.99	0.01	P_0	0.010
不良	0.01	0.99	SN比	13.8

A_8	合格	不合格		
良品	0.99	0.001	P_0	0.031
不良	0.5	0.5	SN比	8.7

A_3	合格	不合格		
良品	0.20	0.80	P_0	0.800
不良	0.80	0.20	SN比	−2.5

A_6	合格	不合格		
良品	0.999	0.001	P_0	0.001
不良	0.001	0.999	SN比	24.0

A_9	合格	不合格		
良品	0.20	0.80	P_0	0.492
不良	0.19	0.81	SN比	-36.0

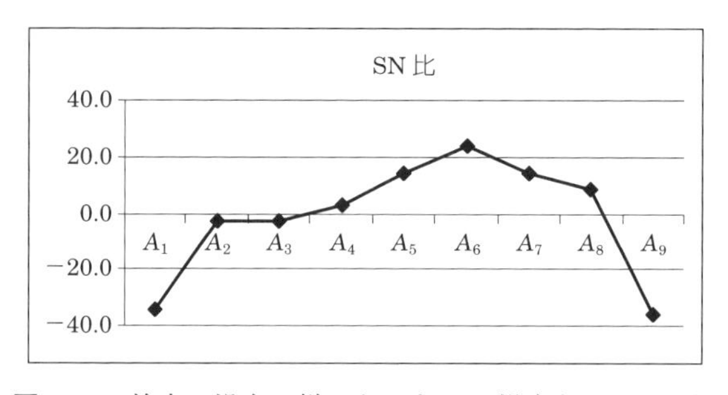

図 7.28　検査の場合の様々な p と q の場合とその SN 比

最適化はここでも 2 段階最適化である．ほとんどの場合 p と q で損失が異なることは理解できると思う．不良品を出荷することによる損失と良品を破棄する損失を比べれば，前者の損失のほうが大きい．火事なのに警報を鳴らさなかった損失と火事ではないのに警報を鳴らしてしまった損失も，後者は迷惑であるが明らかに前者のほうが損失が大きい．2 段階最適化の Step 1 では SN 比を最大化して，言い換えると p と q がバランスした p_0 を最小化した後に，Step 2 で損失がバランスするようにしきい値を調整するのである．もう一つ忘れてはならないのは，これらのデータもノイズを振って得たデータで機能性評価をするということである．

機能性評価のためには**図 7.27** の SN 比を使う．最適化の場合もこの SN 比を使ってもよいが，以下の二つのアプローチのほうが効果的な場合が多い．

① 選別工程の最適化であれば，制御因子を直交表にわりつけて反応速度比や機能窓を使う．

② 医療の診断やエアバッグの展開の意思決定のように，多項目のデータから診断することが機能の場合はタグチの **MT システム**を利用する．

重要なので，以下に MT システムに関してのタグチの言葉を紹介する．

“MT システムで自然科学，社会科学に広くロバストネスの最適化の応用ができるようになってきた．自然や社会現象では人間も含めて実験も試作もできない．しかし調査することができ，それらの調査項目のデータで原因探求，判定，診断，推定などができるのである．”

MT システムはこの本のスコープには含まれていないが，ぜひ利用してほしいタグチの方法論である．

7.8　標示因子がある場合のSN比の計算

動特性で標示因子のある例として，第12章にある酸素センサーを使う．心臓切開手術の際には血管は心肺器につながれる．手術中に心肺器の入り口と出口で血中の酸素の濃度をモニターするセンサーである．心肺器は血液を循環させる心臓のポンプの機能のほかに，不足分の酸素を血液に供給する肺の機能があるため，この計測の誤差が大きいと患者の命に関わる，重要な計測の機能である．

計測機能の理想機能は，真値を入力信号，計測値を出力としてゼロ点比例式を使うことが一般的である．出力は計測値に変換する前の何らかの物理量でもかまわない．この場合は化学反応による色の濃度の変化量が計測値の元である．**図7.29**に示したPダイアグラムに従って最適化の実験を組むことができる．

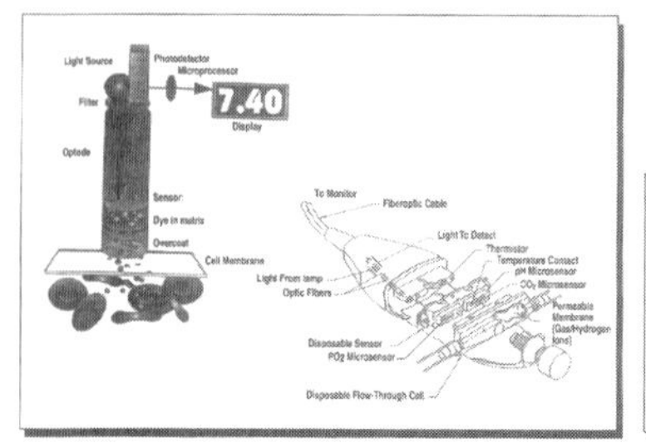

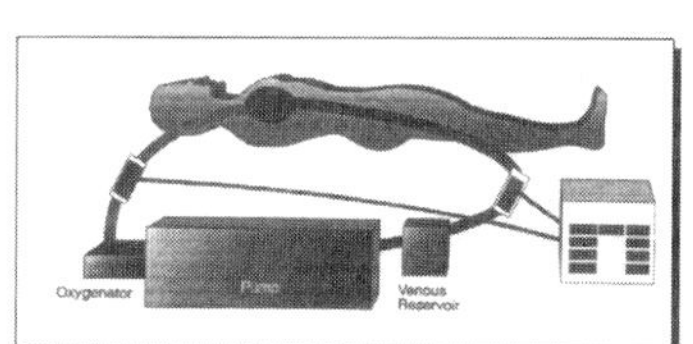

酸素センサー

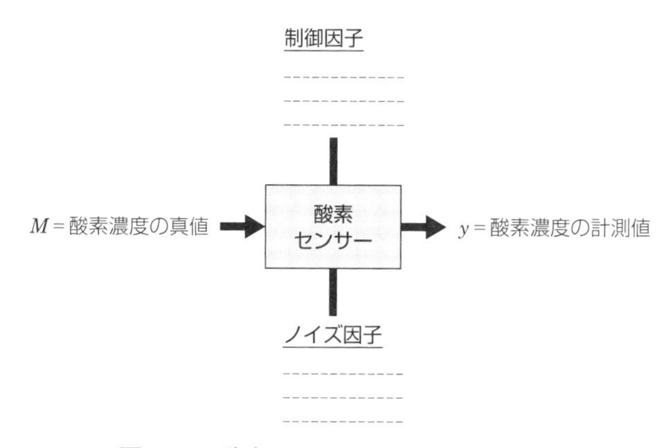

図7.29　酸素センサーのPダイアグラム

ただ，この酸素センサーには大きな課題があった．手術の種類や執刀医によっては超低体温循環停止法を採用する．それは患者の体温を 17℃ぐらいまで下げることで，手術中に患者の脳にかかる負担を減らすことでリスクを抑える方法である．このために血液温度が 17℃の場合があり，17℃から 37℃の温度の範囲で機能を保証しなければならない．

普通に考えれば血液温度はノイズ因子である．しかしながら血液温度はセンサーが採取する酸素分子の数に直接影響を与えるため，ロバストネスを得るのは容易ではないノイズであった．血液温度は心肺器がモニターしているため，血液温度がわかっているのだから，その影響を補正をすることは可能である．そこで考えたのは血液温度を他のノイズと調合しないで，独立に外側に配置して以下の二つのアプローチを同時にできるようにしたのである．

(a)　血液温度をノイズとみなしてロバストネスの最適化をする．

(b)　血液温度を標示因子とする．この場合，各血液温度で β が違っていてもかまわない．各血液温度の β がわかっていれば，補正のための早見表であるルックアップテーブルをつくってソフトウェアで補正することが可能である．

(a)ができるに越したことはないが，(a)に限界がある場合は，(b)を考えるべきである．(b)は計測の基本機能と補正の機能を同時に最適化するというアプローチである．この場合(a)も(b)もコストは同じである．デジタル技術が進歩し続けている今日では補正の機能のロバストネスの最適化は重要なテーマである．

いずれにしても測るデータは同じなので，(a)の最適と(b)の最適で良いほうを採用することになる．**図 7.30～7.32** は，P ダイアグラムと理想機能，信号因子，標示因子，調合誤差因子である．

以上で機能性評価のデータの設計ができたことになる．言い換えると，最適化の外側のデータの設計ができた．このデータから SN 比で評価することになる．

この米国の 3M 社で行われた事例ではコーティングの素材，ポリマーの分子量，ポリマーの反応部位，色素の量，センサーの厚さ，上塗りの量など制御因子七つを L_{18} にわりつけた最適化であった．ちなみに制御因子は 5 水準が一つ，3 水準が

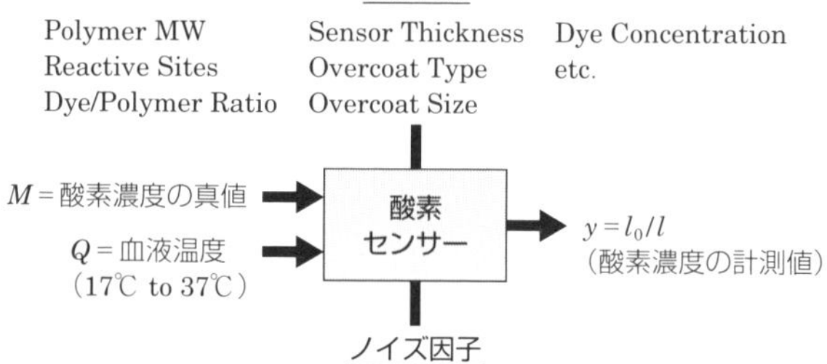

図 7.30　Pダイアグラム

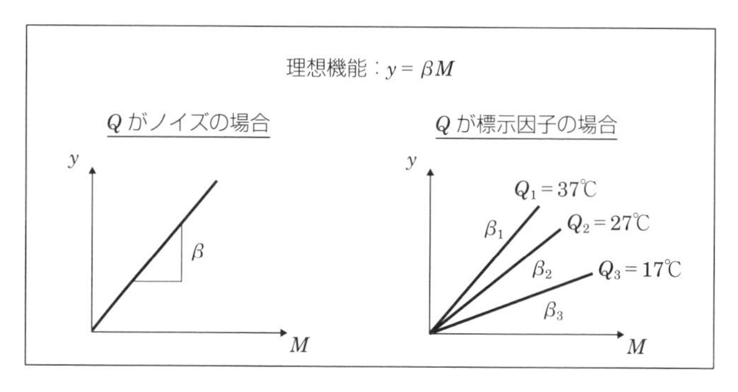

図 7.31　理想機能

		第1水準	第2水準	第3水準	第4水準
信号因子	M＝酸素濃度真値	42	76	180	228
標示/誤差因子	Q＝血液濃度	37	27	17	

	N＝調合誤差因子	
	N_1：出力が高くなるノイズ条件	N_2：出力が低くなるノイズ条件
高温にさらされた時間	0	5日間
環境光にさらされた時間	ごくわずか	2日間
センサー厚のバラツキ	＋0.001″	−0.001″

図 7.32　信号・標示・調合誤差因子

五つ，2水準が一つという$5^1 \times 3^5 \times 2^1$の標準的な$L_{18}$を修正してわりつけられた．

ここではA_1（：現状設計），A_2（：新設計），A_3（：競合社の設計）の機能性評価のデータで，Q（：血液温度）がノイズの場合と標示因子の場合という2通りのSN比とβの計算を紹介する．

まずはQ（：血液温度）も調合誤差因子のNと同様にノイズの場合である．簡単化のために**表7.5**のような形式にする．データ数は$n=24$である．

因子Q（：血液温度）がノイズであれば**図7.33**の生データのグラフを目視

A_1：現状設計

		M_1	M_2	M_3	M_4
		42	76	180	228
Q_1=37℃	N_1	56	92	223	287
	N_2	45	87	204	256
Q_2=27C	N_1	49	82	199	258
	N_2	42	75	187	235
Q_3=17C	N_1	46	77	182	229
	N_2	38	67	166	210

A_2：新設計

		M_1	M_2	M_3	M_4
		42	76	180	228
Q_1=37℃	N_1	59	107	252	319
	N_2	59	107	252	319
Q_2=27C	N_1	51	93	219	278
	N_2	51	93	220	279
Q_3=17C	N_1	42	77	183	232
	N_2	43	78	184	233

A_3：競合設計

		M_1	M_2	M_3	M_4
		42	76	180	228
Q_1=37℃	N_1	49	88	208	263
	N_2	44	80	190	241
Q_2=27C	N_1	48	86	203	257
	N_2	44	79	186	236
Q_3=17C	N_1	47	84	200	252
	N_2	42	76	181	229

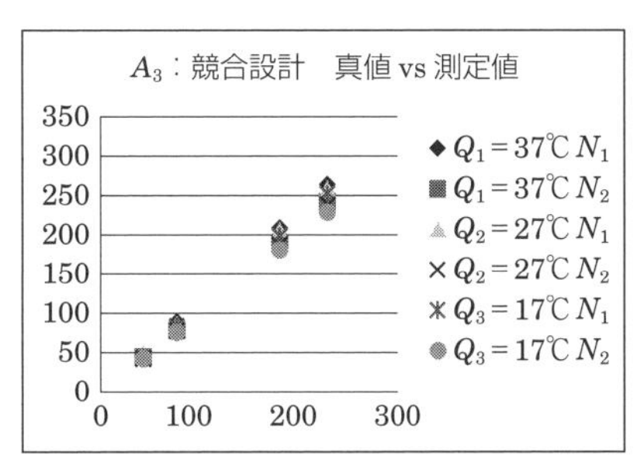

図7.33　実験結果

表 7.5　動特性のデータ

M_1	M_2	M_3	……	M_n
y_1	y_3	y_5	……	y_n

表 7.6　Q（：血液温度）をノイズとした場合

	V_{Noise}	SN比	β	利得	調整後の σ
A_1	269.0	−23.7	1.08	Base	15.2
A_2	578.7	−26.0	1.21	−2.29	19.9
A_3	68.2	−17.7	1.08	5.98	7.7

してもわかるのは A_3 が最もバラツキが小さく，A_2 がバラツキが大きい．SN比と β の計算結果を**表 7.6** に示す．

調整後のシグマは β を 1.00 に調整後に入力範囲の平均的な計測誤差の σ である．次の式で推定される．

$$\sigma_{調整後} = \sqrt{\frac{\sigma^2_{Noise}}{\beta^2}} = \sqrt{\frac{V_{Noise}}{\beta^2}}$$

A_1 のデータすべてを β を 1.08 で割って，すなわち β を 1.00 にしてから V_{Noise} を計算してルートをとることと同じである．ただこの推定値はこの機能性評価で用いたノイズ下のシグマなので絶対値が実際の市場におけるシグマと一致しないので注意が必要である．この値から損失関数で損失を計算してはならない．もちろん相対的な比較は信用できる．A_1 は A_3 に比べて倍の誤差で，A_2 は A_3 の 3 倍弱の誤差ということが結論できる．

次は Q（：血液温度）が標示因子の場合の SN 比と β を計算する．標示因子がある場合は標示因子の効果が SN 比の分子にも分母にも含まれないようにする必要がある．ロバストネスの評価の考え方を**図 7.34** に示した．そのためにまず Q と N の六つの組合せごとに，信号の値とデータの積和である線形式 L_1, L_2, L_3, L_4, L_5, L_6 を求める（**図 7.35** 参照）．

機能性評価のデータ

		酸素濃度の真値			
		$M_1=42$	$M_2=75$	$M_3=160$	$M_4=228$
$Q_1=$ 37℃	N_1	y_1	y_2	y_3	y_4
	N_2	y_5	y_6	y_7	y_8
$Q_2=$ 27℃	N_1	y_9	y_{10}	y_{11}	y_{12}
	N_2	y_{13}	y_{14}	y_{15}	y_{16}
$Q_3=$ 17℃	N_1	y_{17}	y_{18}	y_{19}	y_{20}
	N_2	y_{21}	y_{22}	y_{23}	y_{24}

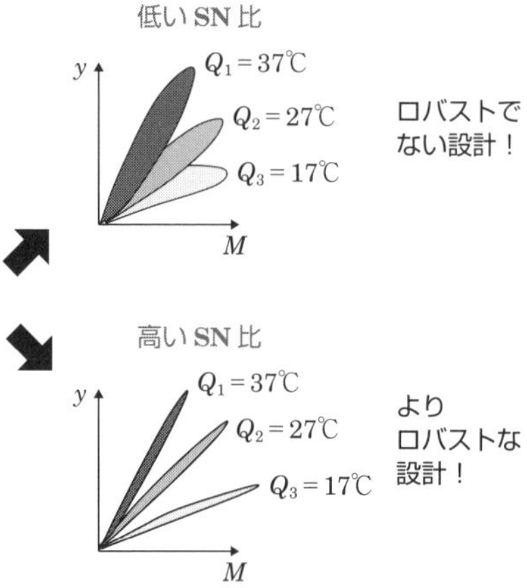

低い SN 比

y　$Q_1=37$℃　$Q_2=27$℃　$Q_3=17$℃　M

ロバストでない設計！

高い SN 比

y　$Q_1=37$℃　$Q_2=27$℃　$Q_3=17$℃　M

よりロバストな設計！

図 7.34　Q（：血液温度）が標示因子の場合のロバストネスの評価

A_1:現状設計		M_1	M_2	M_3	M_4	
		42	76	180	228	L
$Q_1=37$℃	N_1	56	92	223	287	$L_1=114\,920$
	N_2	45	87	204	256	$L_2=103\,590$
$Q_2=27$℃	N_1	49	82	199	258	$L_3=102\,934$
	N_2	42	75	187	235	$L_4=94\,704$
$Q_3=17$℃	N_1	46	77	182	229	$L_5=92\,756$
	N_2	38	67	166	210	$L_6=84\,448$

$$L_1=M_1y_1+M_2y_2+M_3y_3+M_4y_4$$
$$=42(56)+76(92)+180(223)+228(287)$$
$$=114\,920$$
$$\vdots$$
$$L_6=42(38)+76(67)+180(166)+228(210)$$
$$=84\,448$$

図 7.35　線形式の計算

Lの値が大きいほど比例係数のβが大きいことを意味する．Lの値のバラツキはNとQのβに対する効果である．L_1からL_6の値が同じであれば，NとQの水準にかかわらずβは同じ値でNとQに対してロバストといえる．以下は全2乗和の分解である．

$$S_T=\sum_{i=1}^{n}{y_i}^2\begin{cases}S_\beta=\dfrac{1}{6r}(L_1+L_2+L_3+L_4+L_5+L_6)^2 & \leftarrow \text{平均的な}\beta\text{の大きさ}\\ S_{\beta\times Q}=\dfrac{(L_1+L_2)^2}{2r}+\dfrac{(L_3+L_4)^2}{2r}+\dfrac{(L_5+L_6)^2}{2r}-S_\beta & \leftarrow Q_1,Q_2,Q_3\text{間の}\beta\text{の違い}\\ S_{Noise}=S_T-(S_\beta+S_{\beta\times Q}) & \leftarrow N_1,\ N_2\text{間の}\beta\text{の違い}\end{cases}$$

βに対するQとNの交互作用
$Q_i\,Q_j$における2次項，3次項，4次項

上の$S_{\beta\times Q}$というのがQ_1，Q_2，Q_3間のβの大きさの違い，つまりβに対するQ（：血液温度）の効果である．この値が大きいと血液温度ごとにβの値が大きく変わっていることになる．Q（：血液温度）の影響は補正するのであるから，ノイズの効果であるS_{Noise}にはこの効果を含まないようにする．そのためにS_{Noise}はS_TからS_βと$S_{\beta\times Q}$を引いた値になる．

SN比とβの式は以下のようになる．補正のために必要であるからQ_1，Q_2，Q_3におけるβ_1，β_2，β_3も計算する．

$$r={M_1}^2+{M_2}^2+{M_3}^2+{M_4}^2=42^2+76^2+180^2+228^2=91\,924$$

$$\sum My=L_1+L_2+L_3+L_4+L_5+L_6=593\,352$$

$$S_T=\sum_{i=1}^{n}{y_i}^2=56^2+92^2+\cdots\cdots+210^2=644\,516$$

$$S_\beta=\frac{1}{6r}\left(\sum My\right)^2=638\,329.1$$

$$S_{\beta\times Q}=\frac{(L_1+L_2)^2}{2r}+\frac{(L_3+L_4)^2}{2r}+\frac{(L_5+L_6)^2}{2r}-S_\beta=4\,640.4$$

$$S_{Noise}=S_T-(S_\beta+S_{\beta\times Q})=1\,546.5$$

$$\sigma_{Noise}^2=V_{Noise}=\frac{S_{Noise}}{24-1-2}=\frac{1\,546.5}{21}=73.6$$

$$\beta = \frac{1}{6r}\sum My = 1.076$$

$$S/N = 10\log\frac{\beta^2}{\sigma^2_{Noise}} = 10\log\frac{\beta^2}{V_{Noise}} = 10\log\frac{1.076^2}{73.6} = -18.0\ \mathrm{db}$$

$$\beta_1 = \frac{1}{2r}(L_1 + L_2) = 1.189 \qquad Q = \text{血液温度が37℃の}\beta$$

$$\beta_2 = \frac{1}{2r}(L_3 + L_4) = 1.075 \qquad Q = \text{血液温度が27℃の}\beta$$

$$\beta_3 = \frac{1}{2r}(L_4 + L_6) = 0.964 \qquad Q = \text{血液温度が17℃の}\beta$$

A_1 のデータの計算は以上である．A_2 と A_3 の計算も同様にした結果を**表 7.7** に示した．

補正を加えると A_2 が抜群に誤差が減っている．このことは生データを目視してもわかる．補正をするのは難しいことではなく，以下のようにしてそれぞれの温度の β が 1.00 になるように調整するのである．A_1 の場合である．

温度が 37℃の場合は計測値を $\beta_1 = 1.189$ で割る

温度が 27℃の場合は計測値を $\beta_2 = 1.075$ で割る

温度が 17℃の場合は計測値を $\beta_3 = 0.964$ で割る

この補正の係数が補正法を表にした，いわゆるルックアップテーブルの中身である．温度に対してもっと細かい解像度のルックアップテーブルが必要であれば最適化後に 2℃間隔のデータをとるとか，線形補間を応用するか，その両方で対応するかである．

表 7.7　Q（：血液温度）は標示因子，Q の効果を補正する場合

	V_{Noise}	SN比	β	利得	β_1	β_2	β_3
A_1	73.64	−18.0	1.076	Base	1.189	1.075	0.964
A_2	0.21	8.4	1.212	26.46	1.399	1.218	1.019
A_3	63.19	−17.3	1.079	0.69	1.104	1.080	1.053

A_1，A_2，A_3 の補正後のデータでもう一度SN比を計算してみる（**図7.36**参照）．当然であるが補正ができる場合は A_2 が抜群にSN比が高い．補正後のデータの計算で，r の値と My の値が同じなのは補正で $\beta = 1.000$ にしたからで，これが β の補正の意味である．

そして，**図7.37**に補正ありとなしによる A_1，A_2，A_3 のSN比を比べることで長くなってしまったこの例のまとめとする．

補正後の A_1		M_1	M_2	M_3	M_4
		42	76	180	228
Q_1=37℃	N_1	47.1	77.4	187.6	241.5
	N_2	37.9	73.2	171.6	215.4
Q_2=27℃	N_1	45.6	76.2	185.1	240.0
	N_2	39.1	69.8	174.0	218.6
Q_3=17℃	N_1	47.7	79.9	188.8	237.6
	N_2	39.4	69.5	172.2	217.9

$6r$	551 544
ΣMy	551 544
S_T	552 850.4
S_β	551 544.0
S_{Noise}	1 306.4
V_{Noise}	56.80
SN比	－17.5
β	1.000

A_1 の補正後の真値 vs 計測値
300.0
250.0
200.0
150.0
100.0
50.0
0.0
0 100 200 300
◆ $Q_1=37$℃ N_1
■ $Q_1=37$℃ N_2
▲ $Q_2=27$℃ N_1
× $Q_2=27$℃ N_2
＊ $Q_3=17$℃ N_1
● $Q_3=17$℃ N_2

補正後の A_2		M_1	M_2	M_3	M_4
		42	76	180	228
Q_1=37℃	N_1	41.5	75.8	180.2	228.1
	N_2	41.5	75.8	180.2	228.1
Q_2=27℃	N_1	41.9	75.6	179.8	228.3
	N_2	41.9	75.6	179.8	228.3
Q_3=17℃	N_1	41.2	75.6	179.7	227.8
	N_2	42.2	76.6	179.7	228.8

$6r$	551 544
ΣMy	551 544
S_T	551 547.4
S_β	551 544.0
S_{Noise}	3.4
V_{Noise}	0.15
SN比	8.4
β	1.000

A_2 の補正後の真値 vs 計測値
300.0
250.0
200.0
150.0
100.0
50.0
0.0
0 100 200 300
◆ $Q_1=37$℃ N_1
■ $Q_1=37$℃ N_2
▲ $Q_2=27$℃ N_1
× $Q_2=27$℃ N_2
＊ $Q_3=17$℃ N_1
● $Q_3=17$℃ N_2

補正後の A_3		M_1	M_2	M_3	M_4
		42	76	180	228
Q_1=37℃	N_1	43.5	78.8	187.5	238.3
	N_2	39.9	72.5	172.1	218.3
Q_2=27℃	N_1	43.5	78.7	187.9	237.9
	N_2	39.8	72.2	172.2	218.5
Q_3=17℃	N_1	43.7	79.8	189.1	239.4
	N_2	39.9	72.2	171.0	216.6

$6r$	551 544
ΣMy	551 544
S_T	552 689.2
S_β	551 544.0
S_{Noise}	1 145.2
V_{Noise}	49.79
SN比	－17.0
β	1.000

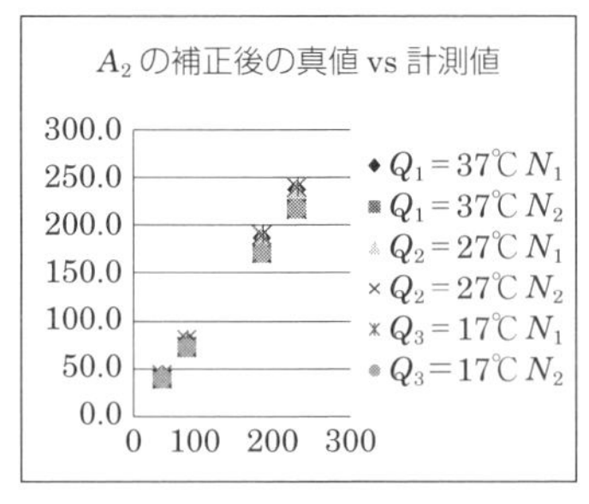

図7.36　補正後のデータのSN比

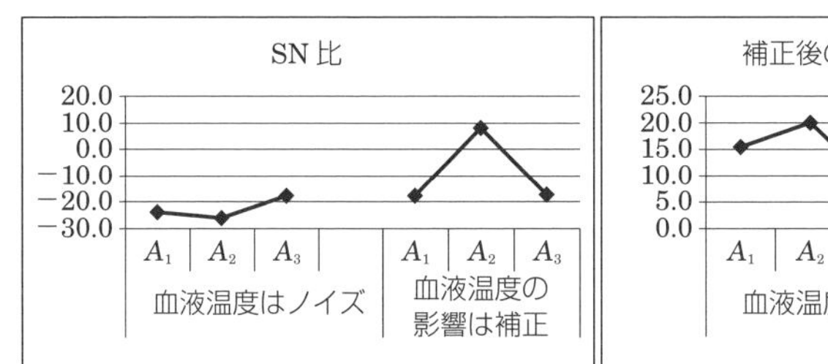

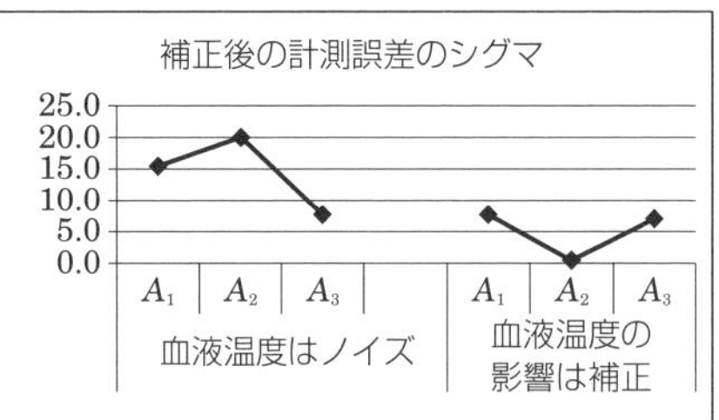

図 7.37 補正の有無による SN 比の比較

この事例は 1993 年に発表されたもので，筆者にとってタグチを理解するためのエポックメイキングなものであった．それは技術と科学の根本的な違いの理解である．真理を追究することが目的の科学とは違い，**最適化は機能を理想に近づける作業**である．温度の効果に対して補正できないのであれば温度は“ノイズ”であり，その効果を最小化したいことになる．補正ができるのであれば温度は標示因子としてその効果は小さくする必要性はまったくないのである．

7.9 エネルギー比型 SN 比

図 7.38 の A_1，A_2，A_3 の動特性のデータを基に議論する．

A_1，A_2，A_3 はいずれも $\beta = 1.00$ であり，ノイズの効果であるバラツキは信号の値の ±10% になっている．根本的にケース・バイ・ケースで考えなくてはならないのは，A_1 と A_2 と A_3 は同じ SN 比になるべきなのかどうかである．基本的な SN 比で評価すると**図 7.38** にあるように結果が変わってくるから注意が必要である．

A_1 vs. A_2

A_1 の信号の範囲が 20 から 100 なのに対して A_2 はその半分の 10 から 50 になっている．信号の値が計測された値であったり，計測された値から算出した値の場合，こうしたケースになりうる．例えば，入力が消費電力の場合は，結果として流れた電流を測り，その電流値×電圧で電力を計算する場合である．

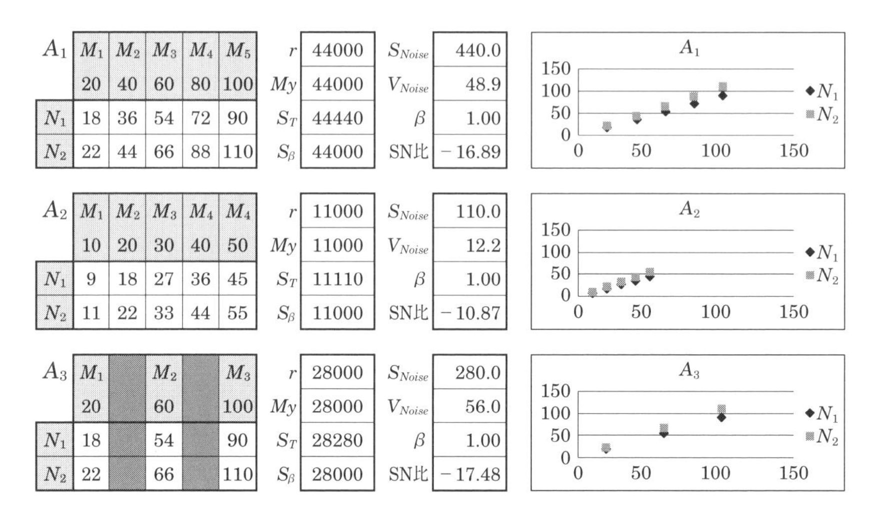

A_1	M_1	M_2	M_3	M_4	M_5				
	20	40	60	80	100	r	44000	S_{Noise}	440.0
N_1	18	36	54	72	90	My	44000	V_{Noise}	48.9
N_2	22	44	66	88	110	S_T	44440	β	1.00
						S_β	44000	SN比	−16.89

A_2	M_1	M_2	M_3	M_4	M_4				
	10	20	30	40	50	r	11000	S_{Noise}	110.0
N_1	9	18	27	36	45	My	11000	V_{Noise}	12.2
N_2	11	22	33	44	55	S_T	11110	β	1.00
						S_β	11000	SN比	−10.87

A_3	M_1		M_2		M_3				
	20		60		100	r	28000	S_{Noise}	280.0
N_1	18		54		90	My	28000	V_{Noise}	56.0
N_2	22		66		110	S_T	28280	β	1.00
						S_β	28000	SN比	−17.48

図 7.38　動特性のデータ

このように信号の水準の範囲や最大値が異なる場合は，ノイズの分散 V_{Noise} を信号の水準の2乗和である r で割って，基準化することはコーヒーブレイク20と標準SN比の項で述べた．**表 7.8** にあるように V_{Noise} を r で割ることで A_1 と A_2 の SN 比は同じになる．

表 7.8　3通りの SN 比

		SN比		
	β	$S/N=10\log\dfrac{\beta^2}{V_{Noise}}$	$S/N=10\log\dfrac{r\beta^2}{V_{Noise}}$	$S/N=10\log\dfrac{S_\beta}{S_{Noise}}$
A_1	1.00	−16.89	29.5	20.0
A_2	1.00	−10.87	29.5	20.0
A_3	1.00	−17.48	27.0	20.0

A_1 vs. A_3

A_3の信号の範囲はA_1と同じであるがA_1のM_2とM_4のデータがない状態でA_1の信号の水準数が5水準なのに対して，A_3が3水準である．この場合は第10章の欠測値で対応することもできるが，それもケース・バイ・ケースである．

関西の品質工学研究会が提案した**エネルギー比型SN比**を紹介する．β^2と$\sigma_{Noise}{}^2$の比の代わりに2乗和の比でロバストネスを評価するという考え方である（**図7.39**参照）．

$$\text{エネルギー比型SN比：} \quad S/N = 10\log\frac{S_\beta}{S_{Noise}}$$

表7.8はこれまで議論した3通りのSN比による比較である．エネルギー比型はA_1，A_2，A_3でSN比が同じ値になる．その意味でこのエネルギー比型SN比は様々な状況に対応できるため，これから議論していくべき考え方である．

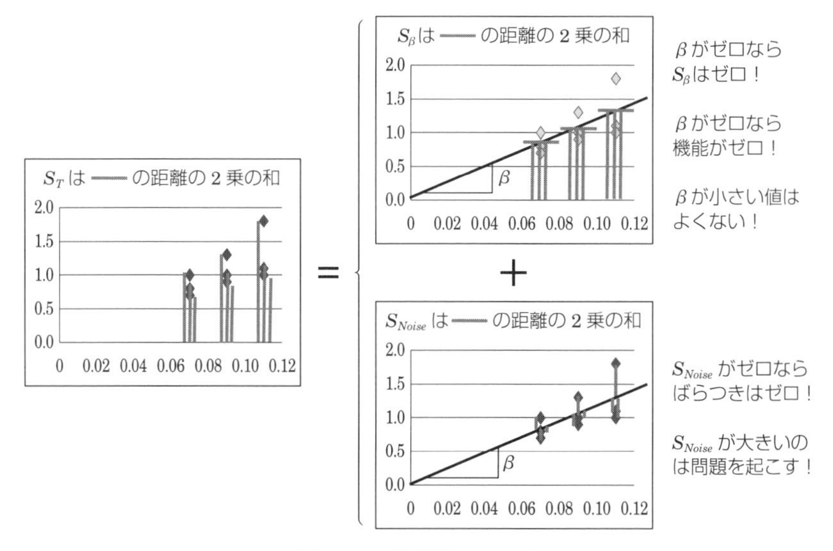

図7.39 動特性のデータ

このSN比がエネルギー比型SN比と呼ばれるゆえんを議論する．ここまで指摘していなかったが，タグチでは動特性やType 1の望目特性の場合，出力特性であるyをパワーの平方根とすることが奨励されている．

$$y = \sqrt{Power}$$

パワーは物理の教科書に載っているとおりで，電圧×電流，力×速度，トルク×回転速度，液圧×流量，時間当たりのカロリー消費量などである．パワーの平方根の値を2乗すれば元のパワーの単位になるので，全2乗和であるS_Tはトータルパワーに比例する．S_βはS_Tの内の最大化したいパワー，S_{Noise}はその最小化したいパワーである．パワーは単位時間当たりのエネルギーなので，このSN比はエネルギー型と呼ばれているのである．$y = \sqrt{Energy}$でも同様のことがいえる．

機能のロバストネスの評価をどうするかを考えて，最適な評価法を採用することがタグチの醍醐味である．

第8章

シミュレーションの場合

ここでいうシミュレーションの場合というのは，物理的な実験や試験でデータを測る代わりに，コンピュータに実験条件を指示してコンピュータに出力を算出してもらうことを意味する．

シミュレーションは有限要素法，数値流体力学CFD，電子回路シミュレーター，待ち行列モデル，物理から導いた理論式，実験で得たデータから当てはめの数式モデルなど様々である．これらの精度と計算時間は一般に精度の高いシミュレーションほど時間がかかる．3次元CAEによる自動車の衝突実験は，1回当たり20時間はかかるが，かなりの精度で安全性が評価できる．

タグチは最適化が目的であれば，絶対値に対する精度はそれほど重要ではないという立場をとる．要求を満たしているかをチェックするためのバリデーションが目的であれば絶対値の正確さが必要になるが，ロバストネスのアセスメントである機能性評価とその最適化の場合には傾向さえ合っていれば，時間やコストがかからないことが有利になる．計算1回が20時間かかるとなると，外側の信号因子とノイズの組合せが六つとしても内側がL_{18}なら$18\times6=108$回となり延べ90日間という時間がかかる．1回の計算が3分なら，25個の制御因子をわりつけたL_{54}であっても，$54\times6=324$回の計算は1日で終えることができる．機能性評価や，その最適化のためには傾向だけで十分というのがタグチの戦略なのである．

8.1 シミュレーションの場合の最適化

もともとは日本の事例であるが，米国でも使っているダイキャスティングマシンの設計の例で説明する．

●ステップ1とステップ2

金型鋳造法またはダイキャスティングは，合金を溶かして金型に高圧で素早く圧入して固めて形を作る製造技術である（**図8.1**参照）．コストをかけてプロトタイプを作る前にマシンの安定性を最適化しておくというのが，この事例のStep 1のスコーピングである．

Step 2の特性値はフィルタイムという望目特性である．フィルタイムとは金型に溶けた合金を圧入するのにかかる時間である．早すぎるとバーニングという不良モードが出やすく，遅すぎるとメタルクリースという表面にしわができる不良モードがでやすい．ある体積の製品のフィルタイムは0.04秒というのが目標値である．

フィルタイムは**図8.2**にある物理に則った理論式で推定できる．

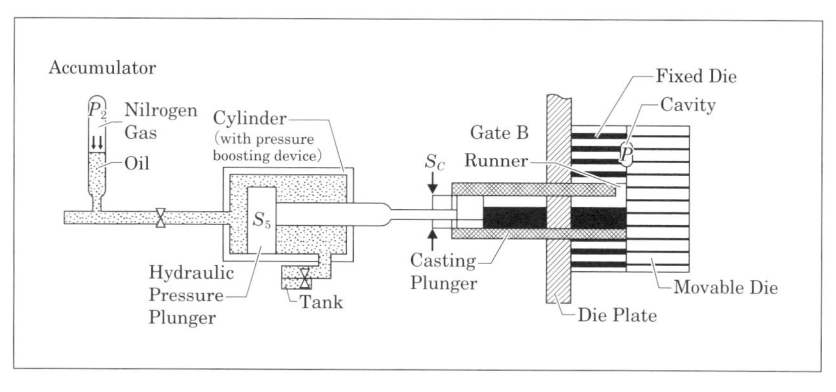

図8.1　ダイキャスティングマシン

$$X_1 = \frac{P_a S_S}{V^2} \qquad X_2 = \frac{p\, S_C{}^3}{2\, g\, k^2\, a^2} \qquad X_3 = P S_C$$

$$\frac{Q}{t_g} \leq S_C \sqrt{\frac{X_1 V^2 - X_3}{X_1 + X_2}} \qquad y = FillingTime = \frac{Q}{S_C \sqrt{\frac{X_1 V^2 - X_3}{X_1 + X_2}}}$$

X_1 = Casting Loss
P_a = Oil Plunger Cross Section Area
V = Dry Cycle Plunger Speed
X_2 = Gate Loss
p = Molten Metal Density
S_C = Casting Plunger Cross Section Area
g = Acceleration of Gravity
k = Gate Flow Coefficient
a = Gate Cross Section Area
X_3 = Cavity Loss
P = Cavity Inner Pressure
Q = Product Volume
t_g = Solidifying Time
y = Filling Time

図 8.2 シミュレーションのための理論式

●ステップ 3 とステップ 4

Step 3 のノイズの戦略と Step 4 の制御因子は，シミュレーションの場合，同時に考える．モデルにノイズ因子が含まれていない場合は，ノイズとして制御因子のバラツキを採用することが効果的だからである．そのために次に考えるのはモデル式の中から制御因子を定義することである．

図 8.3 のように制御因子 A は式の中の $P_a S_S$ という項目が選ばれた．この値はマシンの大きさに依存し，その値を選ぶことができる制御因子である．制御因子 B は式の中の V というパラメータでドライサイクル時のプランジャのスピードである．これも決められたスピードに設定できる制御因子である．このように，技術的知見を基にモデルから制御因子を選定して，それぞれの制御因子の範囲と水準を設定するのである．サービスのシステムであれば，サービスステーションの数や所在地，人員数などが制御因子になる．同様に C，D，E，F という六つの制御因子が選ばれ，**図 8.3** の下の表にある 3 水準が設定された．

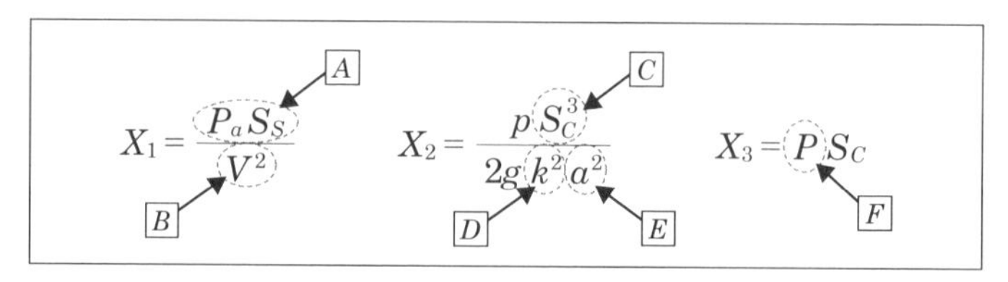

制御因子		第1水準	第2水準	第3水準
A	$P_a S_S$	4 000	5 600	7 200
B	V	80	150	220
C	S_C	40	50	60
D	k	0.4	0.6	0.8
E	a	0.25	0.5	0.75
F	P	15	30	45

図 8.3　制御因子と水準

表 8.1　ノイズ因子

ノイズ因子			第1水準	第2水準	第3水準
A'	制御因子 A のバラツキ	$P_a S_S$	−10%	Nominal	10%
B'	制御因子 B のバラツキ	V	−10%	Nominal	10%
C'	制御因子 C のバラツキ	S_C	−0.40%	Nominal	0.40%
D'	制御因子 D のバラツキ	k	−10%	Nominal	10%
E'	制御因子 E のバラツキ	a	−10%	Nominal	10%
F'	制御因子 F のバラツキ	P	−10%	Nominal	10%

シミュレーションの場合の制御因子の水準に関してはコーヒーブレーク 23 も参照されたい．

計算時間の速いシミュレーションの場合，制御因子のバラツキをノイズとするのが実際的で効果的である．ノイズ因子は**表 8.1** のようになった．

A'，B'，C'，D'，E'，F'がそれぞれ制御因子のバラツキというノイズ因子である．制御因子の値はマシン作動中の温度変化，材料のバラツキ，摩耗などの理由でばらつくので，制御因子の値がばらつくことに対してロバストであれば他のノイズに対してもロバストであろうという目論見をもっているのである．

表のノイズの水準は±10%とか±0.4%になっているが，ノイズを振る幅はある程度実際的でなければばならない．因子Aは製造時のノイズ，劣化のノイズを考えると±10%というのが妥当と判断されたということである．

制御因子A～FをL_{18}にわりつけたのが**図 8.4**の内側直交表である．外側の直交表はノイズ因子A'～F'をL_{18}にわりつけたものである．内側と外側の第1列と第8列の“e”は，因子をわりつけていないカラの列で無視してもよい列である．これは$L_{18} \times L_{18}$のパラメータ設計と表記される．

内側直交表が制御因子A～Fの18通りの設計のレシピを指定し，外側のノイズのL_{18}がその制御因子の中心値のまわりにバラツキを与えることになる．ここまでがStep 4で最適化のフォーミュレーションができたことになる．時間のかかるシミュレーションの場合は18ものノイズ条件は多すぎるので，これらのノイズを調合したり，別の因子をとるなどして減らす必要がある．

外側直交表

		1	2	3	4	5	6	7	8	9	10	11	12	13	14	15	16	17	18
e	8	1	2	3	3	1	2	3	1	2	1	2	3	2	3	1	2	3	1
F'	7	1	2	3	3	1	2	2	3	1	2	3	1	3	1	2	1	2	3
E'	6	1	2	3	2	3	1	3	1	2	2	3	1	1	2	3	3	1	2
D'	5	1	2	3	2	3	1	1					2	3	1	2	2	3	1
C'	4	1	2	3	1	2	3	2					2	2	3	1	3	1	2
B'	3	1	2	3	1	2	3	1	2	3	1	2	3	1	2	3	1	2	3
A'	2	1	1	1	2	2	2	3	3	3	1	1	1	2	2	2	3	3	3
e	1	1	1	1	1	1	1	1	1	1	2	2	2	2	2	2	2	2	2

内側直交表

	e 1	A 2	B 3	C 4	D 5	E 6	F 7	e 8
1	1	1	1	1	1	1	1	1
2	1	1	2	2	2	2	2	2
3	1	1	3	3	3	3	3	3
4	1	2	1	1	2	2	3	3
5	1	2	2	2	3	3	1	1
6	1	2	3	3	1	1	2	2
7	1	3	1	2	1	3	2	3
8	1	3	2	3	2	1	3	1
9	1	3					1	2
10	2	1					2	1
11	2	1	2	1	1	3	3	2
12	2	1	3	2	2	1	1	3
13	2	2	1	2	3	1	3	2
14	2	2	2	3	1	2	1	3
15	2	2	3	1	2	3	2	1
16	2	3	1	3	2	3	1	2
17	2	3	2	1	3	1	2	3
18	2	3	3	2	1	2	3	1

y＝フィルタイム

図 8.4　$L_{18} \times L_{18}$のパラメータ設計

●ステップ5

Step 5のデータ収集は，18×18＝324回のyの値がコンピュータにより計算されることになる．その324回の計算の一部を**図8.5**に示す．例えばy_4の計算の場合，制御因子が$A_1B_1C_1D_1E_1F_1$でノイズが$A_2'B_1'C_1'D_2'E_2'F_3'$である．因子Aの中心値，もしくはノミナル値はA_1であるから4 000である．ノイズがA_2'なのでそのまま$A=4\ 000$になる．因子Bはノミナル値がB_1であるから80で，ノイズはB_1'なので80の－10％だから$B=72$になる．同様にCは40から0.4％引いた$C=39.84$となる．他の因子も同様に中心値からノイズを振った値にする．したがって，y_4の計算は$A=4\ 000$，$B=72$，$C=39.84$，$D=0.40$，$E=0.250$，$F=16.5$をモデル式に代入して計算するのである．

$y_1=f\ (A=3\ 600, B=72, C=39.84, D=0.36, E=0.225, F=13.5)$
$y_2=f\ (A=3\ 600, B=80, C=40.00, D=0.40, E=0.250, F=15.0)$
$y_3=f\ (A=3\ 600, B=88, C=40.16, D=0.44, E=0.275, F=16.5)$
$y_4=f\ (A=4\ 000, B=72, C=39.84, D=0.40, E=0.250, F=16.5)$
⋮
$y_{19}=f\ (A=3\ 600, B=135, C=59.8, D=0.54, E=0.45, F=27.0)$
$y_{20}=f\ (A=3\ 600, B=150, C=60.0, D=0.60, E=0.50, F=30.0)$
⋮

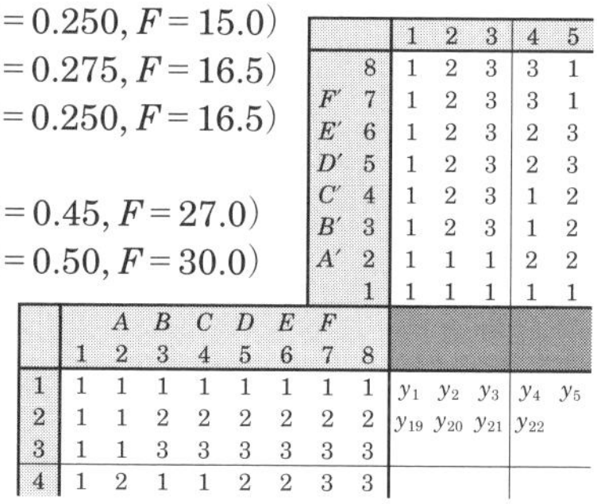

		1	2	3	4	5
	8	1	2	3	3	1
F'	7	1	2	3	3	1
E'	6	1	2	3	2	3
D'	5	1	2	3	2	3
C'	4	1	2	3	1	2
B'	3	1	2	3	1	2
A'	2	1	1	1	2	2
	1	1	1	1	1	1

	1	A 2	B 3	C 4	D 5	E 6	F 7	8					
1	1	1	1	1	1	1	1	1	y_1	y_2	y_3	y_4	y_5
2	1	1	2	2	2	2	2	2	y_{19}	y_{20}	y_{21}	y_{22}	
3	1	1	3	3	3	3	3	3					
4	1	2	1	1	2	2	3	3					

図8.5　モデル式への代入

●ステップ6とステップ7

324のy＝フィルタイムの値が計算できたら，Step 6の解析で制御因子の18レシピごとに望目特性のType 1のSN比とフィルタイムの平均値を計算する．

SN比の要因効果図から最適は$A_3B_1C_1D_2E_3F_1$となった．さて，これからどうするかである．物理的な実験であれば，この後，最適条件の推定をして確認実験というステップを踏むが，計算の速いシミュレーションであれば$L_{18}\times L_{18}$を繰り返すことは容易である．計算が速いのであるからここでやめるのはもったいない．計算1回が秒単位や数分であれば，もう一度324回の計算をするのはそう時間がかからない（**図8.6**参照）．1回目の制御因子の最適水準を第2水準として，新たに第1水準と第3水準を設定して2回目の$L_{18} \times L_{18}$を実行するのである（**図8.7**参照）．そしてそれを繰り返すことによって，山登りのように頂上を目指すのである．

2回目の制御因子の水準は例えば**図8.8**のようになる．外側のノイズのL_{18}はそのままである．

	1	2	3	4	5	6	7	8	9	10	11	12	13	14	15	16	17	18
8	1	2	3	3	1	2	3	1	2	1	2	3	2	3	1	2	3	1
F′ 7	1	2	3	3	1	2	2	3	1	2	3	1	3	1	2	1	2	3
E′ 6	1	2	3	2	3	1	3	1	2	2	3	1	1	2	3	3	1	2
D′ 5	1	2	3	2	3	1	1	2	3	3	1	2	3	1	2	2	3	1
C′ 4	1	2	3	1	2	3	2	3	1	3	1	2	2	3	1	3	1	2
B′ 3	1	2	3	1	2	3	1	2	3	1	2	3	1	2	3	1	2	3
A′ 2	1	1	1	2	2	2	3	3	3	1	1	1	2	2	2	3	3	3
1	1	1	1	1	1	1	1	1	1	2	2	2	2	2	2	2	2	2

望目特性 Type 1 の SN比と平均値

	1	A 2	B 3	C 4	D 5	E 6	F 7	8	1	2	3	4	5	6	7	8	9	10	11	12	13	14	15	16	17	18	SN比	平均値
1	1	1	1	1	1	1	1	1	y_1	y_2	y_3	y_4	y_5	y_6	y_7	y_8	y_9	y_{10}	y_{11}	y_{12}	y_{13}	y_{14}	y_{15}	y_{16}	y_{17}	y_{18}	18.3	0.133
2	1	1	2	2	2	2	2	2	y_{19}	y_{20}	y_{21}	y_{22}														y_{36}	17.9	0.059
3	1	1	3	3	3	3	3	3																			14.8	0.046
4	1	2	1	1	2	2	3	3																			21.3	0.056
5	1	2	2	2	3	3	1	1																			20.8	0.025
6	1	2	3	3	1	1	2	2																			17.4	0.149
7	1	3	1	2	1	3	2	3																			20.9	0.047
8	1	3	2	3	2	1	3	1																			17.4	0.092
9	1	3	3	1	3	2	1	2																			19.7	0.026
10	2	1	1	3	3	2	2	1																			18.9	0.057
11	2	1	2	1	1	3	3	2																			18.1	0.058
12	2	1	3	2	2	1	1	3																			17.7	0.098
13	2	2	1	2	3	1	3	2																			18.5	0.08
14	2	2	2	3	1	2	1	3																			17.9	0.068
15	2	2	3	1	2	3	2	1																			19.5	0.028
16	2	3	1	3	2	3	1	2																			21.6	0.034
17	2	3	2	1	3	1	2	3																			18.8	0.052
18	2	3	3	2	1	2	3	1																			17.7	0.061

1回目の制御因子と最適水準

制御因子		第1水準	第2水準	第3水準
A	$P_a S_S$	4 000	5 600	7 200
B	V	80	150	220
C	S_C	40	50	60
D	k	0.4	0.6	0.8
E	a	0.25	0.5	0.75
F	P	15	30	45

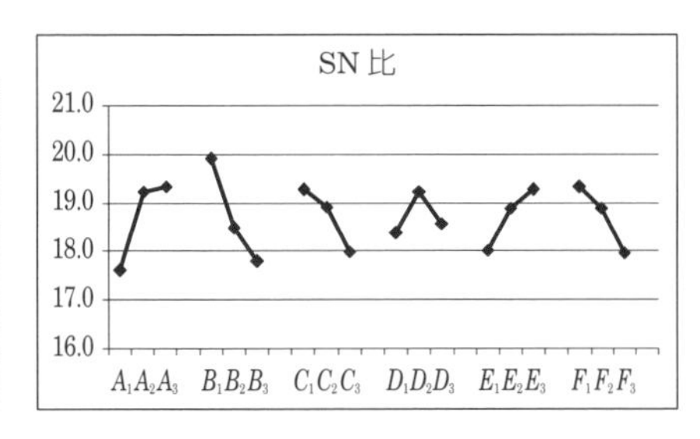

図8.6　$L_{18} \times L_{18}$の実験

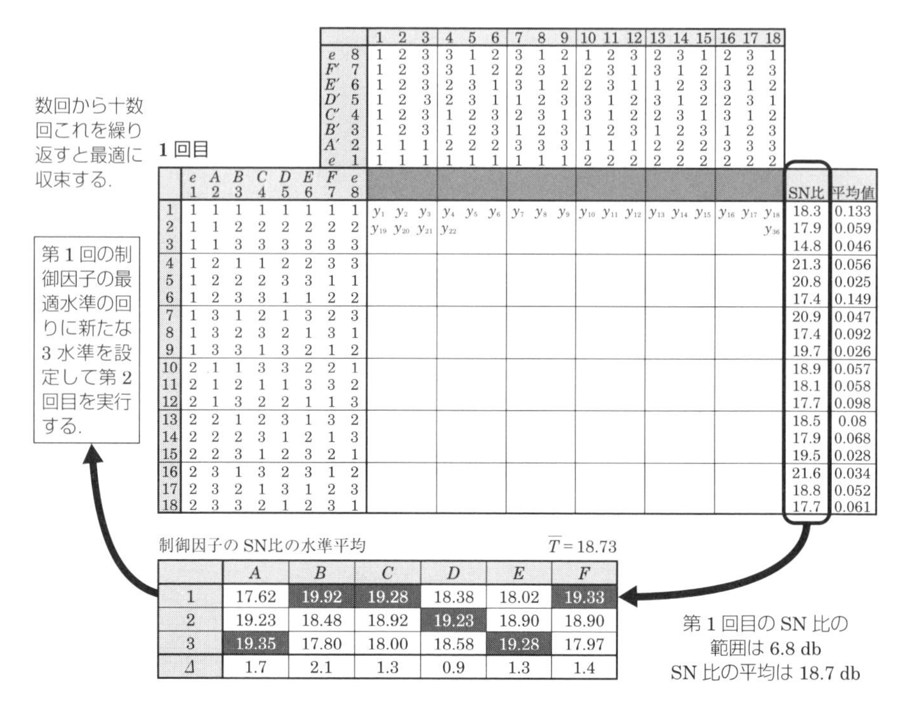

図 8.7　1回目の実験の見直し

1回目の制御因子と最適水準

制御因子		第1水準	第2水準	第3水準
A	P_aS_S	4 000	5 600	7 200
B	V	80	150	220
C	S_C	40	50	60
D	k	0.4	0.6	0.8
E	a	0.25	0.5	0.75
F	P	15	30	45

2回目の制御因子と水準

制御因子		第1水準	第2水準	第3水準
A	P_aS_S	6 400	7 200	8 000
B	V	45	80	115
C	S_C	35	40	45
D	k	0.4	0.6	0.8
E	a	0.625	0.75	0.875
F	P	7.5	15	22.5

図 8.8　制御因子の水準の変更

図 8.9 は 2 回目の結果である．18 個の SN 比の平均が 18.7 db だったのが 22.2 db に改善している．このことは繰返しが正しい方向に向かっていることを示唆している．また 18 個の SN 比の範囲は 1 回目が 6.8 db だったのが 2 回目は 3.3 db に減っている．この範囲が減ってきているということは SN 比が収束に向かっていることを示唆している．最終的には SN 比は最大化し，範囲はゼロに収束していくことになる．

この繰返しの過程で制御因子の最適水準は大きいほうや小さいほうにずれていくか，ある値に狭まっていくことになる．いずれにしてもコスト，重量，実行性などの制約を考えて制御因子の範囲と水準を設定していくことになる．

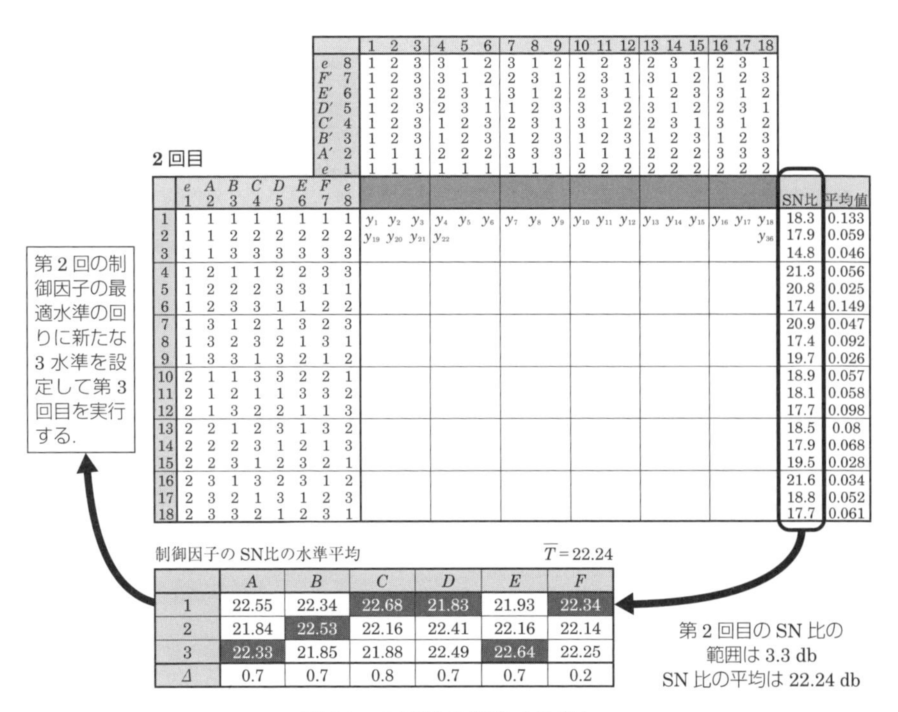

		1	2	3	4	5	6	7	8	9	10	11	12	13	14	15	16	17	18
e	8	1	2	3	3	1	2	3	1	2	1	2	3	2	3	1	2	3	1
F'	7	1	2	3	3	1	2	2	3	1	2	3	1	3	1	2	1	2	3
E'	6	1	2	3	2	3	1	3	1	2	2	3	1	1	2	3	3	1	2
D'	5	1	2	3	2	3	1	1	2	3	3	1	2	3	1	2	2	3	1
C'	4	1	2	3	1	2	3	2	3	1	3	1	2	2	3	1	3	1	2
B'	3	1	2	3	1	2	3	1	2	3	1	2	3	1	2	3	1	2	3
A'	2	1	1	1	2	2	2	3	3	3	1	1	1	2	2	2	3	3	3
e	1	1	1	1	1	1	1	1	1	1	2	2	2	2	2	2	2	2	2

	1	2	3	4	5	6	7	8	9	10	11	12	13	14	15	16	17	18
1	y_1	y_2	y_3	y_4	y_5	y_6	y_7	y_8	y_9	y_{10}	y_{11}	y_{12}	y_{13}	y_{14}	y_{15}	y_{16}	y_{17}	y_{18}
2	y_{19}	y_{20}	y_{21}	y_{22}														y_{36}

	e 1	A 2	B 3	C 4	D 5	E 6	F 7	e 8	SN比	平均値
1	1	1	1	1	1	1	1	1	18.3	0.133
2	1	1	2	2	2	2	2	2	17.9	0.059
3	1	1	3	3	3	3	3	3	14.8	0.046
4	1	2	1	1	2	2	3	3	21.3	0.056
5	1	2	2	2	3	3	1	1	20.8	0.025
6	1	2	3	3	1	1	2	2	17.4	0.149
7	1	3	1	2	1	3	2	3	20.9	0.047
8	1	3	2	3	2	1	3	1	17.4	0.092
9	1	3	3	1	3	2	1	2	19.7	0.026
10	2	1	1	3	3	2	2	1	18.9	0.057
11	2	1	2	1	1	3	3	2	18.1	0.058
12	2	1	3	2	2	1	1	3	17.7	0.098
13	2	2	1	2	3	1	3	2	18.5	0.08
14	2	2	2	3	1	2	1	3	17.9	0.068
15	2	2	3	1	2	3	2	1	19.5	0.028
16	2	3	1	3	2	3	1	2	21.6	0.034
17	2	3	2	1	3	1	2	3	18.8	0.052
18	2	3	3	2	1	2	3	1	17.7	0.061

制御因子の SN比の水準平均　$\overline{T}=22.24$

	A	B	C	D	E	F
1	22.55	22.34	22.68	21.83	21.93	22.34
2	21.84	22.53	22.16	22.41	22.16	22.14
3	22.33	21.85	21.88	22.49	22.64	22.25
Δ	0.7	0.7	0.8	0.7	0.7	0.2

図 8.9　2 回目の実験の見直し

この事例では6回の繰返しでほぼ完全に収束した．**表8.2**は繰返しごとの18個のSN比の平均値と範囲の変化を示している．繰り返すごとにSN比は利得を得ながら次第に収束していることがわかる．詳細は第12章のアルプス電気の角度センサーの最適化を参照されたい．

表8.2　SN比の平均と範囲

	1回目	2回目	3回目	4回目	5回目	6回目
SN比の平均	18.7	22.2	22.4	22.6	22.8	22.8
SN比の範囲	6.8	3.3	1.3	0.6	0.3	0.1

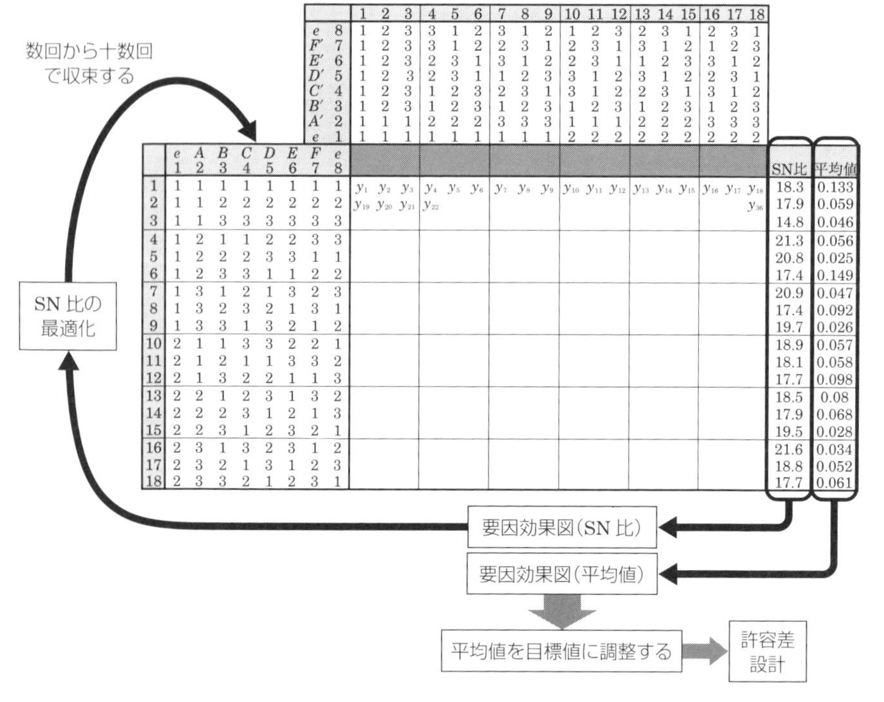

	1	2	3	4	5	6	7	8	9	10	11	12	13	14	15	16	17	18
e 8	1	2	3	3	1	2	3	1	2	1	2	3	2	3	1	2	3	1
F′ 7	1	2	3	3	1	2	2	3	1	2	3	1	3	1	2	1	2	3
E′ 6	1	2	3	2	3	1	3	1	2	2	3	1	1	2	3	3	1	2
D′ 5	1	2	3	2	3	1	1	2	3	3	1	2	3	1	2	2	3	1
C′ 4	1	2	3	1	2	3	2	3	1	3	1	2	2	3	1	3	1	2
B′ 3	1	2	3	1	2	3	1	2	3	1	2	3	1	2	3	1	2	3
A′ 2	1	1	1	2	2	2	3	3	3	1	1	1	2	2	2	3	3	3
e 1	1	1	1	1	1	1	1	1	1	2	2	2	2	2	2	2	2	2

	e 1	*A* 2	*B* 3	*C* 4	*D* 5	*E* 6	*F* 7	*e* 8	SN比	平均値
1	1	1	1	1	1	1	1	1	18.3	0.133
2	1	1	2	2	2	2	2	2	17.9	0.059
3	1	1	3	3	3	3	3	3	14.8	0.046
4	1	2	1	1	2	2	3	3	21.3	0.056
5	1	2	2	2	3	3	1	1	20.8	0.025
6	1	2	3	3	1	1	2	2	17.4	0.149
7	1	3	1	2	1	3	2	3	20.9	0.047
8	1	3	2	3	2	1	3	1	17.4	0.092
9	1	3	3	1	3	2	1	2	19.7	0.026
10	2	1	1	3	3	2	2	1	18.9	0.057
11	2	1	2	1	1	3	3	2	18.1	0.058
12	2	1	3	2	2	1	1	3	17.7	0.098
13	2	2	1	2	3	1	3	2	18.5	0.08
14	2	2	2	3	1	2	1	3	17.9	0.068
15	2	2	3	1	2	3	2	1	19.5	0.028
16	2	3	1	3	2	3	1	2	21.6	0.034
17	2	3	2	1	3	1	2	3	18.8	0.052
18	2	3	3	2	1	2	3	1	17.7	0.061

図8.10　シミュレーションによる最適化の流れ

2段階最適化のStep 2の平均値の調整，動特性の場合のβの調整は最終的に目標値に合えばよいのでどこで行ってもかまわない．調整は平均値やβに効く因子が一つあれば十分である．

シミュレーションだからパラメータ設計の後に，制御因子の許容差の最適化である許容差設計をすることは容易である．たとえこれ以上の改善は必要ないにしても，各制御因子のバラツキによるフィルタイムに対する寄与率を知ることは知見として重要なので，時間がかからないのだから許容差設計は行うべきなのである．**図8.10**にシミュレーションによる最適化の流れを示す．

コーヒーブレイク23

シミュレーションの場合の因子の水準

時間のかからないシミュレーションなら繰返しが効くので，制御因子の水準を比較的狭い±5%とか±10%ほどにすることが奨励されている．

何回か繰り返していくうちに最適に近づいていくことになる．このように制御因子の水準を若干狭くとることには重要な意味がある．

それは制御因子間の交互作用への対策である．下の図にあるように1回目，2回目，3回目，4回目ではA_3が最適であったとする．因子Aは大きい水準が最適ということだが，5回目で小さいほうのA_1が最適になることもありうる．これは他の因子の水準が変わったために，因子Aの最適水準の傾向が変わったことになる．このことはAと他の因子の間に決して弱くはない交互作用があることを示している．制御因子の水準を比較的狭い範囲にとって繰り返すことは，制御因子間のSN比に対する交互作用にロバストなのである．経験的にいえばこのような現象はあまり起こらないのだが，交互作用に対する効果的な保険と思えば幸いである．

1回目
$A_1=90$
$A_2=100$
$A_3=110$ →

2回目
$A_1=99$
$A_2=110$
$A_3=121$ →

3回目
$A_1=110$
$A_2=121$
$A_3=133$ →

4回目
$A_1=120$
$A_2=133$
$A_3=146$ →

5回目
$A_1=132$ →
$A_2=146$
$A_3=161$

6回目
$A_1=119$
$A_2=132$ →
$A_3=145$

コーヒーブレイク 24

シミュレーションの簡素化の最適化

時間がかかる精密で正確なシミュレーションはバリデーションのためであり，機能性評価を使った最適化には向いていない．制御因子が10個，25個，50個とありL_{36}, L_{54}, L_{108}を使いたい場合などは傾向さえ合っていればよいので時間のかからないシミュレーションが欲しいことになる．

シミュレーションは計測機能と認識できる．シミュレーションの結果が真値と傾向が合っていれば最適化で使える．そこで20時間かかる精密なシミュレーションの結果を真値と仮定して入力信号Mとする．精密なシミュレーションによるn通りの結果がM_1，M_2，……，M_nという信号の水準となる．

シミュレーションを簡素化するアイデアはたくさんあるので，それらを制御因子として直交表にわりつける．直交表の各レシピでシミュレーションした結果を出力yとする．

$y=\beta M$の理想機能のSN比を最適化する．このことで簡素化した，時間のかからないシミュレーションでも時間のかかる精密なシミュレーションとほぼ同じ結果を得られること目指す．この場合はノイズ因子は必要ない．yがきれいにMと比例してくれればSN比がよくなる．

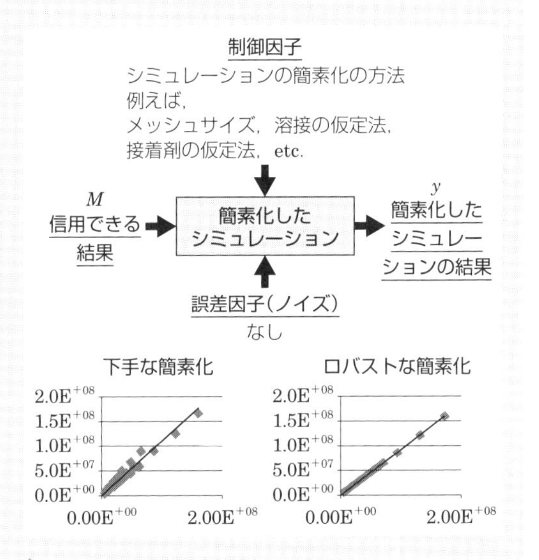

コーヒーブレイク 25

制御因子をソフトウェアで変えられる場合

ハードウエアの制御システムの最適化は，制御法のアルゴリズムや定数を制御因子にできる．それらはソフトウェアで変えられるため実験が楽である．自動車のトランスミッションの制御から制御因子を多数とり，ノイズはハードウェアの温度と劣化とした事例がある．この場合の理想機能はエンジンのRPMとタービンの回転数の関係であった．

第9章

欠測値の扱い

欠測値とはデータが一部ない場合である．それには以下の2種類ある．

① 制御因子の組合せがあまりにも悪くて出力が得られなかった場合

これは英語で Infeasible Data という機能不能であった場合で，その条件は悪い条件ということはわかっている．

② データを紛失してしまったとか，実験とは別の事故でサンプルを壊してしまってデータがとれなかった場合

英語では Missing Data という．その条件が良いのか悪いのかは未知である．

欠測値があったら，それは①なのか②なのか適切な判断をする必要がある．それは①と②では対応がまるで違ってくるからである．基本的な考え方は①の場合はペナルティを課すこと，②の場合は平均的な結果をあてがうことである．

9.1 Infeasible Data の場合（その1）

表9.1 の直交表 L_8 で No.1 の一部と No.7 の全部が機能しなかったとする．この場合の判断は，L_8 の8条件において SN 7 は最悪で，SN 1 は SN 7 よりはましであるがデータを得られた他の6条件よりも悪いというのが妥当であろう．以下のような対応が一つのやり方である．

SN 1 = Min（欠測値のない条件の SN 比）− 3.0 = 15.6 − 3.0 = 12.6 db

SN 7 = SN 1 − 3.0 = 12.6 − 3.0 = 9.6 db

表 9.1 欠測値のある L_8 直交表実験

	A 1	B 2	C 3	D 4	E 5	F 6	G 7	M_1 N_1	M_1 N_2	M_2 N_1	M_2 N_2	M_3 N_1	M_3 N_2	SN比
1	1	1	1	1	1	1	1	—	—	—		—		SN1
2	1	1	1	2	2	2	2	—	—	—	—	—	—	24.5
3	1	2	2	1	1	2	2	—	—	—	—	—	—	23.6
4	1	2	2	2	2	1	1	—	—	—	—	—	—	15.6
5	2	1	2	1	2	1	2	—	—	—	—	—	—	26.7
6	2	1	2	2	1	2	1	—	—	—	—	—	—	18.7
7	2	2	1	1	2	2	1							SN7
8	2	2	1	2	1	1	2	—	—	—	—	—	—	24.3

Min（欠測値のない条件の SN 比）というのは欠測値のない 6 条件の最も低い SN 比という意味である．No.1 は欠測値のない 6 条件の最悪よりも 3 db 悪く，No.7 はそれよりも更に 3 db 悪いというざっくりペナルティを科していることになる．この 3 db という値が妥当かどうかは判断によるしかない．欠測値のない 6 条件の SN 比は 15.6 から 26.7 で，その範囲は 11.1 db であるから妥当と考える．もしこの範囲が 24 db などであれば，3 db の代わりに 6 db を使うほうが妥当であろう．

9.2 Infeasible Data の場合（その 2）

もう一つ例を挙げる．**表 9.2** のこの例は醤油作りにおけるアルコール濃度の計測の機能の例である．

M が真値で y は計測値である．特にノイズはとっていないが 8 回の繰返しがノイズの役目をしている．L_{18} の No.12 と No.16 のデータがすべてゼロであるから SN 比は計算できない．SN 比の計算が可能な 16 条件のうち No.11 の -31.8 db が最も SN 比が低い．また No.11 のデータを見るとゼロが多く，すべてゼロと比べてもそう良い結果ではないことから $X = -31.8 - 3.0 = -34.8$ db とするのが妥当であろう．

表 **9.2**　醤油作りにおけるアルコール濃度の計測の機能の例

	$M_1=10$								$M_2=30$								$M_3=50$								SN 比	β
1	0	0	20	0	12	23	0	0	0	34	34	0	0	54	44	22	17	56	48	32	76	56	34	44	−25.7	0.87
2	22	0	0	44	0	0	23	0	45	0	45	23	54	0	43	65	54	34	76	82	33	65	25	70	−25.3	1.11
3	22	34	34	29	18	29	23	34	56	45	43	34	59	57	47	45	88	72	70	75	67	64	73	63	−17.1	1.51
4	0	0	12	0	15	0	0	0	0	0	12	34	23	0	45	0	0	0	34	44	0	44	44	64	−30.3	0.54
5	0	0	0	0	0	0	16	12	0	0	0	0	0	0	0	23	65	88	70	65	52	34	53	55	−27.1	0.90
6	23	18	22	12	17	36	33	32	45	56	33	34	38	23	44	43	62	77	58	68	60	45	77	72	−18.7	1.33
7	0	0	23	0	13	42	28	23	0	22	50	64	44	39	46	44	67	65	66	72	51	88	89	41	−21.9	1.34
8	22	24	34	33	0	21	18	19	67	44	41	38	29	54	51	52	56	59	66	77	73	73	80	45	−18.8	1.41
9	0	0	0	0	0	0	0	0	0	33	28	20	39	19	22	23	45	67	65	73	71	70	71	72	−21.5	1.15
10	13	25	23	32	21	17	10	5	22	28	37	44	31	30	30	33	56	57	67	77	43	48	58	65	−18.2	1.17
11	0	0	0	0	12	0	0	0	0	0	23	0	0	5	0	12	34	0	0	56	22	0	34	63	−31.8	0.42
12	0	0	0	0	0	0	0	0	0	0	0	0	0	0	0	0	0	0	0	0	0	0	0	0	X	0.00
13	19	12	32	22	0	0	34	23	44	23	28	29	21	47	44	59	68	65	68	72	88	92	81	57	−19.2	1.42
14	0	0	0	14	16	28	0	0	0	21	34	0	0	18	23	44	43	45	12	20	32	54	41	44	−25.9	0.69
15	0	0	12	0	0	0	0	34	0	0	43	23	56	0	70	34	88	72	76	72	77	45	67	78	−23.8	1.29
16	0	0	0	0	0	0	0	0	0	0	0	0	0	0	0	0	0	0	0	0	0	0	0	0	X	0.00
17	0	0	0	18	0	0	24	23	29	41	47	34	18	34	50	53	63	75	91	73	75	76	56	43	−19.5	1.34
18	24	34	24	20	17	17	0	0	34	47	51	50	62	33	31	40	68	66	76	74	54	63	79	78	−17.2	1.42

9.3　Missing Data の場合

データがない場合，最もリーズナブルな対応はデータをとり直すことである．しかしそれができないか，したくない場合は Missing Data として処理する．Missing Data の場合，良かったのか悪かったのかわからないのだから平均的とするしかない．図 **9.1** の L_{12} では No.10 のデータがないので SN 比も β もわからない．

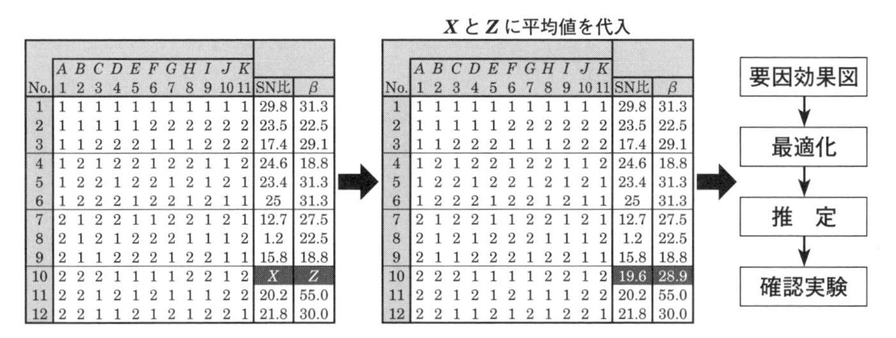

No.	*A* 1	*B* 2	*C* 3	*D* 4	*E* 5	*F* 6	*G* 7	*H* 8	*I* 9	*J* 10	*K* 11	SN比	β
1	1	1	1	1	1	1	1	1	1	1	1	29.8	31.3
2	1	1	1	1	1	2	2	2	2	2	2	23.5	22.5
3	1	1	2	2	2	1	1	1	2	2	2	17.4	29.1
4	1	2	1	2	2	1	2	2	1	1	2	24.6	18.8
5	1	2	2	1	2	2	1	2	1	2	1	23.4	31.3
6	1	2	2	2	1	2	2	1	2	1	1	25	31.3
7	2	1	2	2	1	1	2	2	1	2	1	12.7	27.5
8	2	1	2	1	2	2	2	1	1	1	2	1.2	22.5
9	2	1	1	2	2	2	1	2	2	1	1	15.8	18.8
10	2	2	2	1	1	1	1	2	2	1	2	X	Z
11	2	2	1	2	1	2	1	1	1	2	2	20.2	55.0
12	2	2	1	1	2	1	2	1	2	2	1	21.8	30.0

***X* と *Z* に平均値を代入**

No.	*A* 1	*B* 2	*C* 3	*D* 4	*E* 5	*F* 6	*G* 7	*H* 8	*I* 9	*J* 10	*K* 11	SN比	β
1	1	1	1	1	1	1	1	1	1	1	1	29.8	31.3
2	1	1	1	1	1	2	2	2	2	2	2	23.5	22.5
3	1	1	2	2	2	1	1	1	2	2	2	17.4	29.1
4	1	2	1	2	2	1	2	2	1	1	2	24.6	18.8
5	1	2	2	1	2	2	1	2	1	2	1	23.4	31.3
6	1	2	2	2	1	2	2	1	2	1	1	25	31.3
7	2	1	2	2	1	1	2	2	1	2	1	12.7	27.5
8	2	1	2	1	2	2	2	1	1	1	2	1.2	22.5
9	2	1	1	2	2	2	1	2	2	1	1	15.8	18.8
10	2	2	2	1	1	1	1	2	2	1	2	19.6	28.9
11	2	2	1	2	1	2	1	1	1	2	2	20.2	55.0
12	2	2	1	1	2	1	2	1	2	2	1	21.8	30.0

図 **9.1**　欠測値のある L_{12} 直交表実験

第9章

Xにデータがある11条件のSN比の平均値19.6 db，Zにβの平均値28.9を代入して，要因効果図→最適化→推定→確認実験することは十分理がかなっているから，筆者はそれでよいという考えである．再現するかしないかが最も重要である．ただもう少し突っ込んで，XとZの値を**逐次近似法**という洗練されたテクニックで推定する方法がある．以下，逐次近似法の手順である．

逐次近似法

Step 1：欠測値xに平均値を代入する．

Step 2：要因効果図を作成する．

Step 3：欠測値が出た条件のXを予測式の要領で推定する．ただし．効果の強いほうから，半分から3/4ぐらいの因子のみで推定する．

Step 4：XにStep 3で得られた新しい推定値を代入する．

Step 5：Step 2に戻り，推定値が収束するまで繰り返す．

No.10のSN比Xの推定に応用してみよう．まず，平均値19.6をXに代入して水準平均の表を作成する（**図9.2**参照）．No.10の$A_2B_2C_2D_1E_1F_1G_1H_2I_2J_1K_2$の条件を推定式を使って推定する．ただし$D$，$H$，$J$の効果が弱いので，$A$，$B$，

	A	*B*	*C*	*D*	*E*	*F*	*G*	*H*	*I*	*J*	*K*	
No.	1	2	3	4	5	6	7	8	9	10	11	SN比
1	1	1	1	1	1	1	1	1	1	1	1	29.8
2	1	1	1	1	1	2	2	2	2	2	2	23.5
3	1	1	2	2	2	1	1	1	2	2	2	17.4
4	1	2	1	2	2	1	2	2	1	1	2	24.6
5	1	2	2	1	2	2	1	2	1	2	1	23.4
6	1	2	2	2	1	2	2	1	2	1	1	25
7	2	1	2	2	1	1	2	2	1	2	1	12.7
8	2	1	2	1	2	2	2	1	1	1	2	1.2
9	2	1	1	2	2	2	1	2	2	1	1	15.8
10	2	2	2	1	1	1	1	2	2	1	2	19.6
11	2	2	1	2	1	2	1	1	1	2	2	20.2
12	2	2	1	1	2	1	2	1	2	2	1	21.8

水準平均（SN比）　1回目　　　　$\overline{T}=19.6$

	A	*B*	*C*	*D*	*E*	*F*	*G*	*H*	*I*	*J*	*K*
1	24.0	16.7	22.6	19.9	21.8	21.0	21.0	19.2	18.7	19.3	21.4
2	15.2	22.4	16.5	19.3	17.4	18.2	18.1	19.9	20.5	19.8	17.7
Δ	8.7	5.7	6.1	0.6	4.4	2.8	2.9	0.7	1.9	0.5	3.7

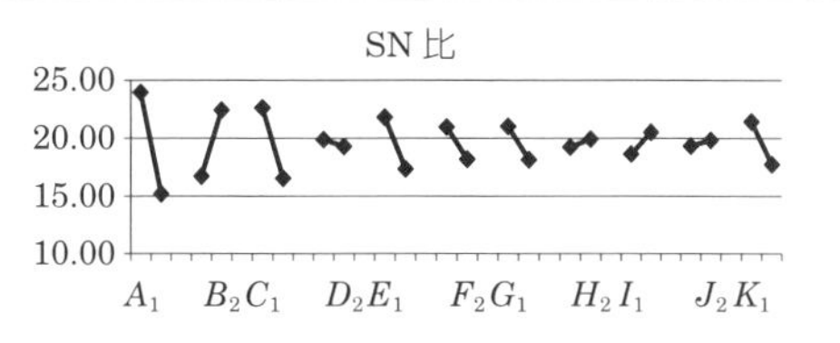

$$\hat{\eta}_{\text{No.10}}=\overline{A}_2+\overline{B}_2+\overline{C}_2+\overline{E}_1+\overline{F}_1+\overline{G}_1+\overline{I}_2+\overline{K}_2-7\overline{T}=19.2$$

図9.2　推定結果（1回目）

C, E, F, G, I, K の効果を使って推定する．

No.10 の推定は 19.2 db なので，これを X に代入して第 2 回目の推定をする（**図 9.3** 参照）．

2 回目の X の推定値 18.9 db を X に代入して 3 回目を行う．これを繰り返していくと推定値は収束していく．**図 9.4** は 9 回目の繰返しまでの結果である．

No.	A 1	B 2	C 3	D 4	E 5	F 6	G 7	H 8	I 9	J 10	K 11	SN比
1	1	1	1	1	1	1	1	1	1	1	1	29.8
2	1	1	1	1	1	2	2	2	2	2	2	23.5
3	1	1	2	2	2	1	1	1	2	2	2	17.4
4	1	2	1	2	2	1	2	2	1	1	2	24.6
5	1	2	2	1	2	2	1	2	1	2	1	23.4
6	1	2	2	2	1	2	2	1	2	1	1	25
7	2	1	2	2	1	1	2	2	1	2	1	12.7
8	2	1	2	1	2	2	2	1	1	1	2	1.2
9	2	1	1	2	2	2	1	2	2	1	1	15.8
10	2	2	2	1	1	1	1	2	2	1	2	19.6
11	2	2	1	2	1	2	1	1	1	2	2	20.2
12	2	2	1	1	2	1	2	1	2	2	1	21.8

水準平均（SN比）　2 回目　　$\overline{T}=19.5$

	A	B	C	D	E	F	G	H	I	J	K
1	24.0	16.7	22.6	19.8	21.7	20.9	21.0	19.2	18.7	19.3	21.4
2	15.1	22.4	16.5	19.3	17.4	18.2	18.1	19.9	20.4	19.8	17.7
Δ	8.8	5.6	6.1	0.5	4.4	2.7	2.8	0.6	1.8	0.6	3.7

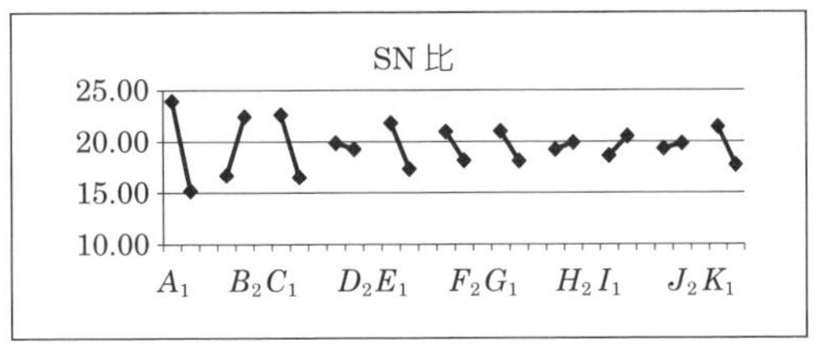

$$\hat{\eta}_{\text{No.10}}=\overline{A}_2+\overline{B}_2+\overline{C}_2+\overline{E}_1+\overline{F}_1+\overline{G}_1+\overline{I}_2+\overline{K}_2-7\overline{T}=18.9$$

図 9.3　推定結果（2 回目）

	平均値	1回目	2回目	3回目	4回目	5回目	6回目	7回目	8回目	9回目
Xの推定値	19.58	19.19	18.89	18.67	18.50	18.38	18.28	18.21	18.16	18.12

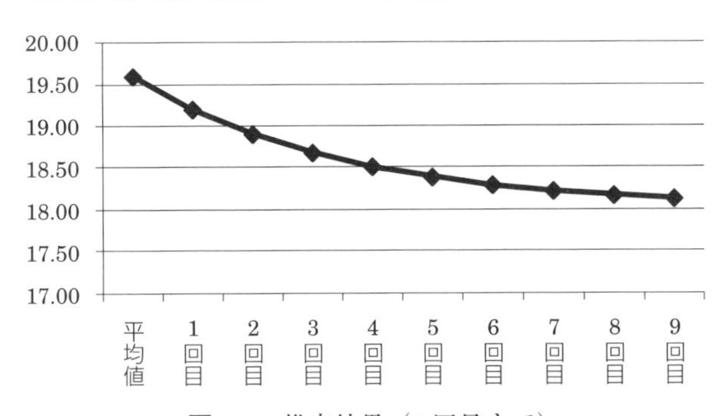

図 9.4　推定結果（9 回目まで）

0.1 db というのは，ほぼ効果ゼロなので6回目ぐらいで収束したと結論してもいっこうにかまわない．確認実験で再現するかどうかがすべてである．β の Z も同様に推定できる．

また，Missing Data が二つや三つであっても同様である．**図 9.5** は X_1 と X_2 の二つの場合の結果である．

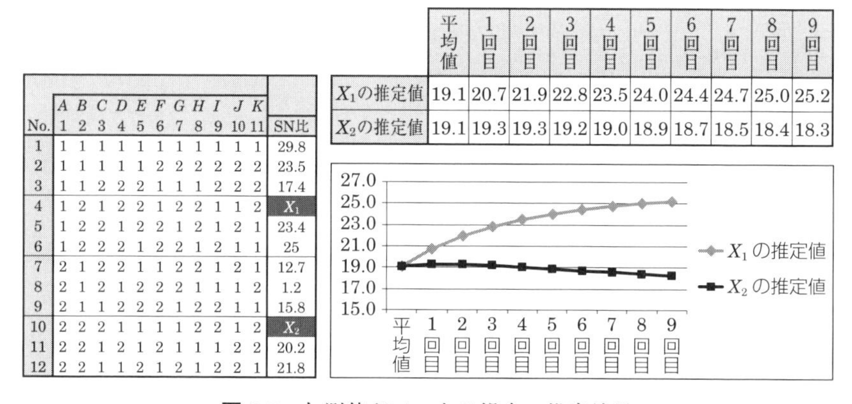

No.	*A* 1	*B* 2	*C* 3	*D* 4	*E* 5	*F* 6	*G* 7	*H* 8	*I* 9	*J* 10	*K* 11	SN比
1	1	1	1	1	1	1	1	1	1	1	1	29.8
2	1	1	1	1	1	2	2	2	2	2	2	23.5
3	1	1	2	2	2	1	1	1	2	2	2	17.4
4	1	2	1	2	2	1	2	2	1	1	2	X_1
5	1	2	2	1	2	2	1	2	1	2	1	23.4
6	1	2	2	2	1	2	2	1	2	1	1	25
7	2	1	2	2	1	1	2	2	1	2	1	12.7
8	2	1	2	1	2	2	2	1	1	1	2	1.2
9	2	1	1	2	2	2	1	2	2	1	1	15.8
10	2	2	2	1	1	1	1	2	2	1	2	X_2
11	2	2	1	2	1	2	1	1	1	2	2	20.2
12	2	2	1	1	2	1	2	1	2	2	1	21.8

	平均値	1回目	2回目	3回目	4回目	5回目	6回目	7回目	8回目	9回目
X_1の推定値	19.1	20.7	21.9	22.8	23.5	24.0	24.4	24.7	25.0	25.2
X_2の推定値	19.1	19.3	19.3	19.2	19.0	18.9	18.7	18.5	18.4	18.3

図 9.5　欠測値が二つある場合の推定結果

これらの対応のほかに，技術的な知見を用いた自前の判断で Missing Data に対処する場面は少なくない．例えば，**図 9.6** の例は動特性で調合誤差因子を使ったデータで，No.3 の M_3N_2 のデータがない場合である．データを見ると思惑どおり調合誤差因子の N_1 と N_2 の効果は傾向がそろっている．No.3 のデータの“N_1 から N_2 の変化率”を，M_1 と M_2 で平均して M_3 の N_1 にかけることで，M_3 の N_2 のデータの推定とするのは理にかなっている．

このようにどう対処するかは最終的には自分の判断である．

欠測値の究極的な例として第 12 章にある UTA（ユナイテッド・テクノロジー・オートモーティブ）社の多機能クラッチの事例を参照されたい．この例は全体の 1/3 が Infeasible Data で，残りの半分近くが Missing Data というもので，大失敗と思われる事例である．しかしながら有用な技術情報を得られたのである．この例を知ってタグチの考えの“アハッモーメント”を得たという声を聞いている．

	$M_1=5$		$M_2=10$		$M_3=20$	
	N_1	N_2	N_1	N_2	N_1	N_2
No.1	2.4	3.2	5.6	7.1	11.4	13.2
No.2	1.1	3.1	4.5	7.8	9.9	12.3
No.3	4.2	5.6	7.9	8.8	12.2	X
No.4	3.4	3.8	6.7	7.1	13.4	14.2
：	：	：	：	：	：	：

$$\hat{X}=12.2\times\frac{\dfrac{5.6}{4.2}+\dfrac{8.8}{7.9}}{2}$$

$$=12.2\times\frac{1.333+1.114}{2}$$

$$=14.9$$

図 9.6　欠測値のある動特性で調合誤差因子を使ったデータ

第10章
パラメータ設計の8ステップのまとめ

この章では，ロバストネスの最適化であるパラメータ設計の8ステップについてここまで論じていなかったことや，強調したいことを付け足していく．特にStep 7の確認実験で再現しなかった場合の考え方にページ数を割いた．このことは米国でも最も気がかりとされるトピックであり，タグチの考え方の基本を理解するためには欠かせない議論である．

●ステップ1　テーマ選択・目的とプロジェクト範囲を定義する

米国ではこれをスコーピングと呼んでいる．最適化の範囲を定義することで，最適化する機能の定義と制御因子をどこからとるかの定義である．

第12章のアルプス電気の角度センサーシステムの事例は，システムを構成する三つのサブシステムであるセンサー・IC・ソフトウエアのすべてから48個もの制御因子をとってL_{108}で一気に最適化するというスコープの大きな事例である．この事例の凄みは，システム全体の機能の出力をシステム全体の制御因子の関数で，数秒で計算できるエクセルベースのシミュレーションエンジンを開発してこれを可能にしたことに尽きる．実行することと計測することが可能であればスコープは大きいに越したことはない．従来の開発は個々のサブシステムを個別に開発して，全体をバリデーションにかけるのが普通のやり方で，バリデーションで問題が出て，手戻りが多く開発期間が延びることが大方であった．このアプローチにより開発期間は1/3，開発コストは1/5になると報告されている．

自動車のOEMのD社では，ボルトとナットという小さいスコープながら安全性の確保や構造物の剛性を保つために重要な機能を最適化した．フォードにおいても自動車のシートを固定させるボルトとナットの最適化を行った．スコープが小さくとも重要な機能は最適化をするべきである．

当然のことであるが，テーマの選択は，企業として何を開発するべきか，どのような課題を克服していく必要があるかという短期・中期・長期の企業戦略と，調和がとれていることが重要である．キーワードは，先行性・汎用性・再現性の三つである．このことは第11章で議論する．

システムが自動車のように複雑な場合は，サブシステム間の交互作用を考慮する必要がある．一つの機能を調整したら他の機能が影響される場合である．まわりのサブシステムをノイズとしてロバストにすることが奨励されるが，それにも限界がある．

タグチがシステム設計と呼ぶ設計概念の創造の段階で，サブシステム間の交互作用がない設計をすることは，パラメータ設計による最適化よりも重要である．言い換えると各機能がまったく独立した設計にすることが理想である．これらの方法論にはAxiomatic Designの考え方とTRIZが有効である．

●ステップ2　特性値・理想機能の定義

このステップは本書の中でかなり議論してきた．理想機能を考えるに当たって一ついえるのは，物理を考えて十分に検討することであろう．理想機能の定義のためにデータを集めそのデータをよく見ることも有用である．ただ，このデータを見るというのは，どちらかというと“後追い”である．新しい設計概念や，新しい機構を考えた人，イノベーションをした人は必ず理想機能のようなことを考えていたに違いないのだから，そうした観点をもつことである．

●ステップ3　信号因子および誤差因子の戦略を決める

ノイズの戦略に関しては議論をしてきたので繰返しを避けるが，動特性の場合の信号因子の範囲や水準に関して付け加えたい．

例えば，半導体製造工程のフォトリソグラフィのように小さい出力をいかに正確に出すかとか，ブレーキのように大きな出力をいかに正確にバラツキなく安全に出すかというのは，意味のある技術課題である．前者の場合は小さい出力を出すための信号の水準をたくさん振ることで今の技術の限界を知ろうとすることを意識することである．後者の場合もどこまで大きな出力を出せるか信号の水準を設定し限界を把握したい．ノイズの戦略とともに入力信号の範囲と水準も戦略的に考えるべきということである．

●ステップ 4　制御因子と水準を設定し直交表にわりつける

制御因子と水準の選択に関しては様々な判断基準を考慮する必要がある．以下に箇条書きにしてみた．

① 制御因子と水準の選択にはコストや重量のような要求にも配慮すべきである．DFX（Design for X）という概念があるが，製造のしやすさ，組み立てのしやすさ，修理のしやすさ，リサイクルのしやすさ，実行の容易さ，エコ度なども考える対象である．

② タグチメソッドを学んだ技術者からよく耳にするのが，“平均値に対する効果は把握していたが，最適化の判断基準をロバストネスに変えると今までの知見がまるで役に立たないことがわかった”という言葉である．だからこそ，“この制御因子は効果がない”と思い込むことは避けたいものである．Open Mindedness をもって偏見のない，既存の通念にとらわれることのないように意識をもちたい．

③ ブレークスルー的な結果を求めるのであれば，最適化における制御因子は多ければ多いほうがよい．例えば L_{108} である．新しい技術は特にそうである．

④ 調べたい制御因子と水準の数を満足するために，標準的な直交表を修正するテクニックであるダミー法や多水準法を知っていればかなり融通がきく．例えば，$5^1 \times 3^4 \times 2^2$ という 5 水準が一つ，3 水準が四つ，2 水準が二つは L_{18} にわりつけることができる．そのほかにも直交表の修正の手法が存在するが，それらは時間をかけて身に付けていけばよい．さらにいえば，そのようなテクニックはそれができる者にやってもらえばよいのである．大事なことは自分が調べたい制御因子と水準の数を修正するのではなく，

直交表を修正することである．

⑤　設計や生産工程の最適化をする立場にはないため，制御因子が一つとか，二つしかなかったり，小規模な L_8 や L_9 ぐらいしかできない場合でもタグチの考え方で機能性評価・最適化をすることを勧める．制御因子が一つというのは機能性評価と同じである．

⑥　制御因子と水準を決める際に最も重要といえる判断基準がある．それはとんでもない交互作用を避けるというもので，これに関してはこの章のステップ7で議論する．

●ステップ5　実施のプランを立て実験し，データを収集する

実験のミスは避けるべきなのは当然である．ただ，このことに関してタグチが言った言葉に“実験は管理職がやるべきだ”というものがある．管理職は現場の実験に慣れていないから適度な実験誤差を生み出してくれるので，ロバストネスの評価に適しているというのである．タグチ一流の物言いであるが，やはりとんでもないミスは避けるべきである．実験の条件の設定ミス，計測のミス，データの打ち込みのミスなど，ミスが起きる機会は多いのでしっかり計画を立てて実行することである．

●ステップ6　SN比を使ってデータ解析をする

計算は練習を重ねるごとに効率よくできるようになる．エクセルによる計算を勧める．要因効果図の作成などは，各直交表ごとにエクセルのテンプレートを用意しておけば楽である．直交表やSN比の計算式の理解が深まるにつれ，直交していないデータ，標示因子がある場合，標準的でない理想機能など，特別なケースに臨機応変に対応できるようになっていく．そのためには自由度の分解の理解，それに付随する全2乗和の分解を自在にできるようになることである．それは一朝一夜でできることではないが，興味があれば時間をかけて勉強してほしい．繰り返すが，そのような難しいケースはまれなので，社内エキスパートでない限りは，難しいことは難しいことができる者に任せればすむ

ことなのである.

●ステップ7　最適化，推定，確認実験をする

確認実験で再現性が得られなかった場合の考え方，もっといえばステップ1，2，3，4においてどう考えれば再現性が得られるかをより深く議論する必要を感じる．**図10.1**のフローチャートを基に考察を進めていく.

○SN比の利得が再現しない原因

図10.1にあるようにSN比の利得が再現しない原因は次の3点に絞られる.

(1) 制御因子間のSN比に対する強い交互作用

(2) ノイズの戦略の検討が不十分

(3) 計測誤差・実験のエラー・解析のエラー

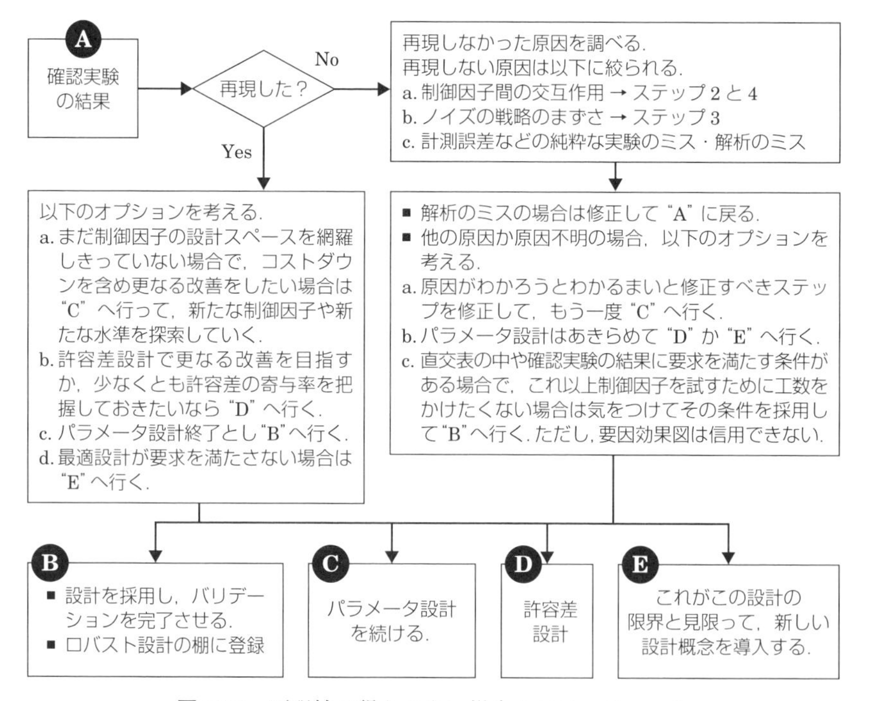

図10.1　再現性が得られない場合のフローチャート

(1), (2), (3) に関して，どの段階でどのような考え方でこれらの問題に対応すれば再現性を期待できるかを議論する.

(1) 制御因子間の強い交互作用の回避

例えば要因効果図から現状の A_1 から A_2 に変えると 3.0 db という利得があったとする．これは平均的には 3.0 db ということで，他の制御因子の水準を変えた様々な条件でこの利得がばらつく程度が交互作用の強さである．A_1 を A_2 に変えると，B の水準が B_1 でも B_2 でも B_3 でも常に 3.0 db 良くなるのであれば，A と B の交互作用はまったくないことになる．例えば，これが B_1 の場合には 4.5 db，B_2 の場合には 3.5 db で，B_3 の場合 1.0 db であれば，平均すると 3.0 db であるが，B の水準によって良くなる度合いが大きくばらついている．A の効果が B の水準によってばらつく度合いを交互作用と呼ぶのである．この度合いが大きいほど $A \times B$ は強いことになる．パラメータ設計の要因効果図は平均的な効果である．制御因子間の交互作用が弱いことを仮定して，最適条件の利得を推定して，確認実験で得られた利得が推定値に近ければ制御因子間の交互作用が十分弱いと判断して，再現性が良いと結論するのである．このことで，たくさんの制御因子を試すことが可能になり設計開発の効率が上がるのである．制御因子間の強い交互作用を回避するためには特性値の選択と，制御因子とその水準の選択のというステップ 2 とステップ 4 において配慮することである.

ステップ 2 において交互作用が出にくい特性を測る

このことは第 1 章のドーナッツ揚げの例をはじめ機会があるたびに議論してきた．ステップ 2 における理想機能や特性値は仕事量，もしくは仕事量に準じた特性を考えることである．動特性，Type 1 望目特性，機能窓特性，反応速度比などを測るのが望ましい.

自動車の後部衝突性能で，安全性のために重要な要求にガソリンタンクの変形量がある．ガソリンタンクの変形量を望小特性として最適化すると再現性が

あまり良くなかったが，同じシミュレーションのデータから第 7 章で紹介した反応速度比のように，

β_1＝衝突エネルギーが吸収すべきところで吸収されたエネルギー量

β_2＝変形したくないところで吸収してしまったエネルギー量

の比，β_1/β_2 を最大化するという最適化は再現し，その最適設計はガソリンタンクの変形量がどの解析よりも小さくなった．β_1/β_2 の最適条件のほうが，ガソリンタンクの変形量を望小特性にした最適設計よりも，ガソリンタンクの変形量が小さくできたのである．ガソリンタンクの変形量というのはエネルギー変換のうち，どれだけエネルギーがガソリンタンクを変形させたかを見ているだけで，全体のほんの一部のローカルな部分を見ているだけにすぎない．衝突エネルギーをうまく誘導するという本来の機能全体を見ていないから交互作用が出やすいのである．

ステップ 4 で制御因子とその水準を選定する際の考えかた

どのような特性値を測るにしても，ステップ 4 における制御因子と水準を定義する際には配慮を怠らないことである．最終的に SN 比に対する強い交互作用さえ回避すればよいのだが，SN 比に対する交互作用はバラツキに対する交互作用だからイメージするのは難しい．SN 比に対する強い交互作用を回避するためには平均値に対する強い交互作用を回避しておけば安心できるという考えが理にかなっているのである．平均値に対する交互作用はイメージしやすいのである．タグチは“へたな考えだったら失敗すればよい”という暖かい親切心を表現したが，そうもいってはいられないので，以下にそのための戦術を述べる．

強い交互作用が出そうな因子は組み合わせてしまう

例えばドーナッツの例のような熱処理における温度と時間という制御因子を**表 10.1** のように組み合わせてしまうのである．エネルギーは一定にして低温でゆっくりがよいのか，高温で速くがよいのかを調べることになる．

表 10.1　制御因子の組合せ

	第1水準	第2水準	第3水準
A：温度と時間	160℃で3分	175℃で2分43秒	190℃で2分28秒

初期温度が20℃とすればA_1の場合(160°－20°)×3.0分＝420が与えられた熱エネルギーに比例する数値である．A_2とA_3は（175°－20°)×2.71分＝(190°－10°)×2.47分＝420となるから，A_2は175℃で2分43秒で，A_3は190℃で2分28秒で，A_1，A_2，A_3は同等の熱エネルギーになる．

水準ずらし法を使う

三角翼の紙飛行機の羽の設計で図のような寸法aと寸法bは制御因子である．この2因子を**図 10.2**のようにしたとする．

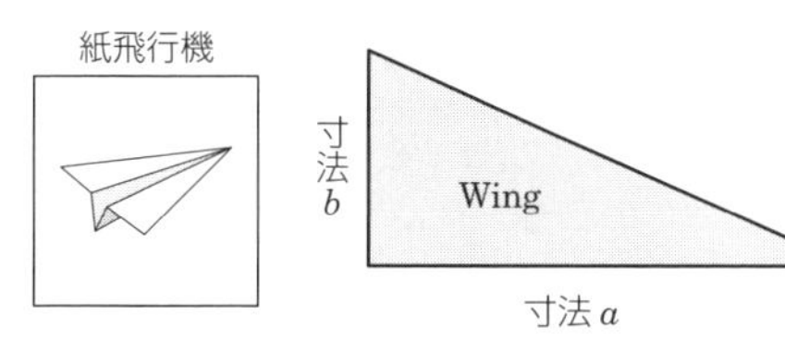

制御因子	第1水準	第2水準
A：寸法a	20 cm	30 cm
B：寸法b	10 cm	15 cm

図 10.2　紙飛行機の制御因子

この例を米国の航空宇宙の企業で話したところ，エンジニアたちがこの制御因子の定義はおかしいと言い出した．

制御因子と水準を考える際にも機能を考えることが重要である．飛行機の翼の重要な機能は空気と出会うことで揚力（機体を浮かせる力）を生むことである．この機能がロバストであれば，つまり効率が良くバラツキが少なければ飛行は省エネで持続することになる．そのためには翼と空気の出会い方や空気と触れる時間の長さに注目することが自然である．こうした考えから例えば制御因子はA（：総面積），B（：角度）とするほうが合理的である．

もしくはaとbの比をとって**図 10.3**のようにするのである．左が新たに定

水準ずらし	第1水準	第2水準
A：寸法 a	20 cm	30 cm
B：a と b の比	1：3	1：4

	寸法 a	寸法 b
A_1B_1	20 cm	6.7 cm
A_1B_2	20 cm	5 cm
A_2B_1	30 cm	10 cm
A_2B_2	30 cm	7.5 cm

図 10.3　水準ずらし法

表 10.2　制御因子と水準

	第1水準	第2水準	第3水準
A：温度	160℃	175℃	190℃
B：熱量 (温度－20℃)×時間	390	420	450

義した因子と水準で右がその結果としての a と b の寸法である．寸法 a の水準である 20 cm と 30 cm ごとに寸法 b の 2 水準が異なる結果となる．これを**水準ずらし法**という．

この説明をしたら，航空宇宙企業のエンジニアたちもタグチメソッドという概念を納得してくれたのである．水準ずらしを上手に行うには，固有技術の知識が必要である．固有技術というと難しそうであるが，そのシステムを考えている者であればそう難しい考え方ではない．無闇やたらと水準ずらしを行うのは危険であるが，こうした考察をすること自体には大きな意味がある．

ドーナッツ揚げの温度と時間も水準ずらしが妥当であろう．その意味で先ほどの熱処理の温度と時間を例にする．まず**表 10.2** のように制御因子 A と B と水準を定義する．

A（：温度）を 3 水準，B（：熱エネルギーもしくはそれに比例するもの）を 3 水準定義する．A_1，A_2，A_3 の各温度で B の水準になるように時間を計算して設定すると**表 10.3** のようになる．

このことは制御因子 B（：時間）として，**図 10.4** のように B（：時間）の

表 10.3　時間の設定

	A_1 = 160℃の場合	A_2 = 175℃の場合	A_3 = 190℃の場合		（温度 − 20℃）X 時間
B_1：390	2 分 47 秒	2 分 31 秒	2 分 18 秒	→	390
B_2：420	3 分	2 分 43 秒	2 分 28 秒	→	420
B_3：450	3 分 13 秒	2 分 54 秒	2 分 29 秒	→	450

	第 1 水準	第 2 水準	第 3 水準
A：温度	160℃	175℃	190℃
B：時間	短	中	長

➡

	A_1 = 160℃の場合	A_2 = 175℃の場合	A_3 = 190℃の場合
B_1 = 短	2 分 47 秒	2 分 31 秒	2 分 18 秒
B_2 = 中	3 分	2 分 43 秒	2 分 28 秒
B_3 = 長	3 分 13 秒	2 分 54 秒	2 分 29 秒

図 10.4　エネルギーを基準にした水準ずらし

水準を A_1，A_2，A_3 でずらしていることと同じである．エネルギーを基準にして水準をずらしているのである．これは熱量で基準化していることになる．

このことによって温度と熱の総エネルギーを 3 水準ずつとって，極端な低温短時間や高温長時間の組合せを避けているのである．

以上が制御因子間の強い交互作用を回避するための考え方の例である．

(2)　貧弱なノイズの戦略への対策

すでに述べたように機能性評価のためのノイズのとり方を研究することが勧められる．普段から機能性評価の結果と，バリデーションにおける寿命試験などの試験の結果，市場におけるトラブルとの相関をチェックしたり，市場で起きてしまった不具合の原因の調査をすることで効果的なノイズの戦略を開発していくことが長期的に研究開発の効率を改善していくことになる．このことは企業のリーダー，技術のトップが意識的に仕事の仕組みにすることを勧める．機能性評価でダメだったらバリデーションでもダメになるような機能評価を開発したいのである．

(3) 計測誤差・実験のエラー・解析のエラーに対する対策

計測誤差に関しては，ノイズの効果が計測誤差より何倍も何十倍も強ければ計測誤差の問題は生じないということでとどめておく．計測誤差がノイズの効果よりも大きいのであれば計測技術を開発することが急務である．

解析のミスもよくあることなので気をつけたい．再現しなかったとショックを受けていた者が，計算ミスが見つかり，計算しなおした新しい最適条件で確認実験したら再現したということもまれではない．エクセルの計算式が間違っていたり，データのタイプミスなどは気をつけてほしい．経験を積むとそうしたミスがよく見えるようにになっていく．

○再現はしなかったが，SN 比の利得は十分でロバスト設計を得られた場合

フローチャートの中に“気をつけつつ，その設計を採用する”というものがある．これは再現しなかったけれど，直交表や確認実験の結果の中にSN 比の良い優れた設計があった場合である．タグチの純粋な考え方は“それは単なるラッキーであって，再現しなかったということは何かがわかかっていないのだから，それを自覚しないのは怠慢である”となる．そして“何か理解が足りないのだから，その設計を採用するのは危険だ”というものである．このことの説明を試みる．

Q_1：上流（＝開発中）における試験の結果，Q_2：下流（＝市場）における結果という2水準の因子 Q（上流 vs 下流）という因子を考える（**表 10.4** 参照）．設計の制御因子と因子 Q との間に強い交互作用があると危険である．“上流では良い設計だったのに……”を言い訳にはできない．制御因子 A の A_1 と A_2

表 10.4　上流 vs 下流という因子

		Q_2 の結果	
		良い	悪い
Q_1 の結果	良い	OK	危険
	悪い	もったいない	未然防止

を比べた際に Q_1 における結果と Q_2 における結果が同等でなければ Q_1 で試験をする意味はないことになる．

飛躍と思われるかもしれないが，制御因子 A と他の制御因子の間に強い交互作用があると，A_1 と A_2 の差が他の条件で大きく変わってしまうということであるから，$A \times Q$ の交互作用も怪しいという考え方ができる．そうであれば確認実験が再現しなかった場合は**表 10.4** の“危険”という結果になりうるからである．

以上はノイズの戦略が充実する以前からの考え方である．筆者は再現しなくても，ノイズをしっかりとっていて SN 比が良ければ採用できるという考えである．ただ再現しないということは，要因効果図は信用できないことには変わりはないし，なぜ再現しないかを考えないのは怠慢ということに変わりはない．そしてしっかりとバリデーションの試験をする必要があることを強調したい．

●ステップ 8　アクションプランを立てる（文書化する）

今後の進め方などアクションプランを立てる．再現するしないにかかわらず文書化をして知見として残しておくことである．この知見は英語では Corporate Memory（企業の記憶）という言い方をする．そしてロバスト設計の棚に登録する．ロバスト設計の棚については次章で紹介する．

第11章

企業戦略としての品質工学

11.1 開発の能率化

この章では品質工学を組織に取り入れていくために有効な考え方を紹介する．組織のリーダーに読んでほしいために短く簡単にまとめてみた．開発の能率化のためのキーワードは“先行性”，“汎用性”，“再現性”の三つである．

(1) 先行性

先行性とは“世の中に先行したモノやサービスを，他より先行して開発する”というのが筆者の解釈である．イノベーションと位置付けられるレベルの革新的なテーマが理想であろう．スコープが大きすぎるようであれば，メガテーマとしてシステム全体を最適化するために複数のテーマをマッピング，つまり道のりを決めておくことが必要になる．

先行性のもう一つの意味は商品企画に先行してロバスト技術の開発をするというものである．

(2) 汎用性

汎用性とは“同じ機能を必要とする製品群，将来の製品群を含めて対応できる”ことである．このためには**図11.1**にあるような広義な意味での2段階最適化が効果的である．基本的な機能のロバストネスの最適化がStep 1である．そして様々な製品に対応できるようにしておく調整性と，小さくしたり大きくしたりできるスケーラビリティを確保しておくことで各製品に合わせ込むStep 2が可能になる．

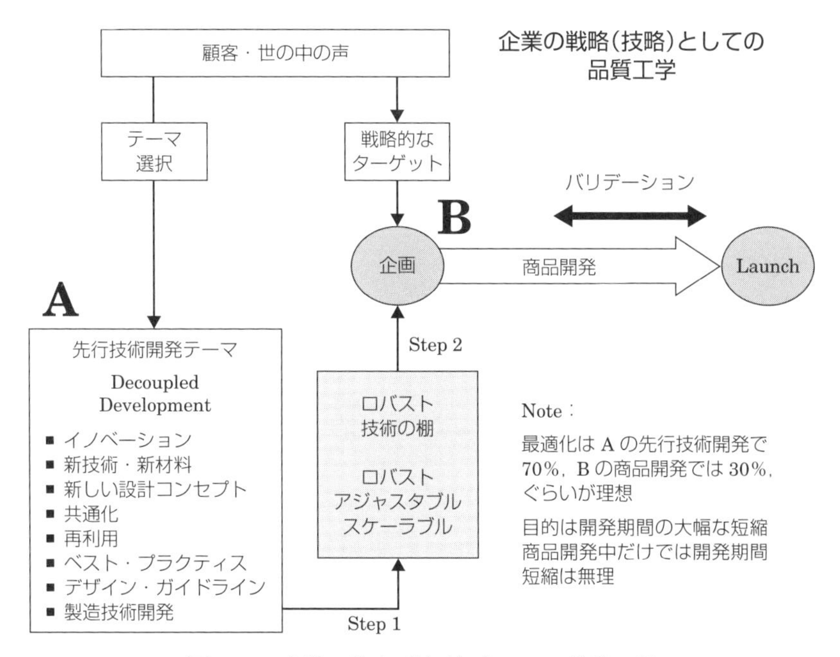

図 11.1 企業の戦略（技略）としての品質工学

このことで開発期間の大幅な短縮が可能になる．例えば部品の共通化である．製品群はノイズ因子としてロバストネスの最適化をしてワンサイズ・フィッツ・オールを狙うか，それに無理があったり経済的でなければ製品群を標示因子と定義して制御因子で補正をするかなどの判断をして決断ができる技術情報をつくることである．

(3) 再現性

最上流における開発で最適化された設計が，下流の量産や市場においてもロバストネスが再現されていることを保証したい．当たり前だが“良い設計”は市場でも“良い設計”でなければいけない．シミュレーションやテストピースによる最適化でも再現性を確保したい．また実際に市場での評価を検証して“最適設計は市場で問題を起こさない”という実感を得ることである．そのような実感を得た人たちの証言を聞くことが筆者のやりがいになっている．タグチは“タグチメソッドの推進には興味がないが，取り組んでいる企業と取り組んでいない企業の差を検証したい”という言葉を残している．

ただ難しい側面もある．不具合やリコール，フレームの未然防止に成功した場合は目立たないので褒められることがない．その一方，大きな問題が起きた後の火消しに成功したものはヒーロー・ヒロインとなり大いに賞賛を受ける．

いずれにしても未然防止をした者も認識されて賞賛を受けなければやりがいが出ないだろう．このことはトップの人たちにしかできない企業文化の問題である．

11.2　トップの役割

“先行性”，“汎用性”，“再現性”の実現のために果たすべきトップの役割は以下の4点である．

(1)　テーマの選択

企業や組織として何を開発していくのか，先行性がある技術開発テーマを選択してサポートする．商品企画の前に行うのが理想である．汎用性と再現性を視野に入れる．グローバルな視点をもつことである．

(2)　新しい技術，新しい機能，新しい方式の創造を支援

真空管をいくら最適化してもロバストネスではトランジスターには敵わない．イノベーションは日本企業の弱点である．タグチはパラメータ設計による最適化などはいずれ自動化していくだろうと予言している．

(3)　汎用性と再現性のチェック

開発途上のデザインレビューにおいて汎用性，再現性の評価ができているかチェックすることを，開発のトップは意識するべきである．以下はタグチの言葉である．

“不良を減らす，故障をなくすなどは品質問題で，品質問題は開発前には起こっていない．消費者の使用条件である信号とノイズを考え開発前に測れるロバストネスを改善すべきである．市場で起こっている問題，現場で起こっているバラツキ問題は，上流において設計陣が下流のノイズに対するSN比を見ないことから生じたのである”．

(4)　教育システムとツールを完備する

大学では理論の教育を受けるが，機能のロバストネスに注目してそれを最適化したり，最適化することでコストダウンをするという方法論は教えてくれない．開発に関わる人たちにロバスト・エンジニアリングの考え方を教育することを実現できるのはトップである．またシミュレーションを含めた理想機能の計測技術の開発をサポートして，必要なデータのアクセスを確保するなどもトップでなければできない場合が多い．

11.3　ロバストネスのアセスメント(機能性評価) vs バリデーション

アセスメントは機能性評価であり，バリデーションは要求を満足しているかをチェックする様々な試験全体のことである．鍵は“アセスメントでNGならバリデーションでもNG”である（**図11.2**参照）．そのような機能性評価ができればNGな設計をバリデーションにかけるという無駄な仕事の未然防止ができることになる．言うは容易いが効果的なアセスメントの方法を開発していくことが重要な意味である．

一方，アセスメントでOKな場合，バリデーションでOKとなる可能性が高まるが，バリデーションでOKになるとは限らない．これがバリデーションの重要性である．この本では触れていないが，直交表を駆使した“見えにくい不具合モードの早期発見のためのシステムのバグ出し試験”，英語でSBT（System Behavior Testing）といわれるタグチのテクニックはすべてではないがバリデーションで大きな力を発揮する．

“新しい設計や設計変更があるとすぐにバリデーションのモードに入ってしまうから開発期間が長くなっている”という問題に対する解答の一つがロバス

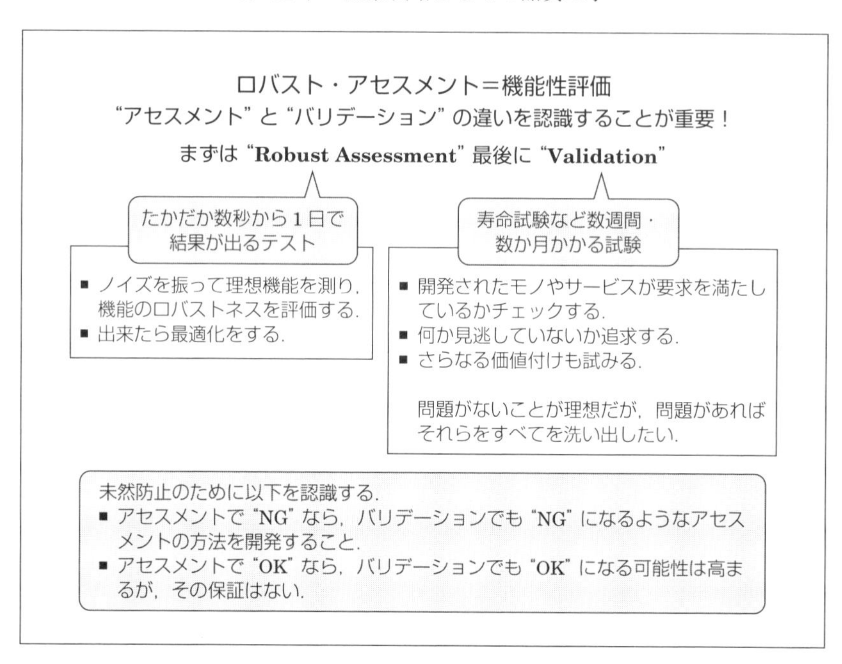

図 11.2　ロバスト・アセスメント＝機能性評価

トネスの"アセスメント＝機能性評価"である．

この章のまとめとして先行性，汎用性，再現性のためのロバスト設計の棚の概念を紹介する（**図 11.1** 参照）．2段階最適化の Step 1 を先行技術開発ですましてロバスト技術の棚の置いておく．個々の製品に対して Step 2 の合わせ込みをすることにより開発期間の大幅な短縮が期待できるのである．

第12章

エポックメーキングな事例集

	事例のテーマ	実施組織	ポイント
事例1	クロスバー交換機	電気通信研究所	戦後間もない時期，米国ベル研究所との開発競争に勝利した事例
事例2	車両の溶接	国鉄	古いスタイルのタグチ式実験計画法の一部実施法の事例
事例3	フォトリソグラフィー	ベル研究所	米国における最初のロバストネス最適化の成功事例
事例4	ケーブル収縮	フレックステクノロジーズ / GM	万年不良の撲滅に成功した火消し的成功事例
事例5	紙送り機構	ゼロックス	ロバストネスの評価による機能窓特性の最適化の最初の事例
事例6	NC 機械加工	日産自動車	テストピースによる転写性機能の事例
事例7	燃料ポンプ	フォード	エネルギーに注目した動特性の初期の事例
事例8	酸素センサー	3M	計測機能と補正機能を同時最適化したダブル信号の事例
事例9	EW レシーバー	ITT	ソフトウェアのアルゴリズムの最適化の事例
事例10	多機能クラッチ	UTA	データの半分が欠測値になってしまったが再現性が確認された成功事例
事例11	角度センサー	アルプス電気	システム全体を L_{108} で最適化したスケールの大きい事例
番外編	ワンエッグオムレツ	田口家	子供が楽しみながら理解できる Quality for Kids の直交実験の事例

事例1　電気通信研究所　クロスバー電話交換機の開発

終戦後，連合軍のGHQがその任務を遂行するためには日本の通信システムの信頼性はあまりにも劣悪であった．GHQは日本政府に国家予算の1.6%を投資して通信技術の研究所を立ち上げることを命じ，ベル研究所をモデルとした電気通信研究所（以下，通研という）が東京三鷹に設立された．通研の初代所長吉田五郎は，1948年の開所式で，以下の言葉を残している．

“技術研究の応援を持たない経済事業体がいかに貧弱であるかは自ら明らかである．事業からはずれた単なる工学研究所を持っている国民は不幸であり，今までのように国民の科学知識を低いままに放置して黙認していたのは非常にいけないことであった”．

タグチが，推計学の大家である増山元三郎について工場実験に関わっていた縁で，通研に入所したのは1950年のことである．その年に通研では通信システムの最先端であるクロスバー交換機の開発に，ベル研究所に1年遅れて踏み切る決断をしていた．予算で1：50，人員で1：5の差がある中でベル研究所と競争になった．タグチはこの開発で延べ2 000個以上の制御因子の最適化を指導した．数十億回の作動が要求されるワイヤースプリングリレーの開発には10年以上かかるだろうといわれていたのを，実験計画を駆使してわずか数年で要求を満たすものができた．

理想機能やSN比という形態をとってはいないが，制御因子とノイズの交互作用を利用した直交実験を行ったのである．強制劣化試験をして機能の出力の変化率を最小化したりした．今となってはもっとうまいやり方になっていたと思うが，いずれにしても通研は1957年にベル研に先駆けてクロスバー電話交換機の開発に成功し，日本企業に大きなビジネスの機会を与える結果となった．

この間，“実験計画ノート”という教材をつくりコントラクターである沖電気，NEC，富士通などで指導してまわっていたという．この教材が後の丸善の『実験計画法』（上下）の第1版の元である．タグチはデミング賞文献賞を受賞し，1960年にはデミング本賞を受賞している．

1950年代の電気通信研究所における7年間に及ぶ
クロスバー交換機の開発で延べ2 000個以上の制御因子の最適化

クロス・バー交換機の開発の比較

	予算	人員	期間	結果
ベル研	50	5	7年	開発未達成
通研	1	1	6年	要求満たし開発成功

・10年かかるといわれたワイヤーリレーの開発を2年で完了.
・通研 はタグチメソッドの基礎的なアイデアを応用. これが現在ロバスト·エンジニアリング(品質工学)として実を結んでいる.

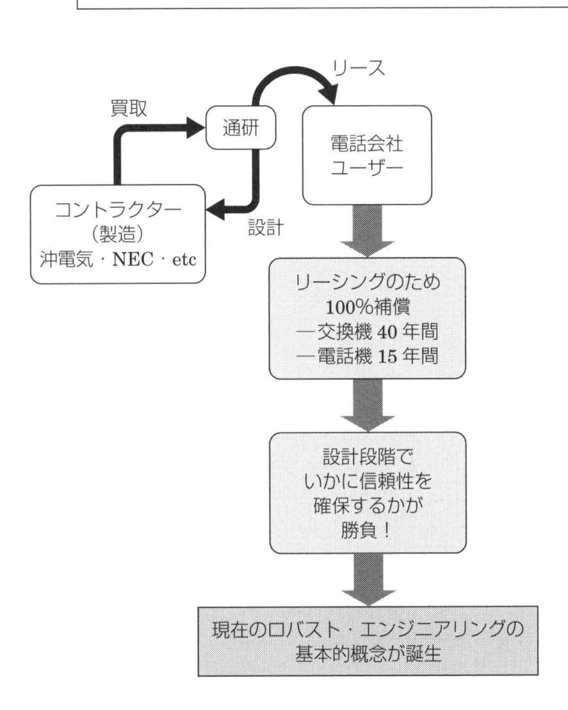

事例2 国鉄 車両の溶接工程の最適化

これはクラシックな田口式実験計画の事例である．実験計画法の一部実施法といわれるものである．L_{16}の直交表に9個の制御因子と四つの交互作用をわりつけて実施された．

高度成長を支える日本の製造業ではこのような実験計画法は品質管理のSQC・TQC活動の中で盛んに行われていた．SQCの様々な統計手法のなかで実験計画法は高度な手法という位置付けであった．

この頃のタグチの主張は制御因子を直交表にわりつけて，列が余っていたら怪しい交互作用をわりつけるというものであった．制御因子に関してはあくまでも主効果が主役で交互作用はおまけという扱いである．今日のタグチメソッドでは制御因子間の交互作用は，わりつけないというのが基本である．また交互作用の効果が他の因子の主効果にほぼ同じように混じるようにつくられたL_{12}，L_{18}，L_{36}，L_{54}が今日の主流な理由である．

この事例の出所は中部品質管理協会の実験計画法のセミナーの教材である．ASIでも米国で1983年から4年間教材として使った．この事例が模範事例であった．この頃はタグチの中では実験計画法から品質工学・タグチメソッドへ脱皮していく過度期で，タグチは米国で交互作用はわりつけないと主張した．そのためにG. Box教授やS. Hunter教授をはじめとする統計学の実験計画法の権威たちはタグチが交互作用を無視していると大論争になったのである．

この事例を反面教師的に紹介したもっと根本的な理由がある．それはスペックなどで要求される特性をすべて測って，相反するところは折り合いをつけ，妥協し，できるだけ，いいとこ取りをして最適化しているということである．これはこれで戦略であるが，機能のロバストネスの最適化のほうが洗練された戦略であり，このことを考えていただきたいのである．

1959 年　鉄道車両のボディの溶接

L_{16} の実験計画で複数の要求を測りトレードオフによるバランスのとれた最適化

1963 年新幹線

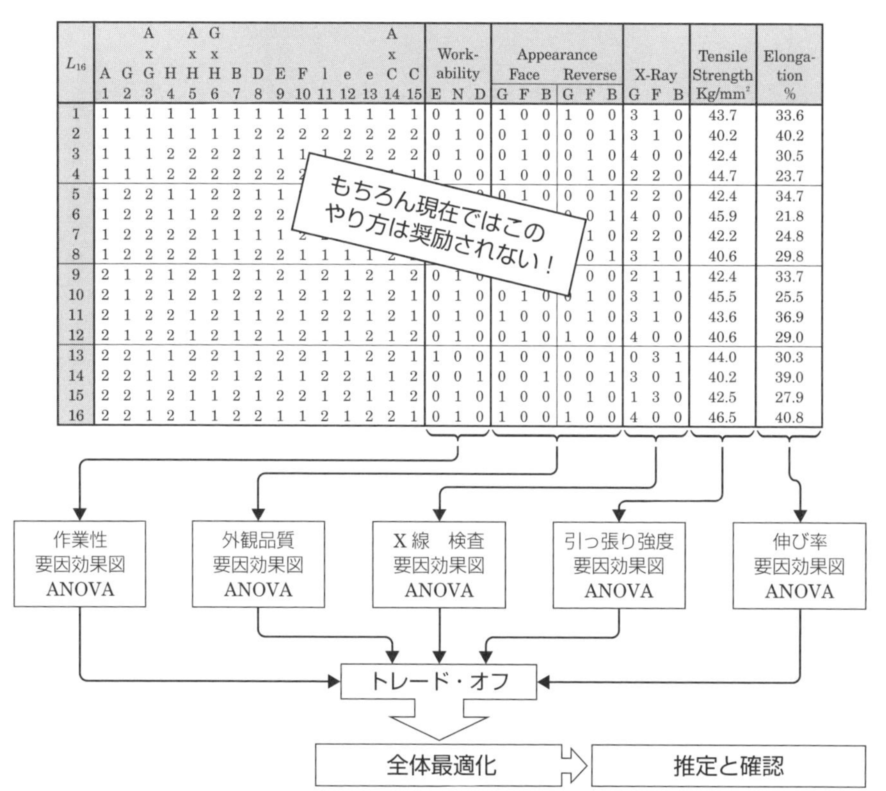

L_{16}	A 1	G 2	A x G 3	H 4	A x H 5	G x H 6	B 7	D 8	E 9	F 10	l 11	e 12	e 13	A x C 14	C 15	Workability E	Workability N	Workability D	Appearance Face G	Appearance Face F	Appearance Face B	Appearance Reverse G	Appearance Reverse F	Appearance Reverse B	X-Ray G	X-Ray F	X-Ray B	Tensile Strength Kg/mm²	Elongation %
1	1	1	1	1	1	1	1	1	1	1	1	1	1	1	1	0	1	0	1	0	0	1	0	0	3	1	0	43.7	33.6
2	1	1	1	1	1	1	1	2	2	2	2	2	2	2	2	0	1	0	0	1	0	0	0	1	3	1	0	40.2	40.2
3	1	1	1	2	2	2	2	1	1	1	1	2	2	2	2	0	1	0	0	1	0	0	1	0	4	0	0	42.4	30.5
4	1	1	1	2	2	2	2	2	2	2	[illegible]	[illegible]	[illegible]	1	1	1	0	0	1	0	0	0	1	0	2	2	0	44.7	23.7
5	1	2	2	1	1	2	2	1	1	[illegible]	[illegible]	[illegible]	[illegible]	[illegible]	[illegible]	[illegible]	[illegible]	[illegible]	0	1	0	0	0	1	2	2	0	42.4	34.7
6	1	2	2	1	1	2	2	2	2	[illegible]	[illegible]	[illegible]	[illegible]	[illegible]	[illegible]	[illegible]	[illegible]	[illegible]	[illegible]	[illegible]	[illegible]	[illegible]	0	1	4	0	0	45.9	21.8
7	1	2	2	2	2	1	1	1	1	2	[illegible]	[illegible]	[illegible]	[illegible]	[illegible]	[illegible]	[illegible]	[illegible]	[illegible]	[illegible]	[illegible]	[illegible]	1	0	2	2	0	42.2	24.8
8	1	2	2	2	2	1	1	2	2	1	1	1	1	2	[illegible]	[illegible]	[illegible]	[illegible]	[illegible]	[illegible]	[illegible]	[illegible]	0	1	3	1	0	40.6	29.8
9	2	1	2	1	2	1	2	1	2	1	2	1	2	1	2	0	1	[illegible]	[illegible]	[illegible]	[illegible]	[illegible]	0	0	2	1	1	42.4	33.7
10	2	1	2	1	2	1	2	2	1	2	1	2	1	2	1	0	1	0	0	1	0	0	1	0	3	1	0	45.5	25.5
11	2	1	2	2	1	2	1	1	2	1	2	2	1	2	1	0	1	0	1	0	0	0	1	0	3	1	0	43.6	36.9
12	2	1	2	2	1	2	1	2	1	2	1	1	2	1	2	0	1	0	0	1	0	1	0	0	4	0	0	40.6	29.0
13	2	2	1	1	2	2	1	1	2	2	1	1	2	2	1	1	0	0	1	0	0	0	0	1	0	3	1	44.0	30.3
14	2	2	1	1	2	2	1	2	1	1	2	2	1	1	2	0	0	1	0	0	1	0	0	1	3	0	1	40.2	39.0
15	2	2	1	2	1	1	2	1	2	2	1	2	1	1	2	0	1	0	1	0	0	0	1	0	1	3	0	42.5	27.9
16	2	2	1	2	1	1	2	2	1	1	2	1	2	2	1	0	1	0	1	0	0	1	0	0	4	0	0	46.5	40.8

事例3　ベル研究所　256 K チップのフォトリソグラフィー

タグチは青山学院大学教授のサバティカルを利用して米国のベル研究所を訪れ講義をした．講義をしてもあまりらちが明かないため，“今一番苦労している技術課題”に応用したのがこれであった．フォトエネルギーで Window という孔を開けるというエッチングの機能である．チップ当たり 15 万個ほどの孔径のスペックが 3.0 ± 0.25 mm の歩留まりが 33％だったのが，L_{18} を 1 回行っただけで 87％になった．基本的には孔径を望目特性として 2 段階最適化をしたのである．エネルギーがゼロなら孔径もゼロであり，エネルギーが大きすぎると孔径は大きくなりすぎる．孔径はエネルギーによる仕事の結果であるから 2 段階最適化ができる．Step 1 がバラツキの最小化，Step 2 が平均値の調整である．

孔がまるで開かない欠測値が L_{18} のうち 5 条件で出たため望目特性の SN 比の変わりに，孔の大きさを分類した累積法という解析法が使われた．累積法は現在あまり使われていない手法である．この事例は 83 年“Bell System Technical Journal”の 5 月号に発表され，世界中から 1 000 通以上の問合せがあったいう．米国で最初のタグチの事例である．

残念なことは，累積法のために肝心要のエネルギーの出力に対する 2 段階最適化という基本的で重要な概念が見えにくくなったことである．そのためもあって米国の実験計画法の専門家の間では制御因子間の交互作用をとらないことと，主効果が他の主効果と交絡する傾向のある累積法を疑問視する論調が多かった．確率化やブロッキングというテクニックを駆使してバラツキのあるデータから，いかに精密に真実を見いだすかを目的とする科学的実験のための実験計画法に対して，機能のロバストネスを最適化するという設計開発におけるパラメータ設計のアプローチは斬新すぎたのか，そこまで理解した者は少なく，結果的に直交表と線点図がタグチメソッドとして一人歩きをしはじめた．

自動車のビッグ 3 をはじめとする当時の米国企業では，品質管理イコール検査で，品質をつくり込むための日本の SQC・TQC という概念は存在していなかったのである．直交表のような道具は存在していなかったなかで，不具合に対する問題解決のための直交実験の成功例が出てきて，米国や欧州に広がっていったのである．皮肉にもタグチは火消し活動でもヒーロー的存在になっていった．

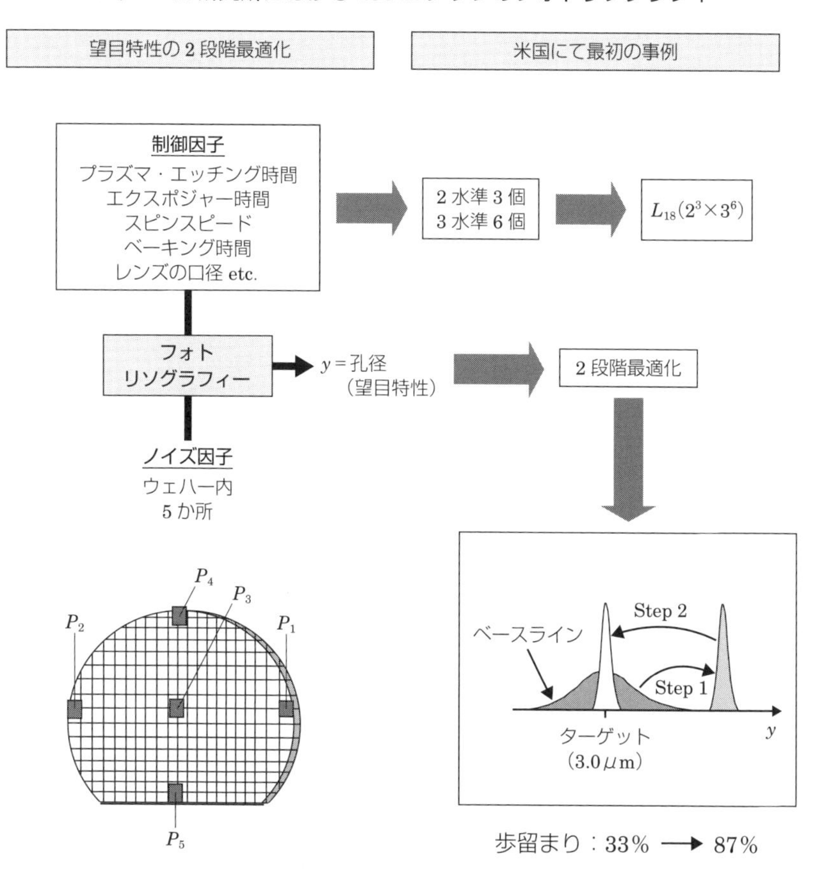

この事例は『ベルシステム・テクニカル・ジャーナル』（1983 年 5 月号）で発表された．

事例4　フレックステクノロジーズ社　速度計ケーブル収縮率

この事例は機械式自動車速度計のケーブルについてのものである．スピードメータケーブルの中にワイヤーが入っていて，トランスミッションが回転すると，ワイヤーも回転する．回転したワイヤーはスピードメーターに連結され，メーターに速度が表示される．

走行距離を重ねていくに連れて，ワイヤーの周りを覆っているケーシングが収縮し始めて，ケーブル全体がくねくねと踊るような動きをして周囲の部品にあたり“カタカタ音”を発生するという不具合モードが市場で出ていた．GM社とサプライヤーのFlex Technology社で行われたケーブルの収縮率を最小化するという最適化の事例である．

ケーブルの収縮はエンジンの熱にさらされることが主な原因であることはわかっていたことから，ヒートソーキングという強制の熱劣化にかけて，収縮前と収縮後の長さの収縮率を望小特性とした．望小特性は機能の悪さの症状でしかないといわれているが，この場合“形状を保つ，長さを保つ”という機能が，長い時間熱にさらされるというノイズに対してのロバスト性が足りないことになる．N_1＝劣化前，N_2＝劣化後のケーブルの長さを望目特性にするのとほぼ同じことである．

ケーブルの設計と製造工程から2水準の制御因子15個をL_{16}にわりつけて，16の条件でサンプルを四つとり，熱劣化して収縮率を測った．制御因子を15個も網羅したことは視野の広い，ガッツにあふれた，スケールの大きな挑戦である．数個の因子をちまちまと精度よく研究するのも自由だが，これだけのことをしたからこそ，この万年不具合を解決できたのである．

L_{16}に制御因子を15個というのは，多数の制御因子間の交互作用が主効果に交絡し，混ざってしまっている．$A \times B$，$A \times C$から$N \times O$などの2因子間の交互作用だけでも105も存在する．このことは欧米の統計学の実験計画法の指導者の考えの範疇にない概念であった．この事例を種にした論文が多数発表された．

1984 年 Flex Technology 社 "速度計ケーブル収縮率"

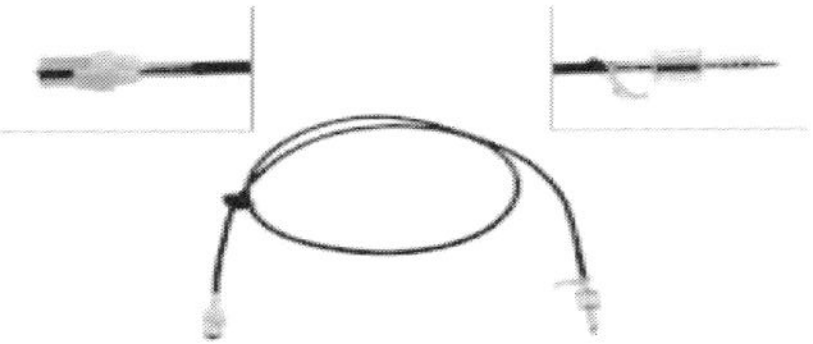

スコープの広い　積極性の高い

特性値

y = ヒートソーク後の収縮率（望小特性）

	制御因子	第 1 水準	第 2 水準
A	ライナー外径	現状	新規
B	ライナー型	現状	新規
C	ライナー材	現状	新規
D	押し出し速度	現状	80%
E	組紐	現状	新規
F	組紐張力	現状	新規
G	ワイヤー直径	新規	現状
H	ライナー張力	現状	高める
I	ライナー温度	周囲温度	予熱
J	塗装タイプ	現状	新規
K	塗装	現状	新規
L	溶融温度	現状	低温
M	スクリーン	現状	新規
N	冷却法	現状	新規
O	ライン速度	現状	70%

現状: $A_1 B_1 C_1 D_1 E_1 F_1 G_2 H_1 I_1 J_1 K_1 L_1 M_1 N_1 O_1$

15 の 2 水準の制御因子 → L_{16}

	A	B	C	D	E	F	G	H	I	J	K	L	M	N	O	S_1	S_2	S_3	S_4	S/N
1	1	1	1	1	1	1	1	1	1	1	1	1	1	1	1	0.49	0.54	0.46	0.45	6.26
2	1	1	1	1	1	1	1	2	2	2	2	2	2	2	2	0.55	0.60	0.57	0.58	4.80
3	1	1	1	2	2	2	2	1	1	1	1	2	2	2	2	0.07	0.09	0.11	0.08	21.04
4	1	1	1	2	2	2	2	2	2	2	2	1	1	1	1	0.16	0.16	0.19	0.19	15.11
5	1	2	2	1	1	2	2	1	1	2	2	1	1	2	2	0.13	0.22	0.20	0.23	14.03
6	1	2	2	1	1	2	2	2	2	1	1	2	2	1	1	0.16	0.17	0.13	0.12	16.69
7	1	2	2	2	2	1	1	1	1	2	2	2	2	1	1	0.24	0.22	0.19	0.25	12.91
8	1	2	2	2	2	1	1	2	2	1	1	1	1	2	2	0.13	0.19	0.19	0.19	15.05
9	2	1	2	1	2	1	2	1	2	1	2	1	2	1	2	0.08	0.10	0.14	0.18	17.67
10	2	1	2	1	2	1	2	2	1	2	1	2	1	2	1	0.07	0.04	0.19	0.18	17.27
11	2	1	2	2	1	2	1	1	2	1	2	2	1	2	1	0.48	0.49	0.44	0.41	6.82
12	2	1	2	2	1	2	1	2	1	2	1	1	2	1	2	0.54	0.53	0.53	0.54	5.43
13	2	2	1	1	2	2	1	1	2	2	1	1	2	2	1	0.13	0.17	0.21	0.17	15.27
14	2	2	1	1	2	2	1	2	1	1	2	2	1	1	2	0.28	0.26	0.26	0.30	11.20
15	2	2	1	2	1	1	2	1	2	2	1	2	1	1	2	0.34	0.32	0.30	0.41	9.24
16	2	2	1	2	1	1	2	2	1	1	2	1	2	2	1	0.58	0.62	0.59	0.54	4.68
																				$\overline{T}$ = 12.09

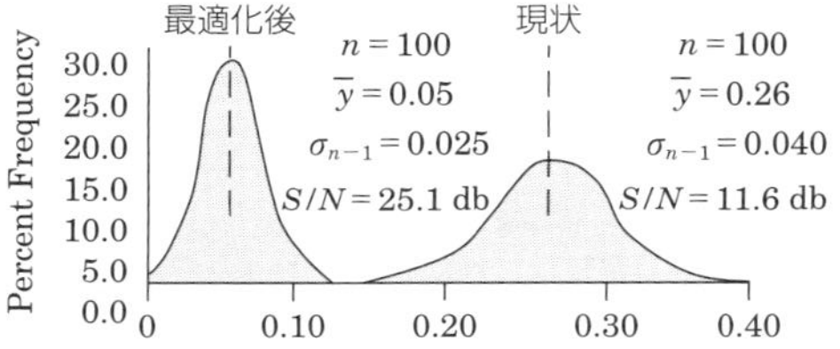

最適化後：$n = 100$，$\overline{y} = 0.05$，$\sigma_{n-1} = 0.025$，$S/N = 25.1$ db

現状：$n = 100$，$\overline{y} = 0.26$，$\sigma_{n-1} = 0.040$，$S/N = 11.6$ db

Percent Frequency（0.0, 5.0, 10.0, 15.0, 20.0, 25.0, 30.0）

横軸：0, 0.10, 0.20, 0.30, 0.40

- 実験計画法の専門家は激しく批判．多数の論文の種となった．
- この事例のジム・クインラン氏はこの中堅企業の技術のトップで年間 100 件以上の実験を実施，後にタグチメソッドの指導者になった．

事例5　米ゼロックス社　紙送り機構の機能窓特性

機能窓特性は米国ゼロックス社で1970年代から紙送り機構の機能のロバストネスを評価するために使っていた設計の評価基準である．紙送りは図のように紙送り用ローラーと，コピー用紙のトレイに積んである一番上の紙の間にばねの力で摩擦力を発生させた状態で，モーターの力でローラーを回すことにより紙が移動して送られる．紙を送ることがその働きである．

機能窓特性は，制御因子の軸上でロバストネスの評価ができるという画期的な考え方である．この場合，制御因子の一つである，ばね力を使うのが効果的である．摩擦力を発生させるばね力が小さすぎるとローラーが回っても十分な摩擦力がないため紙は滑ってまるで送られないミスフィードであるとか，不完全な送りになるというパーシャルフィードという不具合が発生する．逆にばね力が強すぎると押さえつける力が強すぎて，2枚目の紙も同時に送れらる重送・マルチフィードや何枚も送られてしまうスタックフィードという不具合になる．“ミスフィードが発生するばね力”と“重送が発生するばね力”の差を機能窓と呼び，窓が大きければ大きいほどロバストな設計である．エネルギーが大きすぎて起きる不具合と，エネルギーが小さすぎて起きる不具合の差を広げたいのである．

ただ単に窓を最大化するのでは片手落ちで，上の図にあるようにノイズをとりノイズを振ってできた窓の大きさを最大化することが重要なのは理解できるであろう．

機能窓はきちんと機能するいわゆるスイートスポットであるが，スイートスポットを探すだけでなく最大化したいのである．機能窓法も2段階最適化である．Step 1が機能窓の最大化，Step 2が機能窓の中心に入るようにエネルギーの調整である．この場合のStep 2はばね力のノミナル値をミスフィードとマルチフィードの損失を考慮したノミナル値に合わせる調整をする．

機能窓法は後にMIT教授になったDon Clausingの発明で，1981年にゼロックス社を訪れたタグチとは意気投合した．クロージング教授は丸善の『実験計画法』（上下）の英訳版の編集者であり，タグチメソッドの名付け親である．

紙を送ることが働きなのだから，後には下記のような動特性の理想機能が使われた．この場合ポジションセンサーなどの計測技術が必要である．

機能窓特性

モグラ叩きからの脱却

2 時間でできるロバストネスのアセスメント

ノイズの調合

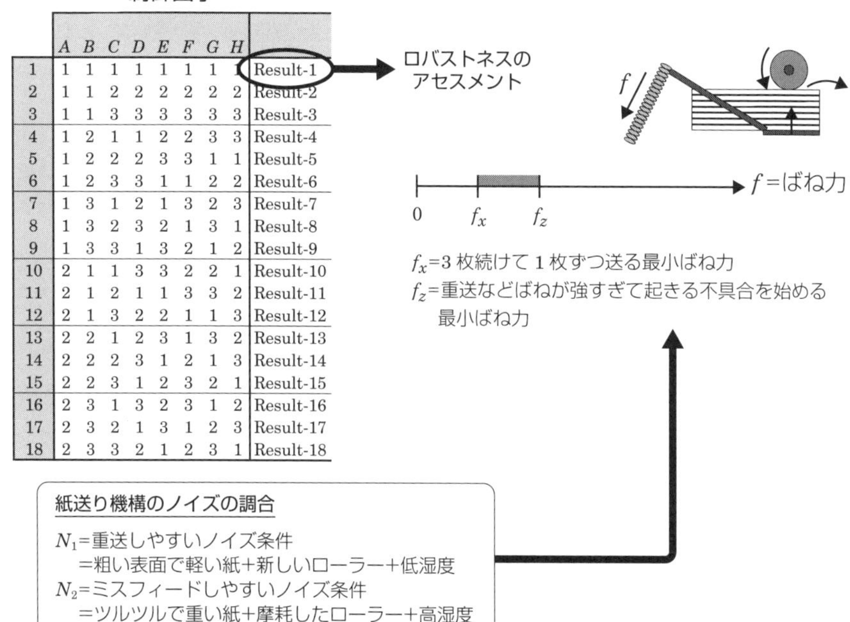

	A	B	C	D	E	F	G	H	
1	1	1	1	1	1	1	1	1	Result-1
2	1	1	2	2	2	2	2	2	Result-2
3	1	1	3	3	3	3	3	3	Result-3
4	1	2	1	1	2	2	3	3	Result-4
5	1	2	2	2	3	3	1	1	Result-5
6	1	2	3	3	1	1	2	2	Result-6
7	1	3	1	2	1	3	2	3	Result-7
8	1	3	2	3	2	1	3	1	Result-8
9	1	3	3	1	3	2	1	2	Result-9
10	2	1	1	3	3	2	2	1	Result-10
11	2	1	2	1	1	3	3	2	Result-11
12	2	1	3	2	2	1	1	3	Result-12
13	2	2	1	2	3	1	3	2	Result-13
14	2	2	2	3	1	2	1	3	Result-14
15	2	2	3	1	2	3	2	1	Result-15
16	2	3	1	3	2	3	1	2	Result-16
17	2	3	2	1	3	1	2	3	Result-17
18	2	3	3	2	1	2	3	1	Result-18

ノイズを振った機能窓特性

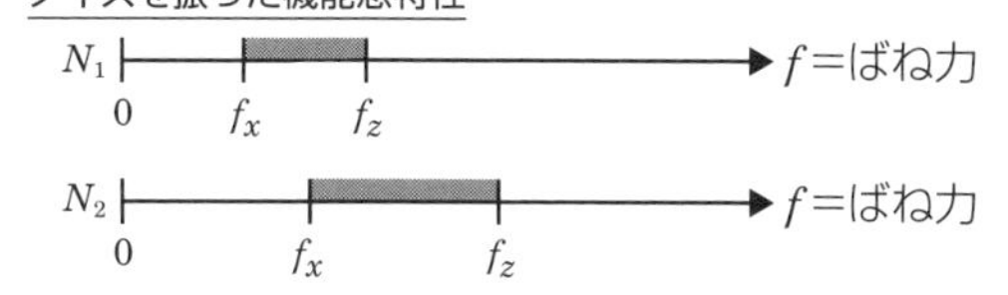

2 段階最適化

Step 1：機能窓の最大化
Step 2：ばね力調整

事例6　日産自動車社　NC機械加工

NCとはNumerical Control（数値制御）のことで，コンピューターで制御された機械加工の製造工程である．機械加工は基本的には金属の塊を削っていって目的の形状を出すことが働きである．加工後に従来は10時間以上かかる浸炭焼入れしていた．同じ表面処理が数分でできる高周波焼入れを導入したいが，そのためにはより硬い高炭素鋼を加工する必要がある．硬い材料は削りにくいことから寸法がばらつき，ギアの場合その形状がばらついて異音が出るという不具合があった．機械加工の本質的な機能のロバストネスの最適化である．

入力信号は入力した寸法，出力は結果的に得られた寸法とされた．寸法といっても様々な寸法があることから，入力信号とその水準をいかに定義するかに工夫がいる．まずは図のバベルの塔のような形のテストピースが考えられた．このテストピースの頂上の四隅をa_1, a_2, a_3, a_4，2階の四隅をb_1, b_2, b_3, b_4，1階の四隅をc_1, c_2, c_3, c_4と定義した．このことで3次元の空間に$4\times3=12$が定義されたことになる．

これらの12点の2点間の組合せの数は，$12!/(2!\times10!)=12\times11/2=66$である．それらは具体的に“$a_1$と$a_2$”，“$a_1$と$a_3$”，“$a_1$と$a_4$”，“$a_1$と$b_1$”，“$a_1$と$b_2$”，…，“$c_3$と$c_4$”という66の組合せであり，それらは66の距離ともいえる．入力信号Mはコンピュータに指示したこれらの66の距離であり，66水準ということになる．出力yは結果として加工されたこれらの66の距離である．計測は各12点の（x，y，z）の座標を精密に測り，66の距離が計算された．別の言い方をすれば，入力信号Mはあるべき寸法で，出力yは実際の寸法で，理想機能は$y=\beta M$である．

Step 1でSN比の最大化，Step 2でβを1.000に調整することになる．この理想機能の概念は**転写性**と呼ばれている．意図した形状やイメージを得るために何らかの信号が存在し，それを再生するという機能である．射出成形であれば金型の寸法であり，ドリルで穴を開けるのであれば穴の直径に対してドリルの直径，フォトリソグラフィーであればフォトマスクというパターン原版の

1989 年　日産社 NC 機械加工

P ダイアグラム

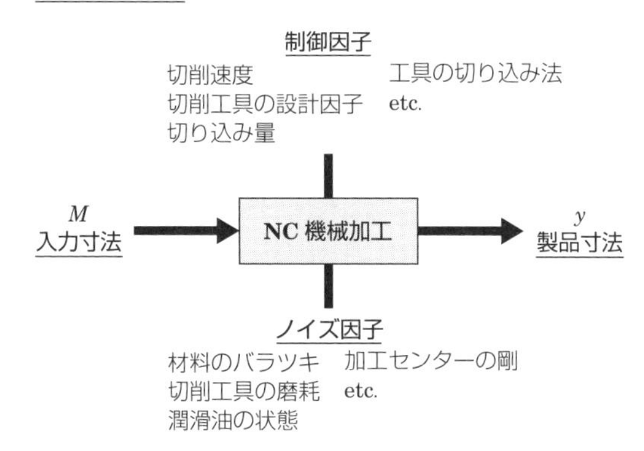

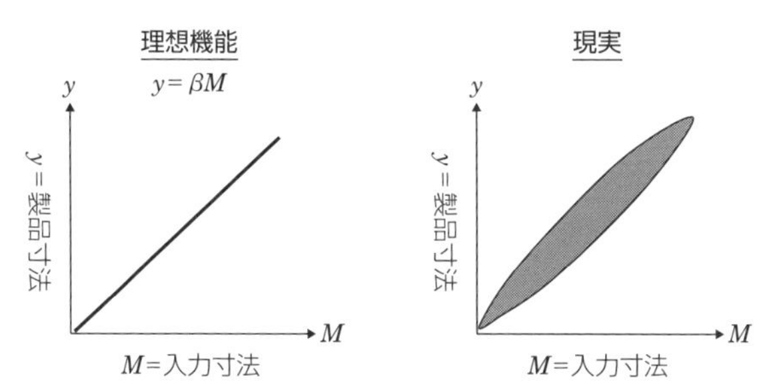

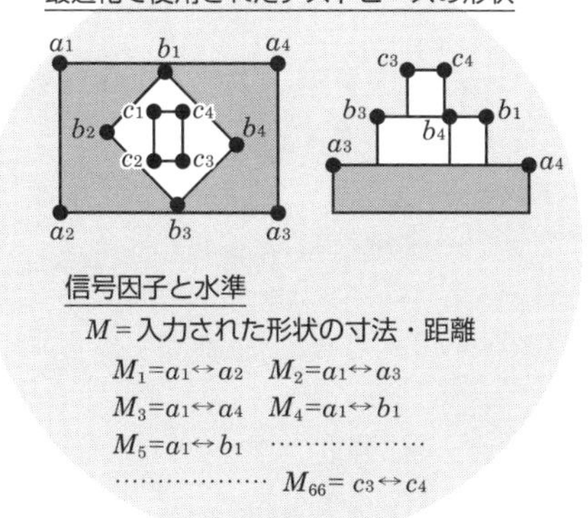

パターンが信号という具合である．写真や TV はオリジナルのイメージが信号の転写性といえる．ただ転写性はエネルギーそのものではない．転写するためには何らかのエネルギー変換の方式が存在する．NC 機械加工の場合は，(A) 切削工具の動きの制御，(B)削る機能の二つである．機械加工の消費電力と削られた体積の比例関係を理想機能とした事例は多数発表されている．

このようなテストピースを考え採用したこともこの事例の凄みである．米国で発表された際に“このテストピースは曲面がないのにどうして曲面だらけのギヤの形状を保証できるのか？”という質問があった．その答えは“平面がうまく削れないのなら，曲面は削れないからだ．”というものであった．質問，回答ともにもっともである．この技術で加工するのはギアだけではない．テストピースで機能の本質を最適化しているのである．

ノイズは材料の硬度のバラツキである．材料のバラツキ範囲内に柔らかいものと硬いものをふるい分けて N_1 と N_2 としている．硬さのバラツキに対してロバストであれば切削工具の磨耗などの他のノイズに対してもロバストであろうという考え方である．“切削しすぎるノイズ条件”と“切削が不十分になりがちなノイズ条件”を硬さのバラツキだけで対応するという考え方である．ノイズの戦略も常にエネルギーを考えることが重要である．この事例ではもう一つ重要なノイズをとっている．意図的に潤滑油の量を標準より極端に少なくして，更にバラツキを助長させたのである．

制御因子はこれといって目新しいものはないが，評価の基準を新たに理想機能とそのロバストネスとしたことから，まったく新しい知見が得られる場合が多いのである．これもまた重要な考えかたである．

制御因子と水準

（網掛け）：最適条件

	制御因子	第 1 水準	第 2 水準	第 3 水準
A	切削方向	↑	↓	
B	切削速度	遅い	標準	早い
C	送り速度	遅い	標準	早い
D	工具材質	軟らかい	標準	硬い
E	工具剛性	低い	標準	高い
F	ねじれ角	小さい	標準	大きい
G	すくい角	小さい	標準	大きい
H	切り込み量	少ない	標準	多い

ノイズの戦略

N_1= 硬さのバラツキ範囲内で軟らかい=32HRc
N_2= 硬さのバラツキ範囲内で硬い=38HRc
→N_1 と N_2 に足して潤滑油を極端に少なくして加工した.

確認実験の結果

	推定		確認実験	
	S/N	β	S/N	β
初期条件	37.0	1.0014	34.7	0.9992
最適条件	63.8	0.9927	54.1	0.9939
ゲイン	26.8 db		19.4 db	

- ほぼ 20 db のゲインでバラツキ範囲は 1/10 になった.
  ✓6 db のゲインごとにバラツキ範囲は半分になる.
- 2 段階最適化の Step 2 は β を 1.000 に調整する掛け算である.

事例7　フォード社　燃料ポンプ

自動車の燃料ポンプは電気のパワーでポンプを動かして燃料をエンジンに供給することが仕事である．したがって，入力Mは電流×電圧($I \times V$)，出力yは流量×液圧($Q \times P$)である．理想機能は物理の理論に従って，ゼロ点を通る比例関係である．

この事例では入出力の両辺を液圧Pで割ることで，入力を$M=(I \times \mathrm{V})/P$，出力を$y$=流量とした．以下その理由である．ポンプが作動している間にバックプレシャー（背圧）というエンジン側の圧力がこのポンプに対する抵抗として存在し，運転状況によって常に変化している．このバックプレッシャーはノイズである．また，ほかに様々なノイズがあり流量がばらつくために，電圧で補正をするというフィードバック制御されている．そのために，流量が電力に比例して液圧に反比例することを理想とした．流量を制御するためにはこのMとyがバラツキなく比例することで，ポンプの機能をロバストにするだけではなく，補正も容易になるため両方を同時に最適化したことになる．

制御因子はL_{18}にわりつけられた．ノイズは図のように三つのノイズ因子をN_1とN_2に調合し，信号であるP=液圧を4水準，V=電圧を5水準とった．したがって，制御因子のL_{18}のそれぞれにおいて，N，P，Vの$2 \times 4 \times 5=40$の組合せで，電流値と流量が計測され，信号の値である$M=I \times V/P$を計算し，40組のMとyの値が得られた．右の図は現状設計のデータである．だいたいにおいてN_2の出力が高いというノイズの効果の傾向が現れている．Nの効果がたまに逆転しているが，つまり，N_2がN_1より下になっているが，信号因子が$4 \times 5=20$水準あるため問題はない．

本事例は1993年のASIシンポジウムで発表され金賞を受賞している．

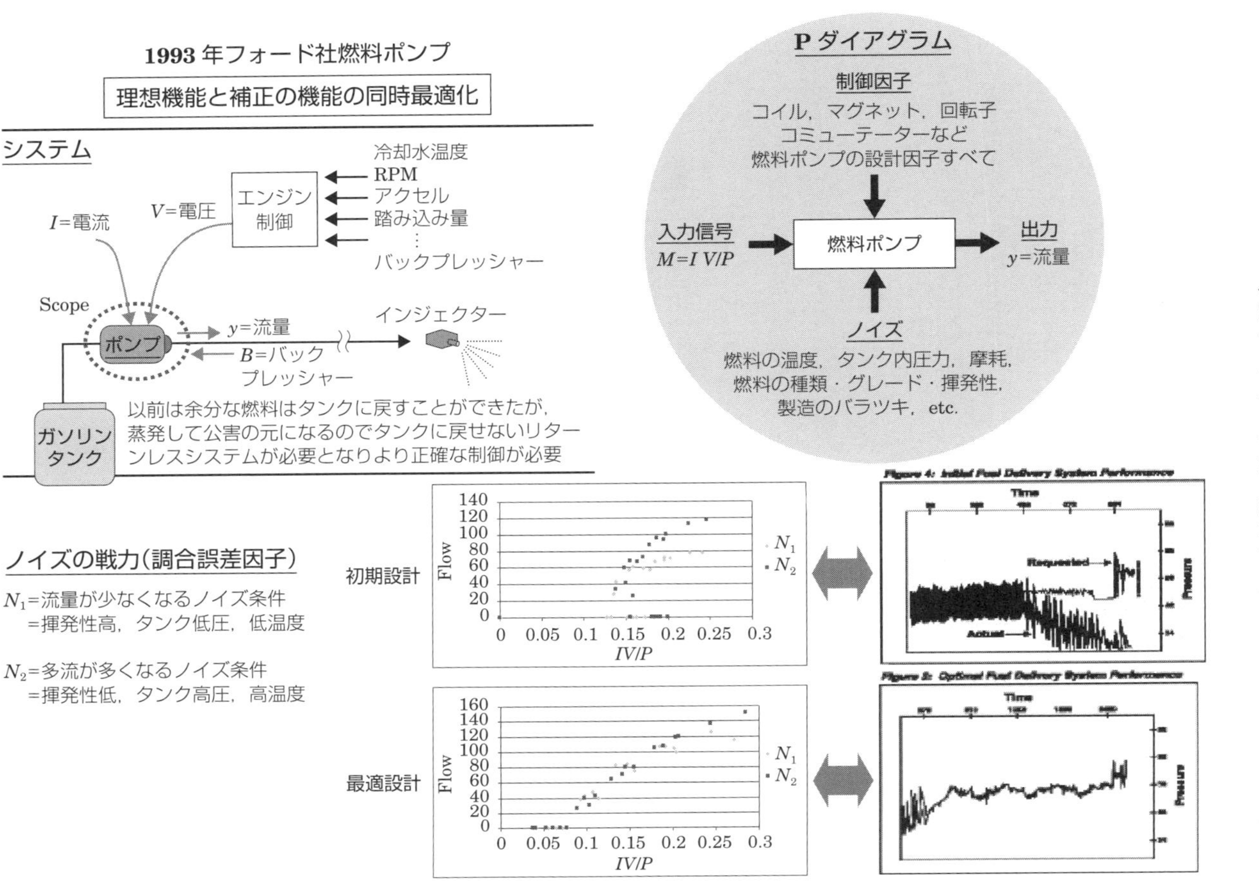
1993 年フォード社燃料ポンプ
理想機能と補正の機能の同時最適化
システム
冷却水温度
RPM
アクセル
踏み込み量
…
バックプレッシャー
エンジン制御
V=電圧
I=電流
Scope
ポンプ
y=流量
B=バックプレッシャー
インジェクター
ガソリンタンク
以前は余分な燃料はタンクに戻すことができたが，蒸発して公害の元になるのでタンクに戻せないリターンレスシステムが必要となりより正確な制御が必要
P ダイアグラム
制御因子
コイル，マグネット，回転子
コミューテーターなど
燃料ポンプの設計因子すべて
入力信号
M=I V/P
燃料ポンプ
出力
y=流量
ノイズ
燃料の温度，タンク内圧力，摩耗，
燃料の種類・グレード・揮発性，
製造のバラツキ，etc.
ノイズの戦力(調合誤差因子)
N1=流量が少なくなるノイズ条件
=揮発性高，タンク低圧，低温度
N2=多流が多くなるノイズ条件
=揮発性低，タンク高圧，高温度
初期設計
最適設計
Flow
IV/P
N1
N2
Time
Pressure
Requested
Actual

事例8　3M社　酸素センサー

心臓切開手術において心肺器は，血液を患者の体に循環させる心臓と，血液の酸素濃度を一定に保つという肺の機能が主なものである．このセンサーは酸素配給量を決めるために心肺器に入ってくる血液の酸素濃度を測る計測器である．酸素濃度の計測が真値から大きくばらつくと術中の患者の酸素濃度がばらつくため生命を脅かすことになる．計測の理想機能は基本的に入力が真値で，出力が計測値であるが，この事例の場合，とても強いノイズが存在した．安全性のために患者の体温を17℃まで下げる低体温法の手術の場合も多いというのである．問題は血液温度によって計測値が大きく影響を受けることである．

血液温度はノイズ

何もしないのであれば血液温度はノイズとして扱うしかない．血液温度に対してロバストにする必要がある．ただ物理的にロバストネスに限界がある場合はノイズそのものを制御したり，ノイズの影響を補正することも対策である．

血液温度は標示因子

心肺器は温度をモニターしているため，血液温度の効果を補正することも可能である．17℃から37℃の間の温度における酸素濃度の真値に対する感度の変化がわかれば，補正用のいわゆるルックアップ表をつくれることになる．それは例えば以下のような意味である．

血液温度が37℃であれば，センサーの計測値をそのまま使う．

血液温度が28℃であれば，センサーの計測値を0.941で割る．

血液温度が17℃であれば，センサーの計測値を0.928で割る．

このような補正をする場合，SN比は一つで最適化をして血液温度ごとに感度βを求めルックアップ表を作成し，ソフトウェアで補正ができる．このような補正はなるべく避けたいという意見もあるが，補正したほうがシステム全体のSN比がよいのであれば，補正をするべきである．このような補正のコストはゼロの場合もあるが，コストがかかるのであればコストを考慮して損失関数で意思決定するべきである．デジタルの世界ではこれからこのようなニーズが増えていくと予測できる．

血液温度は信号因子

血液温度の影響の物理がわかっていて，それを数式で表せる場合は信号因子である．その理論式を理想機能に盛り込むことになる．この場合も理論式に従って補正することになる．この事例では血液温度は図にある(b)の理論式を理想機能とする信号因子であった．信号因子が二つある場合である．

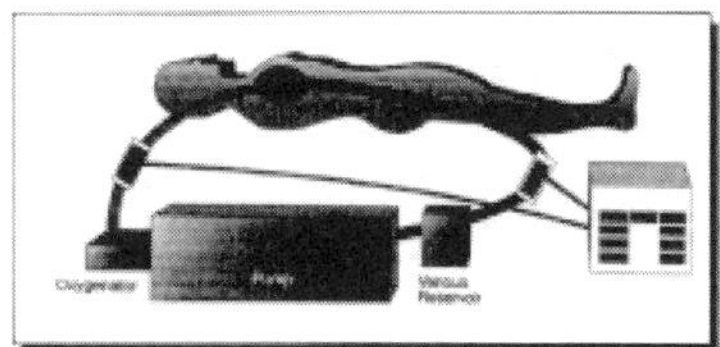

理想機能と補正の機能の同時最適化

目的を考える！

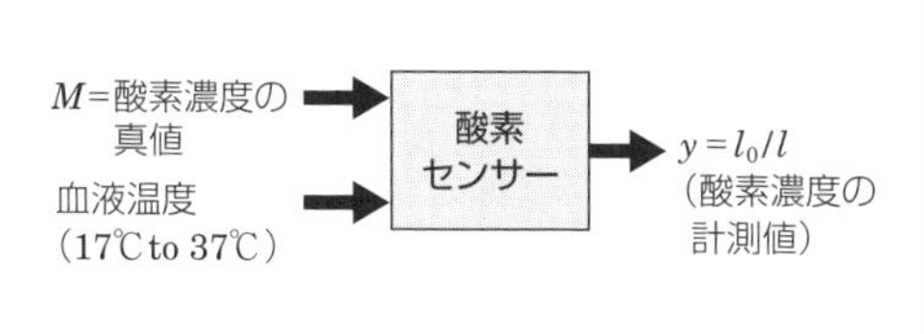

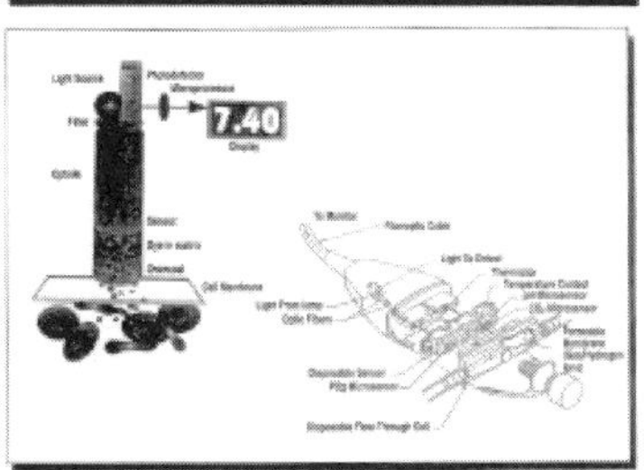

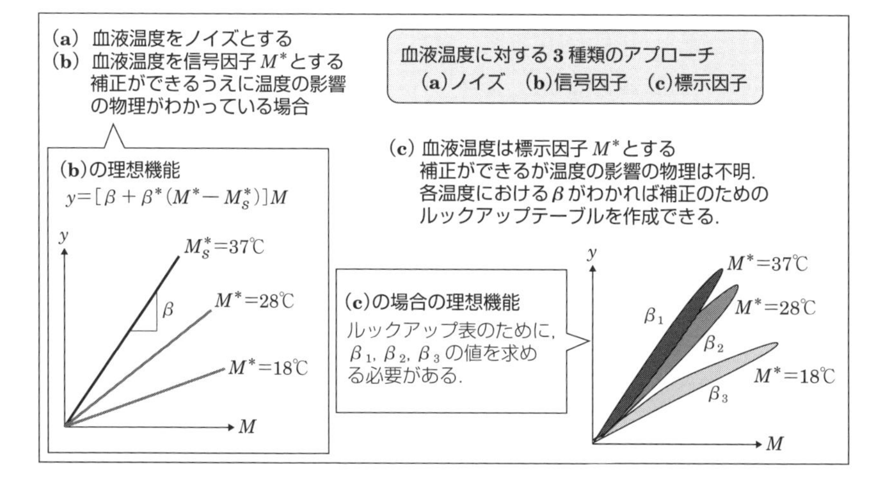

事例9 ITT社国防電子事業部 EWレシーバー

国防のためのレーダーは敵の攻撃をなるべく早く感知することが重要である．敵のミサイルが高速でこちらに向かってきている場合など，発見するまでの時間を短くしたいことになる．CPUなどのハードに高価な投資をすることでも時間を短縮できるが，設計変更にあまりコストがかからないソフトウェアのアルゴリズムから制御因子をとって，シミュレーション実験で最適化したものである．

理想機能は時間を信号にとり，発見失敗の確率Pを出力にしている．シミュレーションで敵のミサイルを飛ばし，時間が経つにつれミサイルはこちらに近づいているのだから，理想機能のグラフが示すように敵発見失敗の確率Pは時間に対して指数関数で1.0からゼロに近づくことになる．0.0秒では発見は不可能なのでPは1.00，ある時間間隔ごとにPは半減していくことになる．SN比を最大化するとともに，発見失敗率が早くゼロに近づくためにβを最大化したいのである．このような指数関数の理想機能のデータ変換やSN比の計算は第7章を参照されたい．

制御因子と水準は“スキャンの回数”，“サンプリングの頻度”，“実行優先度”などアルゴリズムから選択してL_{18}にわりつけられた．ノイズ因子と水準は“敵の種類”，“敵の規模”，“探索開始のバラツキ”などで，これらもL_{18}にわりつけられた．図にあるように$L_{18} \times L_{18}$のパラメータ設計である．$18 \times 18 = 324$通りの組合せごとに敵に飛ばして発見までの時間を測り，それを繰り返すことで発見失敗の確率を時間ごとに推定して，そのデータを第7章の方法で線形化した．線形化したデータでゼロ点比例式のSN比とβを計算して最適化したものである．

その結果，発見所要時間を57％短縮できたのである．蛇足であるが，この機能は基本的に診断であるから，診断機能のサブシステムにMTシステムを導入することで更なる改善が期待できそうである．

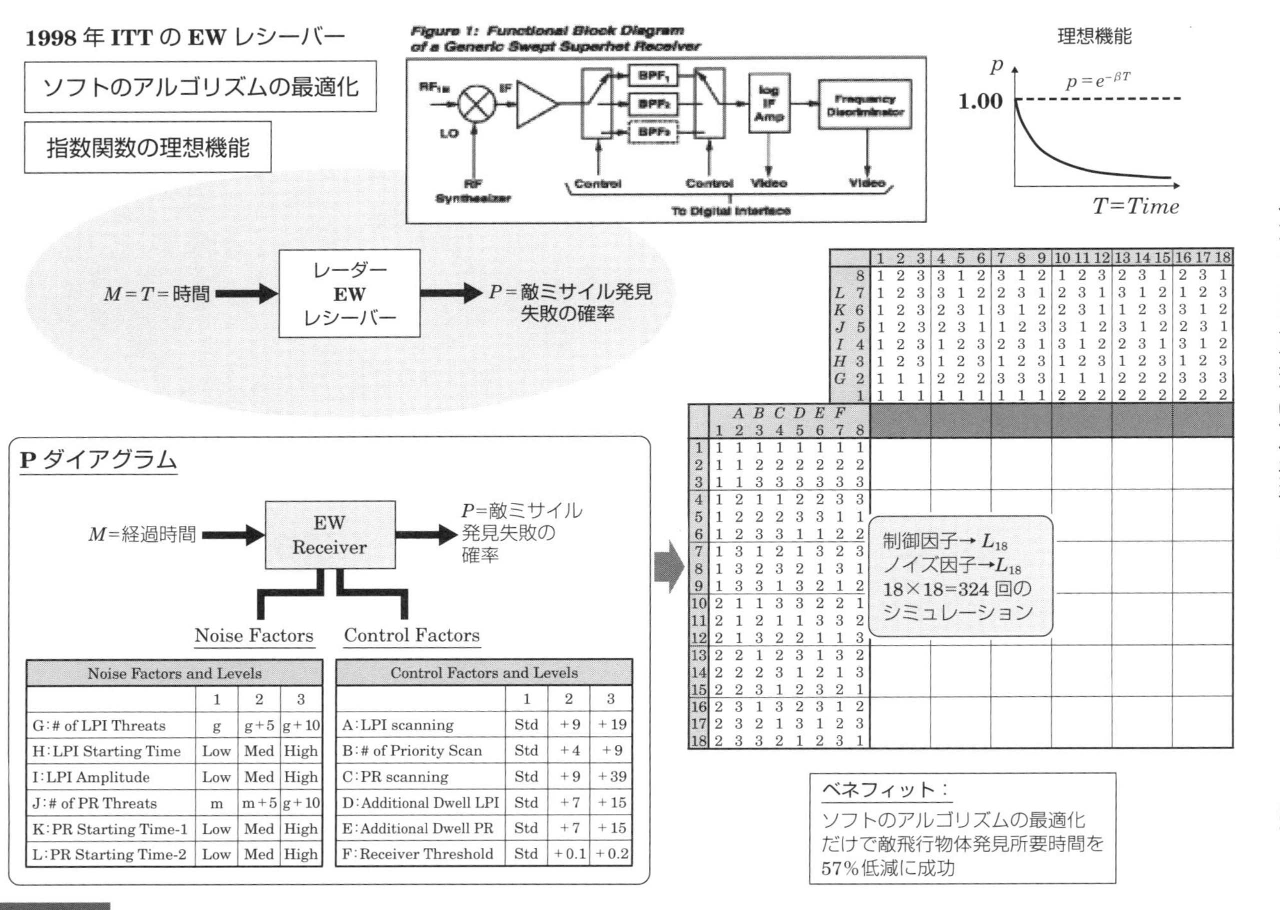

Noise Factors and Levels	1	2	3
G: # of LPI Threats	g	g+5	g+10
H: LPI Starting Time	Low	Med	High
I: LPI Amplitude	Low	Med	High
J: # of PR Threats	m	m+5	g+10
K: PR Starting Time-1	Low	Med	High
L: PR Starting Time-2	Low	Med	High

Control Factors and Levels	1	2	3
A: LPI scanning	Std	+9	+19
B: # of Priority Scan	Std	+4	+9
C: PR scanning	Std	+9	+39
D: Additional Dwell LPI	Std	+7	+15
E: Additional Dwell PR	Std	+7	+15
F: Receiver Threshold	Std	+0.1	+0.2

	1	2	3	4	5	6	7	8	9	10	11	12	13	14	15	16	17	18
8	1	2	3	3	1	2	3	1	2	1	2	3	2	3	1	2	3	1
L 7	1	2	3	3	1	2	2	3	1	2	3	1	3	1	2	1	2	3
K 6	1	2	3	2	3	1	3	1	2	2	3	1	1	2	3	3	1	2
J 5	1	2	3	2	3	1	1	2	3	3	1	2	3	1	2	2	3	1
I 4	1	2	3	1	2	3	2	3	1	3	1	2	2	3	1	3	1	2
H 3	1	2	3	1	2	3	1	2	3	1	2	3	1	2	3	1	2	3
G 2	1	1	1	2	2	2	3	3	3	1	1	1	2	2	2	3	3	3
1	1	1	1	1	1	1	1	1	1	2	2	2	2	2	2	2	2	2

	1	A 2	B 3	C 4	D 5	E 6	F 7	8
1	1	1	1	1	1	1	1	1
2	1	1	2	2	2	2	2	2
3	1	1	3	3	3	3	3	3
4	1	2	1	1	2	2	3	3
5	1	2	2	2	3	3	1	1
6	1	2	3	3	1	1	2	2
7	1	3	1	2	1	3	2	3
8	1	3	2	3	2	1	3	1
9	1	3	3	1	3	2	1	2
10	2	1	1	3	3	2	2	1
11	2	1	2	1	1	3	3	2
12	2	1	3	2	2	1	1	3
13	2	2	1	2	3	1	3	2
14	2	2	2	3	1	2	1	3
15	2	2	3	1	2	3	2	1
16	2	3	1	3	2	3	1	2
17	2	3	2	1	3	1	2	3
18	2	3	3	2	1	2	3	1

事例10　UTA(ユナイテッド・テクノロジー・オートモーティブ)社　多機能クラッチ

SUVやミニバンのリフトゲートにおいて，“窓の開閉”，“ロッキング”，“ワイパー作動”の三つの動作を一つのモーターでこなすためのクラッチの商品化のために，タグチのエキスパート研修を終えた新米社内エキスパートが，開発チームを口説いて行った事例である．結果は欠測値だらけというショッキングなものであった．第9章で紹介したように，一般に欠測値には，2種類あり，それによって対処の仕方が異なるので注意が必要である．

(1)　制御因子の条件が実行可能な領域から外れていて機能しなかったためデータを測れなかった場合

(2)　データを紛失したなど結果が未知な場合

基本的に(1)はペナルティを与えて，(2)は平均的な結果とするのである．この事例における欠測値に対する処置の方法は以下のようなものである．

L_{18}のうち，まるで機能しなかった6条件はペナルティを科す．例えば少なくとも機能した残りの12条件のうちで最小のSN比から3 dbとか6 db引いた値を科すのである．つまり悪いとわかっているのだから，実行可能だった条件の最悪から更にペナルティをつけるてやる．少々乱暴だが論理的である．

また残りの12条件ではサンプルがなかったり，劣化試験で壊れてしまい，それ以上データがとれない状況などが点々としている．劣化試験で壊れた場合のデータはゼロとする．サンプルがなくて信号の水準が一つの場合があることから，まず動特性が使えない．そのために信号の効果を生データから引いて望目特性で解析した．またデータを生存率に変換して第6章で紹介した率のデータの解析もした．いずれの解析も同じ最適設計となり，利得は再現したのである．

最初この結果をもってきた新米エキスパートは泣きそうであった．このような実験は完全な失敗ですべてやり直しと判断する向きが多いが，それは間違いである．筆者はこの例をタグチエキスパート研修のチーム演習問題で使用している．この演習を通して“タグチメソッドの目的が理解できた”という人は多い．イントロダクションで紹介した“技術情報を創造する”とはまさにこのことである．欠測値が出てもかまわないし，欠測値を恐れる必要はないのである．

1999 年 UTA 社 多機能クラッチの最適化

信号因子	第 1 水準	第 2 水準	第 3 水準
M:ばね力	−30%	ノミナル	+30%

ノイズ因子	第 1 水準	第 2 水準	第 3 水準	第 4 水準	第 5 水準
W:劣化	初期	室温	低温	高温	最終

L_{18}	W_1			W_2			W_3			W_4			W_5		
	M_1	M_2	M_3	M_1	M_2	M_3	M_1	M_2	M_3	M_1	M_2	M_3	M_1	M_2	M_3
1	機能せず														
2	機能せず														
3	機能せず														
4	機能せず														
5	機能せず														
6	機能せず														
7	80	−	−	0	−	−	0	−	−	0	−	−	0	−	−
8	41	40	34	42	0	42	47	0	40	41	0	31	44	0	0
9	52	44	50	0	53	0	0	0	0	0	0	0	0	0	0
10	−	56	−	−	102	−	−	60	−	−	51	−	−	56	−
11	57	61	46	0	0	55	0	0	0	0	0	0	0	0	0
12	52	33	57	60	26	38	85	73	48	35	33	28	52	35	33
13	54	−	51	0	−	0	0	−	0	0	−	0	0	−	0
14	57	−	40	0	−	0	0	−	0	0	−	0	0	−	0
15	42	−	−	0	−	−	0	−	−	0	−	−	0	−	−
16	38	42	42	44	0	36	29	0	36	21	0	0	24	0	0
17	45	42	41	0	0	0	0	0	0	0	0	0	0	0	0
18	56	56	−	0	0	−	0	0	−	0	0	−	0	0	−

確認実験は
再現し，
最適化は
見事に成功！

理想機能：$y=\beta M$
M=ばね係数
y=変換時トルク

ノイズの戦略：
W_1:新品時
$W_2 \sim W_5$:4 段階の劣化条件

制御因子：
$6^1 \times 3^5 \rightarrow L_{18}(6^1 \times 3^6)$
L_{18}の第 2 列が空列

開発チームを説得して計画し実行した結果がこれだった．

→No.1 から No.6 は新品でも機能せず !!
→−はサンプルがもとからなく欠測値
→ 0 は劣化でサンプルが機能しなくなった

事例11　アルプス電気社　角度計測システム

米国でも発表され，そのアグレッシブさに感銘を受けた事例である．アクセルペダルなどの角度を，磁性を利用したセンサーで検知し，ICで増幅・変換して，ソフトで計算するという計測システムの機能である．三つのサブシステムのスペックを決めて個別に設計してから全体を試験するのが従来の開発の進め方だが，この事例ではシステム全体から48個の制御因子をL_{108}にわりつけて一挙に設計スペースを網羅している．このことを可能にしたのは，それほど精密ではないがエクセルベースの計算が速いシステム全体のシミュレーションエンジンを開発したことにある．このような考え方とアプローチを意識的に奨励し，そのための投資をサポートすることは技術部門のトップの仕事の一つである．

ノイズは48個の制御因子のバラツキと，純粋なノイズ因子“磁場のバラツキ”の計49因子を同じくL_{108}にわりつけて計測対象の角度の真値を0度から359度までを入力信号として外側に配置している．1回目のL_{108}では108の制御因子の組合せのうち半分近くが実行不能の欠測値になった．SN比と欠測値の数の要因効果図を見て最適条件を割り出して，2回目はその周りに水準を振って実行する．それを繰り返し5回目で内側の108の条件すべて実行可能になった．このことは制御因子の条件がよい方向に向かっていることを示している．繰返しによるSN比の向上のグラフはこの5回目から，SN比が収束している11回目までを示している．

技術者はより精密なシミュレーションを求めがちであるが，それはバリデーションのためであってロバストネスの評価では傾向さえ合えば十分である．繰返しを重ねている間に，制御因子の最適水準が小さいほうになったり，大きいほうになったりすることがありうる．それは制御因子間の交互作用の存在を示唆している．この繰返しを重ねて山の頂上を目指しているというイメージである．それは，たとえある程度の制御因子間の交互作用があっても自動的に修正してくれるので，制御因子間の交互作用に対してロバストな方法といえる．この事例で開発期間は1/3に，開発コストは1/5になったと報告されている．

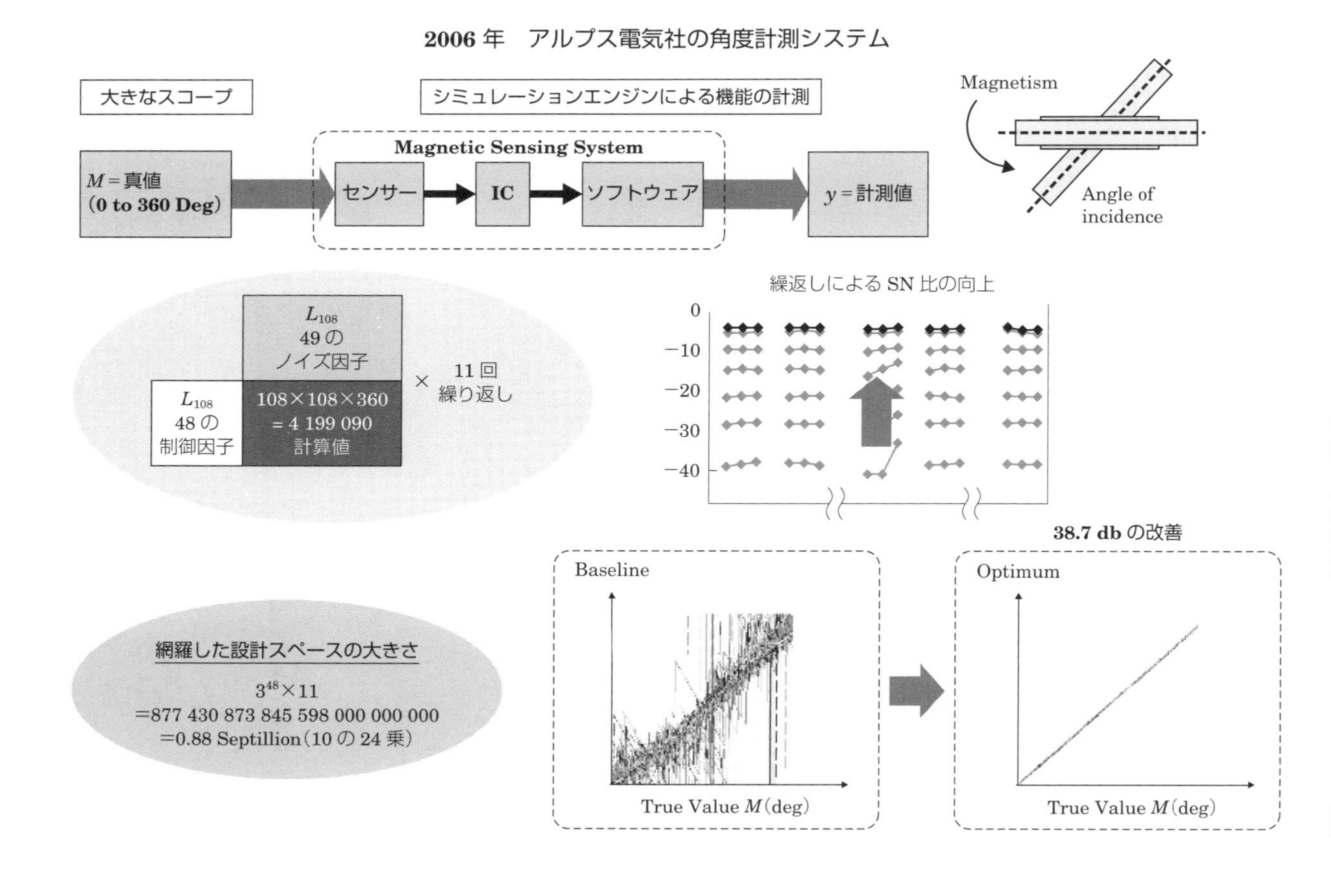
2006 年　アルプス電気社の角度計測システム
大きなスコープ
シミュレーションエンジンによる機能の計測
M = 真値 (0 to 360 Deg)
Magnetic Sensing System
センサー
IC
ソフトウェア
y = 計測値
Magnetism
Angle of incidence
L108 49 の ノイズ因子
L108 48 の 制御因子
108×108×360 = 4 199 090 計算値
× 11 回 繰り返し
繰返しによる SN 比の向上
0
−10
−20
−30
−40
38.7 db の改善
Baseline
True Value M (deg)
Optimum
True Value M (deg)
網羅した設計スペースの大きさ
3^48×11
=877 430 873 845 598 000 000 000
=0.88 Septillion (10 の 24 乗)

番外編　筆者の家族によるワンエッグオムレツの最適化

筆者の家族5人で，日曜日の午前中を4週にわたって行ったものである．当時三女は10才，次女は11才，長女は16才であった．1週目は，評価特性の定義，制御因子のアイデア出しの後に，制御因子を選んで，料理好きの三女の作り方を現行設計のレシピとして定義した．現行のレシピを参考に制御因子の水準を決めた．そして実験の手順とともに卵を混ぜる者，オムレツを焼く者，データの収集と記録をする者など，メンバーの役割を決めて，2週目と3週目でL_{18}の実験をしてデータを収集，4週目にデータ解析と確認実験をした．子供の実験なのでノイズ因子はとらず特性値は評価点特性である．

要因効果のグラフを見ると“おいしさ”は主観が入り個人個人の評価があまり揃っていない．たとえ家族であろうと個人で好みが変わることは当然であろう．注目すべきは“固さ”のグラフである．これは個人の好みではなくエネルギーに関係している客観的な物理的な特性であるから，5人の評価の傾向が比較的揃っている．例えばミルクが多いほど，混ぜる回数が多いほどオムレツは柔らかいと評価されている．

個人の評価があまり揃っていないなかで，全員がおいしいと感じる最適レシピを5人の平均点が高い水準を選んでV_1とV_2の2通りの最適設計で確認実験した．この場合は家族のメンバーがノイズ因子として扱われていることになる．現実の生活の上では子供たちはノイズ因子，家内は信号因子という認識ではあるが，それはさておく．

全員が平均的においしいと感じるオムレツのほかに，個人別に評価点が最高点になるような5人それぞれの最適条件のレシピも確認実験した．確認実験における点数評価はいわゆる目隠しテストで行った．

確認実験の結果は満足のいくものであった．V_1とV_2はおいしさで共に7.8点だった．これはL_{18}の最高点の7.2点を上回っていることからある程度の加法性が証明できた．特にV_2においては三女が2点で，ほかの4人は10点であることから，二つのマーケットセグメントが存在するようである．また個人の最適オムレツも5人中3人が10点，2人が8点だった．L_{18}の実験では10点とか9点がまれであることを考えると満足できるレベルといえる．

手前味噌であるが，娘3人が米国のシンポジウムで発表して好評を得た事例である．ディズニーワールド家族旅行という副賞をいただいた．このほかにも米国で中学生が“玩具の風力発電機”の最適化で，初期条件2.3 Voltを直交表を3回使って5.4 Voltまで改善している．13歳が行った長く燃える蝋燭の設計の事例もある．ノイズ因子やSN比は使っていないが，最初はこれでよいと思う．筆者はこうした直交実験を日本の子供たちに教えていくべきだという考えである．

娘たちによる実験結果のまとめ

① 人によって好みが違うことがよくわかった．

② この5人の中では，二つのマーケットがあることがわかった．一つは“三女”であり，もう一つは“他の4人”である．

③ 全員に好まれるオムレツを決定するのは難しいが，それなりに全員がおいしいと感じるオムレツができた．

④ それぞれの人に対して一番おいしいと感じるオムレツができることがわかった．これは大成功であった．

⑤ 実験のやりかたを示す直交表や，実験で得たデータの解析のしかたがわかった．

⑥ お父さんが，いろいろな企業に行って何をしているか想像できた．

ワンエッグオムレツの最適化

小中学生でもできる最適化

評価点特性

おいしさ：まずい！ 0 1 2 3 4 5 6 7 8 9 10 ほっぺがおちる

かたさ：柔かすぎ 0 1 2 3 4 5 6 7 8 9 10 固すぎ（中央：ちょうど良い）

オムレツを作る → y=おいしいさ（評価点特性）, x=固さ（評価点特性）

制御因子のアイデア出しで出てきた因子

- 卵の種類・大きさ
- 油の種類・量
- 牛乳の量・種類
- 火の強さ
- 焼く時間
- 塩の量・質・種類
- 砂糖の量・質・種類
- 白身と黄身の比
- フライパンの種類
- かき混ぜる回数
- ストーブの種類
- 混ぜる順番
- ふた
- ひっくり返す回数
- 卵の初期温度
- ひっくり返す道具
- 歌う
- おどる
- 卵のカラを入れる
- 愛をこめる
- 料理をする人
- くさったものを入れる
- おまじないをする

	制御因子	第1水準	第2水準	第3水準
A	ふた	する	しない	
B	オイルの量	1/4さじ	1/2さじ	3/4さじ
C	オイルの種類	オリーブ	サラダ	バター
D	ミルクの量	1/2さじ	1さじ	2さじ
E	塩	無し	1摘み	2摘み
F	混ぜ方	5回	78回+42回	ミキサー
G	調理法	軽く焦がす	フリップ3回軽焦	もっと焦がす
H	ガスの強さ	25%	50%	75%

現状レシピは三女のレシピで $A_1B_2C_2D_3E_2F_2G_2H_2$.
制御因子の水準はその周りに振った.

実験結果　　家族5人が評価

No.	A 1	B 2	C 3	D 4	E 5	F 6	G 7	H 8	おいしさ 長	次	三	妻	筆	Avg.	固さ 長	次	三	妻	筆	Avg.
1	1	1	1	1	1	1	1	1	3	3	7	3	5	4.2	7	7	7	9	7	7.4
2	1	1	2	2	2	2	2	2	7	3	5	4	5	4.8	5	5	5	5	5	5.0
3	1	1	3	3	3	3	3	3	6	8	6	9	7	7.2	4	5	6	5	5	5.0
4	1	2	1	1	2	2	3	3	3	2	4	5	4	3.6	6	5	6	5	5	5.4
5	1	2	2	2	3	3	1	1	0	3	3	5	6	3.4	6	5	4	5	5	5.0
6	1	2	3	3	1	1	2	2	3	2	1	6	8	4.0	3	5	5	5	6	4.8
7	1	3	1	2	1	3	2	3	4	4	4	7	6	5.0	4	5	4	5	5	4.6
8	1	3	2	3	2	1	3	1	4	6	3	9	8	6.0	5	5	7	5	5	5.4
9	1	3	3	1	3	2	1	2	4	7	6	7	5	5.8	7	7	8	7	7	7.2
10	2	1	1	3	3	2	2	1	7	6	3	10	6	6.4	5	5	5	5	6	5.2
11	2	1	2	1	1	3	3	2	5	2	1	8	3	3.8	5	5	7	6	5	5.6
12	2	1	3	2	2	1	1	3	3	3	5	4	3	3.6	5	7	7	8	8	7.0
13	2	2	1	2	3	1	3	2	6	6	3	8	8	6.2	7	8	6	8	7	7.2
14	2	2	2	3	1	2	1	3	5	4	3	5	3	4.0	4	4	3	5	5	4.2
15	2	2	3	1	2	3	2	1	8	8	3	8	7	6.8	6	5	7	5	6	5.8
16	2	3	1	3	2	3	1	2	5	4	3	6	4	4.4	4	5	3	5	5	4.4
17	2	3	2	1	3	1	2	3	5	8	1	7	4	5.0	6	6	9	4	7	6.4
18	2	3	3	2	1	2	3	1	6	4	0	5	4	3.8	5	6	7	7	7	6.4

"おいしさ" の評価点の平均

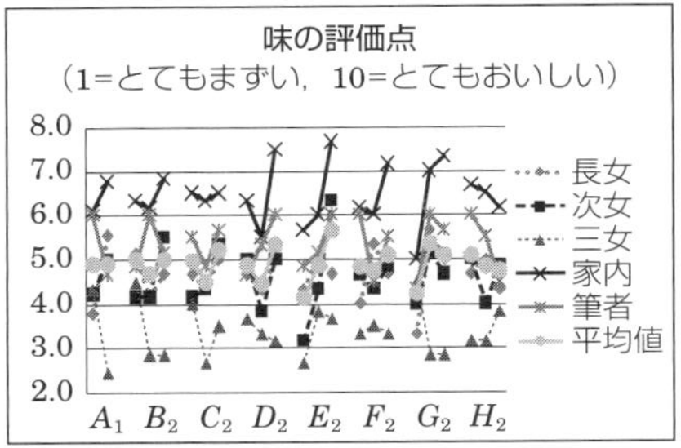
味の評価点
(1=とてもまずい，10=とてもおいしい)
8.0
7.0
6.0
5.0
4.0
3.0
2.0
A_1 B_2 C_2 D_2 E_2 F_2 G_2 H_2
長女
次女
三女
家内
筆者
平均値

"固さ" の評価点の平均

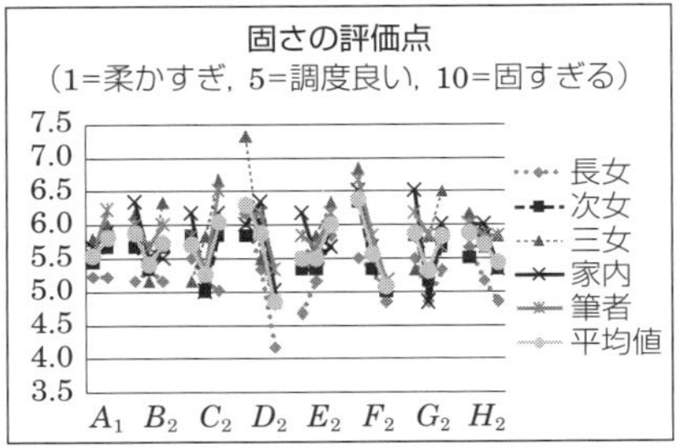
固さの評価点
(1=柔かすぎ，5=調度良い，10=固すぎる)
7.5
7.0
6.5
6.0
5.5
5.0
4.5
4.0
3.5
A_1 B_2 C_2 D_2 E_2 F_2 G_2 H_2
長女
次女
三女
家内
筆者
平均値

最適条件

	ふた	オイル	種類	ミルク	塩	混ぜ方	調理法	ガス
全員の最適 V_1	しない	1/4	Butter	2	2摘み	ミクサー	フリップ3回，軽焦	25%
全員の最適 V_2	する	3/4	Butter	2	2摘み	ミクサー	フリップ3回，軽焦	25%
長女の最適	しない	1/4	Butter	2	1摘み	78-42	フリップ3回，軽焦	50%
次女の最適	しない	3/4	Butter	2	2摘み	ミクサー	フリップ3回，軽焦	25%
三女の最適	する	1/4	Olive	1/2	1摘み	78-42	軽く焦がす	75%
家内の最適	しない	3/4	Butter	2	2摘み	ミクサー	軽く焦がす	25%
筆者の最適	する	1/2	Butter	2	2摘み	5回	フリップ3回，軽焦	25%

確認実験の結果

確認実験	味						固さ					
	長女	次女	三女	家内	筆者	平均	長女	次女	三女	家内	筆者	平均
全員の最適 V_1	7	8	6	9	9	7.8	5	5	5	5	5	5
全員の最適 V_2	9	9	2	10	9	7.8	4	5	4	5	5	4.6
長女の最適	10	8	6	10	9	8.6	5	5	7	6	6	5.8
次女の最適	10	8	2	8	9	7.4	5	4	2	5	5	4.2
三女の最適	9	6	10	8	7	8.0	7	7	5	7	6	6.4
家内の最適	9	9	4	8	9	7.8	5	5	4	5	5	4.8
筆者の最適	10	10	2	10	10	8.4	4	6	5	5	5	5.0
最高に柔らかい	10	5	4	5	3	5.4	3	4	4	5	3	3.8
最高に固い	10	2	5	6	8	6.2	6	7	5	7	7	6.4

第12章

Appendix A
自由度の分解と変動の分解

A.1 なぜ自由度の分解と 2 乗和の分解が必要なのか

ピタゴラスの定理とは**図 A.1** のような直角三角形の三辺の長さにおいて $V^2=X^2+Y^2$ という等式が成り立つことである．V というベクトルを X の成分と Y の成分に分解している．一つの V という情報を X の情報と Y の情報に分解しているといってもよい．これは X 軸と Y 軸が直角であることから成り立ち，これが**直交**という概念である．直交は英語ではオソゴナル（Orthogonal）．統計学の**分散分析**（Analysis of Variance：ANOVA）はデータ全体を欲しい情報に**分解**するもので，この直交性を利用したものである．SN 比はこの分解を応用して機能の良し悪しを評価しているのである．

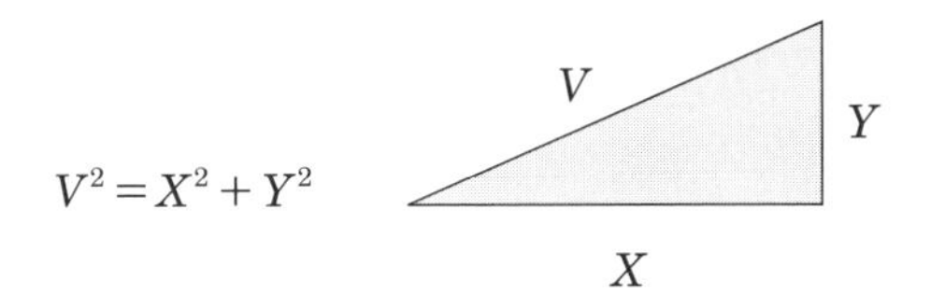

図 A.1　ピタゴラスの定理

A.2 一元配置の分散分析

一元配置とは因子が一つとそのデータである．このようなデータは日常にあふれている．簡単な例として以下のようなアマチュアゴルファーのドライバーの飛距離のデータで解説する．

特性値　　　：y　＝ドライバーの飛距離

誤差因子 N：N_1＝暖かくて風のない日，新しいグリップとスパイク

N_2＝寒くて横風の強い日，磨耗したグリップとスパイク

表 A.1 は，N_1 と N_2 それぞれ 10 回のショットのデータである．

データ解析の基本的な表記を**図 A.2** に示す．A_i で示した例えば A_i という表記は二つの意味をもつ．A_1 は因子 A の第 1 水準の表記であり，A_1 のデータの合計の表記でもある．同じ表記でも水準の定義とデータの合計なので混乱は起きない．こうすることで y_{ijk} のような複雑な表記を回避できるからである．

表 A.1　ドライバーの飛距離のデータ

	1	2	3	4	5	6	7	8	9	10	合計	平均値
N_1:暖かく風のない日	233	240	238	230	239	239	236	230	242	233	2 360	236.0
N_2:寒くて横風の強い日	225	218	222	210	228	216	226	222	220	213	2 200	220.0
											4 560	228.0

データ解析の表記

y	データ，特性値，出力特性
y_i	i 番目のデータ
n	データの数
T	データの総和
$\bar{y}, \overline{T}$	データの平均値
A	因子 A
A_i	因子 A の i 番目の水準
A_i	因子 A の i 番目の水準のデータの和
$\overline{A}_i$	因子 A の i 番目の水準のデータの平均
	$B, C, D, E, \cdots$も同様

このデータの場合

$n = 20$

$T = 4\,560$

$\overline{T} = \bar{y} = \dfrac{4\,560}{20} = 228.0$

$N_1 = 2\,360 \quad \overline{N}_1 = 236.0$

$N_2 = 2\,200 \quad \overline{N}_2 = 220.0$

$n_{N_1} = n_{N_2} = 10$

図 A.2　データ解析の表記

(1) 全変動の分解

全２乗和もしくは全変動といわれる S_T を分解をする．一般に１因子のデータの分解は S_T を以下の三つの成分に分解する（**表 A.2** 参照）．

$$S_T = S_m + S_N + S_e$$

S は Sum of Squares で **２乗和**や**変動**，**平方和**と呼ばれている．

表 A.2　全変動の成分

S_T	各データを２乗して足したもので，全２乗和または全変動である．
S_m	平均値による変動である．m は平均を意味する Mean の m である．
S_N	N の効果，N_1 と N_2 でどれだけ違いがあるかという因子 N による変動である．
S_e	誤差変動，N_1 内，N_2 内の 10 回の繰返し間の変動である．繰返しの誤差である．

これらを**図 A.3** で説明する．変動は図にある点線の距離の２乗和である．全変動 S_T はゼロから各データまでの距離を２乗して足したもの．**図 A.3** の S_T グラフの 20 本の点線の長さを２乗して足したものである．２乗はパワーであるから**トータルパワー**ともいえる．特性値がパワーの平方根であれば S_T は文字どおりトータルパワーである．

S_m は**平均値**，データ全体の平均値なので正式には**一般平均による変動**であり，ゼロから平均値までの距離を２乗してデータの数だけ足したものである．平均値がゼロであれば S_m はゼロで平均値がゼロから遠いほど S_m は大きい値になる．S_m は平均値の大きさという情報をもっていることになる．

因子 N による変動 S_N はグラフにあるように，N_1 の平均から一般平均 $\overline{T}$ までの距離を２乗してデータの数だけ足したものと，同様に N_2 の平均から $\overline{T}$ までの距離を２乗してデータの数だけ足したものの和である．N_1 と N_2 の平均値が同じであれば S_N はゼロになる．その場合は N_1 と N_2 の平均は $\overline{T}$ と同じになる．N_1 と N_2 の平均が離れていればいるほど，この S_N は大きくなる．S_N は**因子 N の y に対する効果の強さ**という情報をもっていることになる．

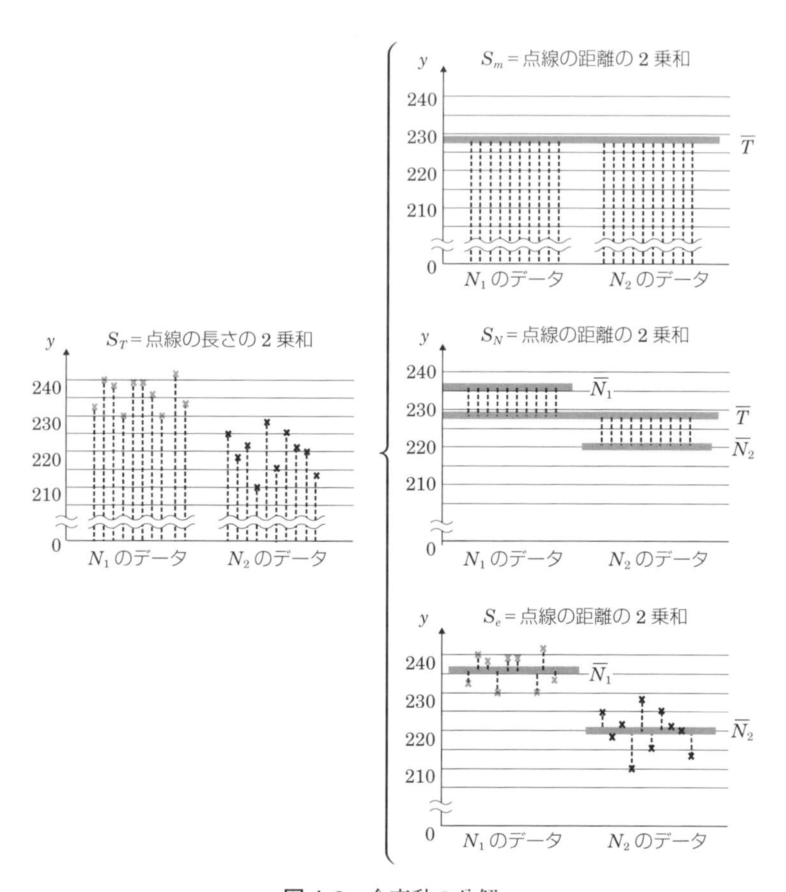

図 A.3　全変動の分解

誤差変動 S_e は N_1 の 10 個のデータのそれぞれから N_1 の平均値までの距離を 2 乗して足したものと，同様に N_2 のデータのそれぞれから N_2 の平均値までの距離を 2 乗して足したものの和である．N_1 内と N_2 内の繰返しのバラツキが大きいとこの値は大きくなる．S_e は繰返し間の誤差，計測誤差，サンプル間の誤差などの因子 N 以外の**誤差によるバラツキの大きさ**の情報をもっている．

証明は様々なところでされているのでここではしないが，**図 A.4** のような等式が成り立つ．これが一般的な一元配置の全変動，全 2 乗和の分解である．

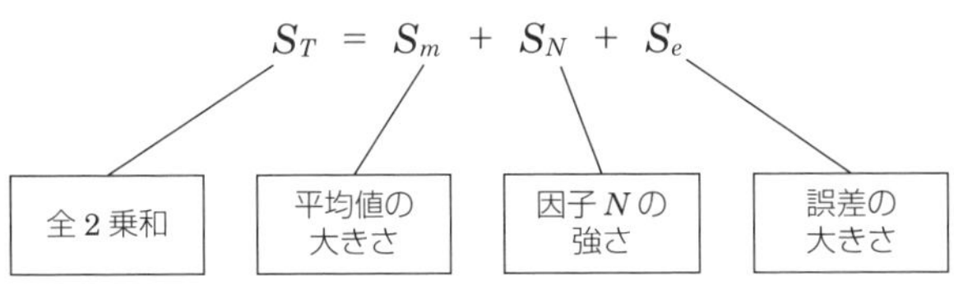

図 A.4　全変動の等式

(2) 全変動の分解の計算式

以下は**図 A.3** から導かれる各変動の式である．これらの表記は最初はとっつきにくいと思う．

$$S_T = \sum_{i=1}^{20} {y_i}^2 = y_1 + y_2 + \cdots + y_{20} \begin{cases} S_m = 20 \times \overline{T}^2 \\ S_N = 10 \times \left(\overline{N_1} - \overline{T}\right)^2 + 10 \times \left(\overline{N_2} - \overline{T}\right)^2 \\ S_e = \displaystyle\sum_{N_1\text{のデータ}} \left(y_i - \overline{N_1}\right)^2 + \sum_{N_2\text{のデータ}} \left(y_i - \overline{N_2}\right)^2 \end{cases}$$

以下は各２乗和の式を簡単化した計算式である．コンピュータのなかった時代はこのような簡素化した式で計算していた．

$$S_T = \sum_{i=1}^{20} {y_i}^2 = {y_1}^2 + {y_2}^2 + {y_3}^2 + \cdots\cdots + {y_{20}}^2 = 233^2 + 243^2 + \cdots\cdots + 213^2 = 1\ 036\ 834$$

$$S_T = \begin{cases} S_m = \dfrac{T^2}{n} = \dfrac{4\ 560^2}{20} = 1\ 039\ 680.0 \\ S_N = \dfrac{{N_1}^2}{n_{N_1}} + \dfrac{{N_2}^2}{n_{N_2}} - \dfrac{T^2}{n} = \dfrac{2\ 360^2}{10} + \dfrac{2\ 200^2}{10} - \dfrac{4\ 560^2}{20} = 1\ 280.0 \\ S_e = S_T - S_m - S_N = 466.0 \end{cases}$$

変動の分解の式のパターンが見えてくるとそう難しいものではない．いずれにしても全２乗和から分解されたそれぞれの成分が何を意味しているかを認識してほしい．これらを分散分析表にまとめるのだが，その前に自由度の分解を説明する．

(3) 自由度の定義と分解

全2乗和を分解すると同時に**自由度**も分解される．**正確に言えば自由度の分解が先にあって変動の分解がある**．自由度の分解を理解することで，データをどのような情報に分解できるかを見極めることができるため大事な概念である．ここでは数理ではなく理解しやすい便宜的な自由度の定義を紹介する．

二つを比べるたびに自由度"1"を消費する

自由度1は独立した一つの情報という言い方もできる．**図 A.5** のような A_1, A_2, A_3 の3人の身長のデータがそれぞれ 190 cm, 165 cm, 175 cm とする．データ一つは，独立した情報が一つだから自由度1である．一つのデータは基準点であるゼロからの距離で，ゼロからどれだけ離れているかを比べているから自由度1である．このことから三つのデータの全自由度はデータの数である3である．同様に n 個のデータは自由度 n になる．では自由度3を分解してみよう．

当たり前であるが3人の身長のデータがある場合，考えられるのは3人の身長を比較することである．3人を比較するだけであれば"二つを比べること"は2回ですむことになる．例えば A_1 は A_2 より 25 cm 身長が高く，A_3 は A_2 より 10 cm 高いとわかれば，A_1 は A_3 より 15 cm 背が高いと計算できる．3人を比

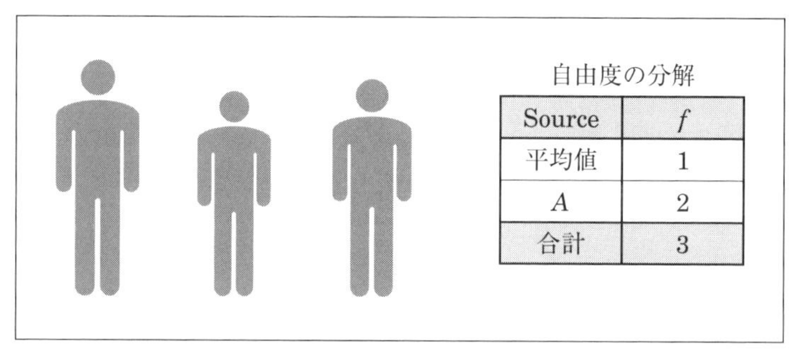
自由度の分解

Source	f
平均値	1
A	2
合計	3

図 A.5　3人の身長データ

べるだけなら2人の差を2回測ればすむことで，これは3水準の因子の効果を知るためには自由度2が必要になることを意味している．同じ理屈で **k 水準の因子の効果を知るには $k-1$ の自由度が必要となる**．自由度は Degrees of Freedom の f や df で表記される．因子 A の自由度は f_A と表記される．

K 水準の因子 A の自由度 → $f_A=k-1$

全自由度3のうち二つを A_1，A_2，A_3 の比較に費やすことになる．もう一つの自由度はなんであろうか．差が 25 cm と 10 cm とわかれば3人の比較はできるが，差だけではわからない情報がある．それはゼロからの距離である絶対値である．二つの差と平均値がわかれば3人の身長は割り出せるので，それは平均値とも言い換えられる．これが残りの自由度1である．平均値がゼロからどれだけ離れているかの比較だから平均値の自由度は1である．**図 A.5** は全自由度3の分解で，ソース（Source）というのは比較対象の**要因**という意味である．

飛距離のデータに戻る．$n=20$ すなわち自由度20の分解を示す．

$$\underset{(f_T=20)}{S_T=1\,041\,426}\begin{cases}S_m=1\,039\,680.0 & (f_m=1)\\ S_N=1\,280.0 & (f_N=1)\\ S_e=466.0 & (f_e=18)\end{cases}$$

全2乗和の自由度はデータの総数 n であるから，この場合は20，平均は自由度1，N は2水準だから自由度は $2-1=1$ である．残りの自由度18は誤差の大きさのためにある．“二つを比べると自由度1”という理屈でいえば，N_1 内の10個のデータの比較は二つを9回比べてわかる情報なので自由度は $10-1=9$，同様に N_2 内の10個のデータの比較が自由度 $10-1=9$ だから $9+9$ で18である．$20-1-1=18$ で求めても同じである．これらを ANOVA という分散分析表の**表 A.3** にまとめる．

表 A.3 ANOVA（ドライバー飛距離）

Source	f	S
m	1	1 039 680.0
N	1	1 280.0
e	18	466.0
Total	20	1 041 426.0

(4) 分　散

全 2 乗和である全変動と全自由度を分解した．次は効果の強さを比べるのだが，効果の強さは自由度に依存するため直接比べることは不公平である．そのために変動を自由度で割った**分散**で比べる．分散は **Variance** または **Mean Square** ともいう．Mean Square というのは 2 乗和に対して 2 乗の平均という意味で，平均 2 乗ともいう．効果の強さを比べるのであれば変動ではなく平均的な強さである分散を比べることになる．

(5) *F* 比，分散比

分散の比較のためには分散どうしの比をとって比べるのである．農業実験における応用から実験計画法を築いた英国のフィッシャー（R. A. Fisher）の頭文字をとって ***F* 比**とか，単に**分散比**と呼ばれるものである．一般的な F 比は各因子の効果の分散を分子にして，**誤差分散** V_e を分母にして比較することである．この比の大きさによって，因子の効果が誤差と比べてどれだけ大きいかを評価することになる．単に偶然によるものか，実際に効果があるのかを検証するためである．

V_e の内容を考えてみよう．V_e は S_e を自由度で割ったものである．S_e は N_1 内と N_2 内のそれぞれ 10 回の繰返しの誤差の 2 乗和であった．つまり V_e は繰返し間の誤差の平均的な強さを表している．10 回の繰返しがばらついている理由は何かと考える．10 回すべて同じ飛距離になるのはまれで，ゴルフスイングというばらつきやすい動きの結果であるから飛距離がばらつくことは想像がつくであろう．ある一定の条件でもばらついてしまうのは**偶然の誤差**，**ランダムな誤差**，**繰返しの誤差**と呼ばれている．製造工程の場合はサンプル間のバラツキなどである．もう一つの V_e の大事な要素は**計測誤差**である．そのような誤差の平均的な強さが V_e である．その V_e に対して因子の効果がどれだけ強いかを F 比という比で検証していることになる．分散と F の値は以下のようになる．

$$V_m = \frac{S_m}{f_m} = \frac{1\ 039\ 680.0}{1} = 1\ 039\ 680.0$$

$$V_N = \frac{S_N}{f_N} = \frac{1\ 280.0}{1} = 1\ 280.0$$

$$V_e = \frac{S_e}{f_e} = \frac{466.0}{18} = 25.9$$

$$F_m = \frac{V_m}{V_e} = \frac{1\ 039\ 680.0}{25.9} = 40\ 159.3$$

$$F_N = \frac{V_N}{V_e} = \frac{1\ 280.0}{25.9} = 49.4$$

エクセルで計算したため，上の式の結果には若干のまるめ誤差がある．これらを**表 A.4** の分散分析表にまとめる．

この分散分析表からは以下のことが読みとれる．

①　因子 N の F 比が 49.4 ということは因子 N の y に対する効果は単な

表 A.4　ドライバー飛距離の分散分析表

Source	f	S	V	F
m	1	1 039 680.0	1 039 680.0	40 159.3
N	1	1 280.0	1 280.0	49.4
e	18	466.0	25.9	
Total	20	1 041 426.0		

る繰返しの誤差よりも49倍ぐらい強いというほどの意味である．F比が大きいと，この因子の結果に対する影響は強く，単なる偶然ではないと結論できる．この場合，因子Nはドライバーの飛距離に効果があるという言い方をする．

② 計測誤差を含めたパラメータ設計で用いたノイズの効果がはっきりしていないと，つまりランダムな誤差よりも強くないと，ロバストネスの評価が信頼できないからこのようなデータをとってノイズの戦略を練っていくのである．

③ 一般にF比が1以下であると，その因子の効果はランダムな誤差と変わらないこととなり，**有意差がない**という言い方をする．それはとるに足らない効果と解釈すればよい．F比が2以上であれば何らかの効果があると考えてもよい．問題なのはその効果の大きさである．

④ 平均mのF比が100 000以上というのは全体の平均値がゼロではないと結論できる．

⑤ 誤差分散V_eが25.9ということはランダムな誤差の標準偏差がその平方根である5.1ぐらいと推定できる．標準偏差の2乗が誤差分散である．この場合，繰返しの誤差分散の推定に$10+10=20$のデータが使われて，その自由度は$9+9=18$である．誤差分散の推定には少なくとも自由度が10ぐらいないと信用できない．F検定という因子の有意度をより精密に検証する手法があるが，本書のスコープ外なのでここでは割愛する．ただし，普段からランダムな誤差がどのくらいのものか把握しておくことも大事である．

(6) 平均の効果S_mをS_Tに含めた場合 vs. S_Tに含めない場合

ここまではデータ全体の平均値の大きさの情報をもつS_mをS_Tに含めた場合である．S_mの情報が特に必要のない場合はS_mをS_Tに含めない．以下はS_mをS_Tに含めた場合と，含めない場合の分解である．これはどちらが正しいというわけではなく目的によって使い分けることになる．

S_m を S_T に含めない場合の全 2 乗和 S_T は各データから平均値までの距離の 2 乗和である．その S_T を因子 N の効果と誤差の大きさに分解することになる．**図 A.6** はその分解を図で示したものと，2 通りの分散分析表を示す．どちらの場合も S_N や S_e の値は同じである．

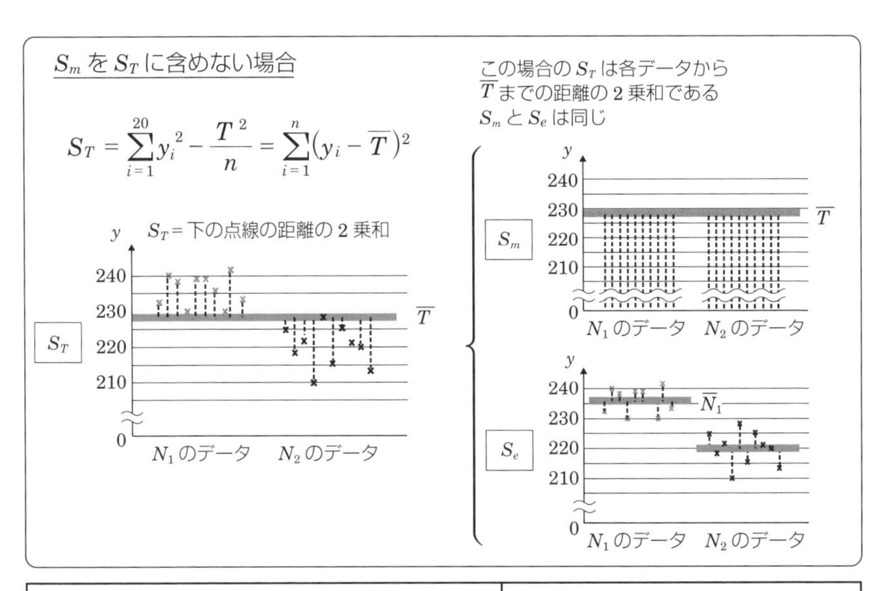

S_m を S_T に含めた場合

$$S_T = \sum_{i=1}^{8} y_i^2 = \begin{cases} S_m & (f_m = 1) \\ S_N & (f_N = 1) \\ S_e & (f_e = 18) \end{cases}$$

ANOVA（ドライバー飛距離）

Source	f	S	V	F
m	1	1 039 680.0	1 039 680.0	40 159.3
N	1	1 280.0	1 280.0	49.4
e	18	466.0	25.9	
Total	20	1 041 426.0		

S_m を S_T に含めない場合

$$\sum_{i=1}^{20} y_i^2 = \begin{cases} S_m & (f_m = 1) \\ S_T & (f_T = 19) \\ & = \begin{cases} S_N & (f_N = 1) \\ S_e & (f_e = 18) \end{cases} \end{cases}$$

ANOVA（ドライバー飛距離）

Source	f	S	V	F
N	1	1 280.0	1 280.0	49.4
e	18	466.0	25.9	
Total	19	1 746.0		

図 A.6　S_T の因子 N と誤差への分解

コーヒーブレイク 26

全 2 乗和の分解と SN 比

SN 比の定義は基本的に全 2 乗和の分解を応用している．データ全体を目的に応じて“最大化したい成分”，“最小化したい成分”，“どちらにも入れない成分”に分解し，**“最大化したい成分”を“最小化したい成分”で割ったもの**が SN 比の概念である．

このような分解で，目的に適した SN 比が定義される．第 6 章と第 7 章で紹介している，いわば標準的な SN 比を知っていれば 20 件中 19 件の事例に対応できるが，まれにオーダーメイドの SN 比の定義が必要な場合がある．その場合は分散分析やその考え方を応用して適切な SN 比を定義する必要性がある．そのような難しいオーダーメイドの SN 比は社内エキスパート・マスターブラックベルトと呼ばれる上級者が理解していれば十分である．データを扱う者であれば 2 乗和の分解，特に自由度の分解の概念を理解していると，仕事にも役立つ．

下の図は動特性のパラメータ設計において直交表の各設計条件の外側の機能性評価のデータから SN 比を算出する際の考え方のイメージである．具体的には M が信号因子，N がノイズ因子，P が標示因子である．

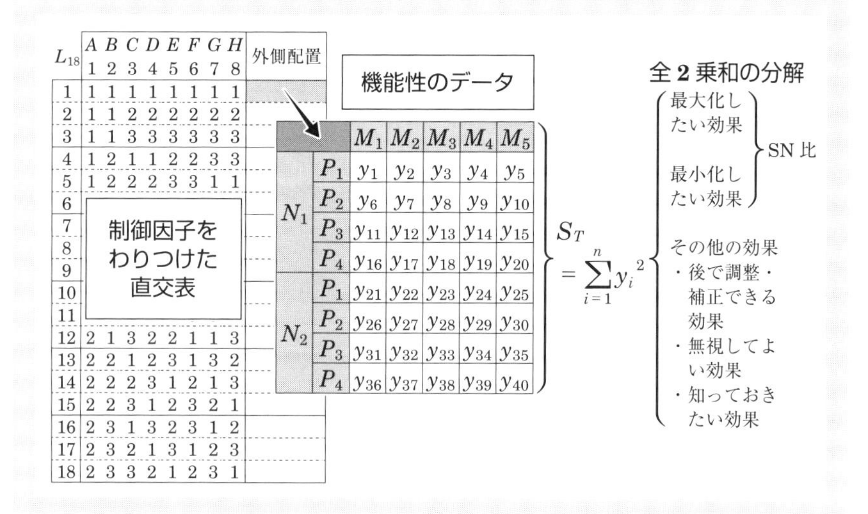

A.3 二元配置の分散分析

二元配置というのは因子が二つあり，そのすべての組合せである．例えば因子 A が 2 水準で因子 B が 4 水準であると $2\times4=8$ 通りの組合せになる．**図 A.7** のような A と B の二元配置の $n=8$ の自由度を分解してみよう．ここでは S_T に S_m を含めない場合として，全自由度は $8-1=7$ である．S_T は各データの 2 乗和から S_m を引いた値になる．S_m を引くことは平均の効果を引いて修正するという意味で ***CF***（Correction Factor，日本語では修正項）と表記される場合がある．

因子 A の自由度は 1，因子 B は 3 である．これらは主効果といわれる水準ごとの平均値を比べることで，A_1 と A_2 の平均を比べることが A の主効果で自由度が 1，B_1，B_2，B_3，B_4 の四つの平均値を比べることが B の主効果で自由度は 3 である．ところが自由度は全部で 7 である．A と B の主効果で $1+3=4$ を使ったから自由度 3 が残っている．この場合は繰返しがないので誤差である S_e の自由度は存在しない．残りの自由度 3 は A と B の**交互作用の自由度**である．A と B の交互作用は $A\times B$ と表記され，交互作用の自由度は**主効果の自由度の積**である．

$$f_{A\times B}=f_A\times f_B$$

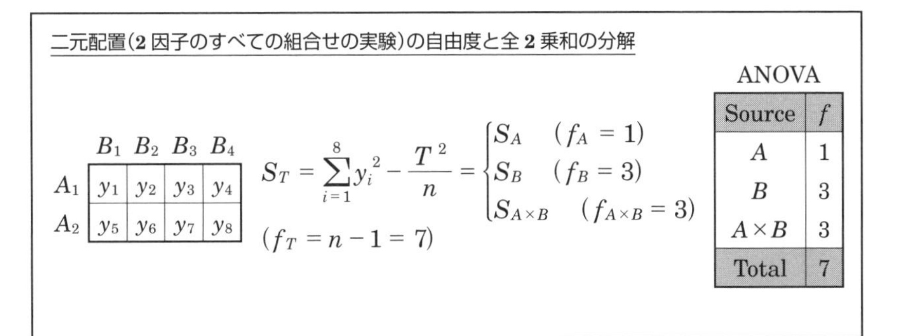

Source	f
A	1
B	3
$A\times B$	3
Total	7

図 A.7　二元配置の自由度と全 2 乗和の分解

交互作用の $A\times B$ の自由度は A と B の主効果の自由度の積である．A が 2 水準，B が 4 水準であると $(2-1)\times(4-1)=3$ になる．

交互作用の強さは図のあるように X_1，X_2，X_3，X_4 の距離を比べることである．X_1，X_2，X_3，X_4 が等しければ A_1 と A_2 の形が同じになり B の効果は A_1 と A_2 で同じとなるから，交互作用はゼロである．四つの距離が違えば違うほど交互作用は強くなる．四つを比べるのだから自由度は 3 である．

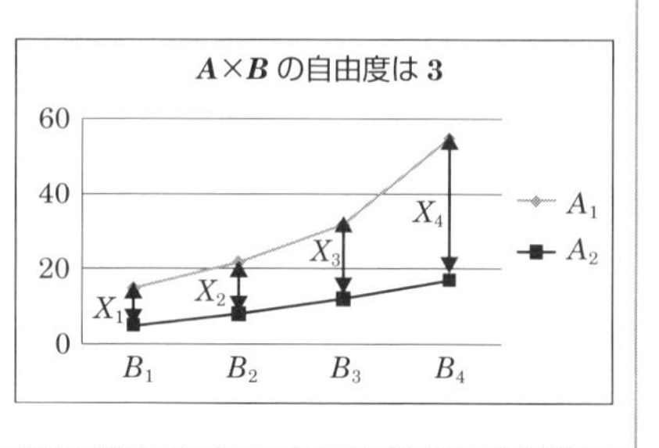

図 A.8　2 水準の因子と 4 水準の因子の間の交互作用

因子 A と因子 B の交互作用の自由度は $1\times3=3$ である．であるから，めでたく全自由度は分散分析表にあるように $1+3+3=7$ となる．**図 A.8** は 2 水準の因子と 4 水準の因子の間の交互作用を知るために $(2-1)\times(4-1)=3$ という自由度 3 が必要なことを示している．

(1)　二元配置で繰返しがある場合

図 A.9 のドライバーショットの距離のデータは二元配置で繰返しがある場合である．因子 N は前の例と同じで因子 A はドライバーの製造会社とする．繰返しは A と N の組合せのそれぞれで 7 回である．**図 A.9** に生データの 2 通りのグラフと自由度と全 2 乗和の分解を示した．

変動の計算の前に自由度を分解することである．変動の分解をしなくても，自由度の分解で認識された因子の効果のグラフだけなら描くことができる．この場合は A の主効果，N の主効果と A と N の組合せの効果のグラフがつくれる．全 2 乗和の分解の計算ができなくても自由度の分解を理解するとデータがどのような情報をもっているかを把握することができるのである．自由度の理解が重要というのはこのことである．

S_e の自由度は繰返しが A と N の六つの組合せごとにそれぞれ 7 回であるから $(7-1)\times6=36$ である．二元配置以上で繰返しがある場合は因子の効果だけを集めた S_{T_1} を計算する必要がある．そのために A と N の組合せごとに繰返

因子Aと因子Nの二元配置(繰返し数＝7)

	A_1	A_2	A_3
N_1			
N_2			

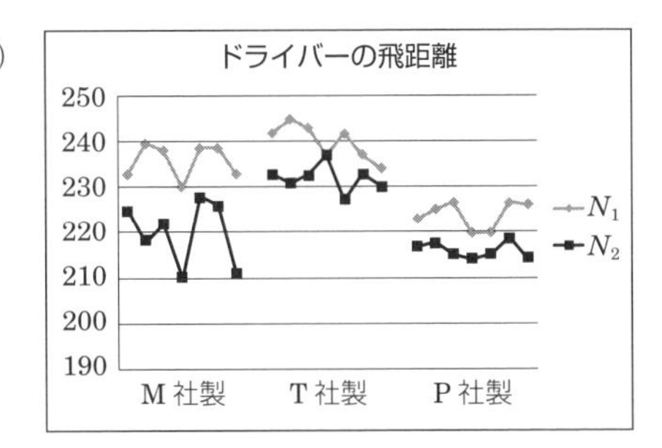

	A_1：M 社製						
N_1	233	240	238	230	239	239	233
N_2	225	218	222	210	228	226	211

	A_2：T 社製						
N_1	242	245	243	237	242	237	234
N_2	233	231	233	237	227	233	230

	A_3：P 社製						
N_1	223	225	227	220	220	227	226
N_2	217	218	215	214	215	219	214

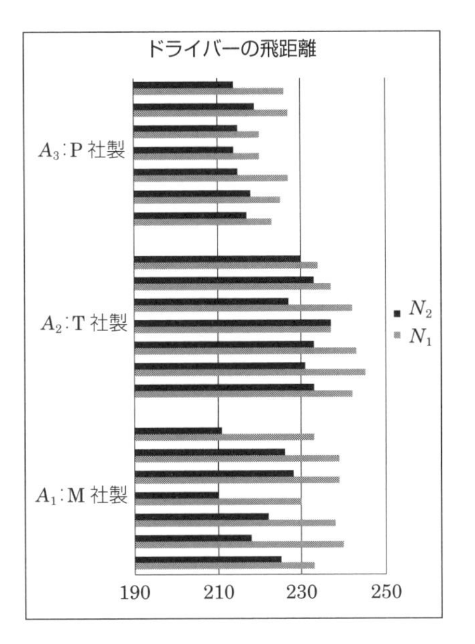

$$\sum_{i=1}^{42} y_i^{\,2} = \begin{cases} S_m = \dfrac{T^2}{n} \quad (f_m = 1) \\ S_T \quad (f_T = 41) = \begin{cases} S_{T_1} \begin{cases} S_A \quad (f_A = 2) \\ S_N \quad (f_N = 1) \\ S_{A\times N} \quad (f_{A\times N} = 2) \end{cases} \\ S_e \quad (f_e = 36) \end{cases} \end{cases}$$

Source	f
A	2
N	1
$A\times N$	2
e	36
Total	41

図 A.9　二元配置のドライバー飛距離のデータと分析結果

しデータを合計した補助表をつくる．**図 A.10** の上が A と N の組合せごとの平均値とグラフで，下が組合せごとの合計である．

以下に全 2 乗和の分解の計算を示す．まずは S_T と S_{T_1} を計算する．自由度 41 の全 2 乗和 S_T と自由度 5 の因子の効果である S_{T_1} の差が自由度 36 の S_e である．S_{T_1} になくて S_T にあるのは繰返しバラツキの情報である．

$$\sum_{i=1}^{42} {y_i}^2 = 2\ 187\ 104.0$$

$$S_m = CF = \frac{T^2}{n} = \frac{9\ 576^2}{42} = 2\ 183\ 328.0$$

A と N の組合せの平均値

	A_1	A_2	A_3	平均
N_1	236.0	240.0	224.0	233.3
N_2	220.0	232.0	216.0	222.7
平均	228.0	236.0	220.0	228.0

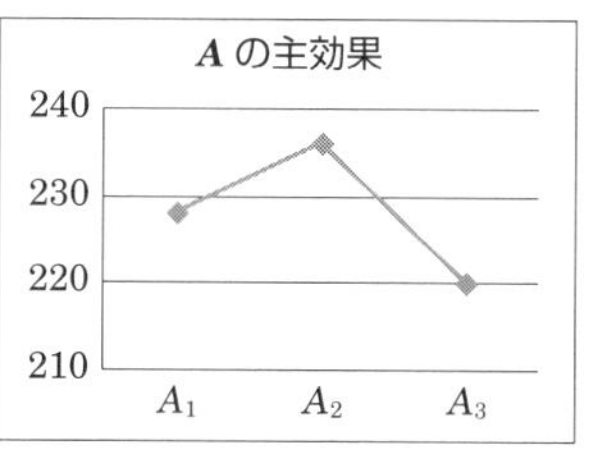

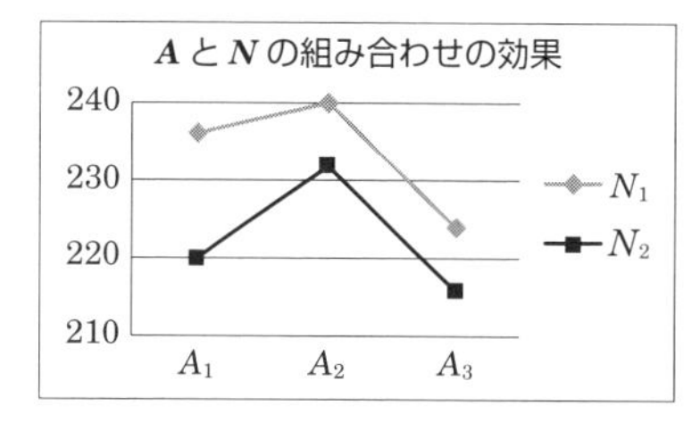

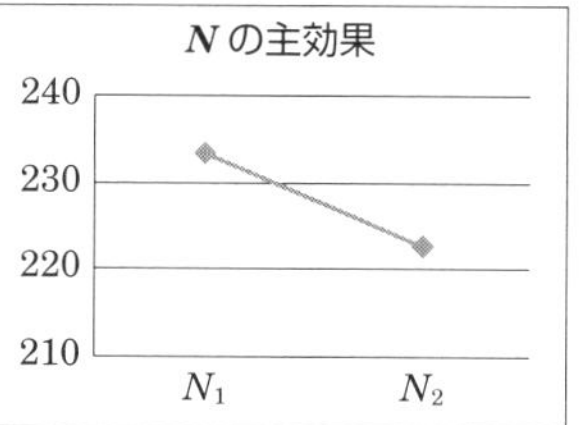

A と N の組合せの合計

	A_1	A_2	A_3	計
N_1	1 652	1 680	1 568	4 900
N_2	1 540	1 624	1 512	4 676
計	3 192	3 304	3 080	9 576

図 A.10　補助表とグラフ

$$S_T = \sum_{i=1}^{42} {y_i}^2 - \frac{T^2}{n} = 3\,776.0 = \begin{cases} S_{T_1} = \dfrac{(A_1N_1)^2}{n_{A_1N_1}} + \dfrac{(A_1N_2)^2}{n_{A_1N_2}} + \dfrac{(A_2N_1)^2}{n_{A_2N_1}} + \dfrac{(A_2N_2)^2}{n_{A_2N_2}} \\ \qquad + \dfrac{(A_3N_1)^2}{n_{A_3N_1}} + \dfrac{(A_3N_2)^2}{n_{A_3N_2}} - \dfrac{T^2}{n} \\ \qquad = \dfrac{1\,652^2}{7} + \dfrac{1\,540^2}{7} + \dfrac{1\,680^2}{7} + \dfrac{1\,624^2}{7} \\ \qquad + \dfrac{1\,568^2}{7} + \dfrac{1\,512^2}{7} - \dfrac{9\,576^2}{42} = 3\,136.0 \\ S_e = S_T - S_{T_1} = 3\,776.0 - 3\,136.0 - 640.0 \end{cases}$$

A_1N_1 というのは A_1N_1 の組合せのデータの合計の表記である．分母の 7 は各組合せにおけるデータの数である．次に，S_{T_1} の自由度 5 を分解する．因子 A が自由度 2，因子 N が自由度 1 で，自由度 2 の $S_{A\times N}$ は S_{T_1} から S_A と S_N を引いた値である．

$$S_{T_1} = 3\,136.0 = \begin{cases} S_A = \dfrac{{A_1}^2}{n_{A_1}} + \dfrac{{A_2}^2}{n_{A_2}} + \dfrac{{A_3}^2}{n_{A_3}} - \dfrac{T^2}{n} \\ \quad = \dfrac{3\,192^2}{14} + \dfrac{3\,304^2}{14} + \dfrac{3\,080^2}{14} - \dfrac{9\,576^2}{42} = 1\,792.0 \\ S_N = \dfrac{{N_1}^2}{n_{N_1}} + \dfrac{{N_2}^2}{n_{N_2}} - \dfrac{T^2}{n} \\ \quad = \dfrac{4\,900^2}{21} + \dfrac{4\,676^2}{21} - \dfrac{9\,576^2}{42} = 1\,194.7 \\ S_{A\times N} = S_{T_1} - (S_A + S_N) = 149.3 \end{cases}$$

主効果の変動の計算式のパターンは**図 A.11** のようになっている．ただし，二元配置以上で繰返し数が揃っていない場合はこの限りではない．

分散分析表を**表 A.5** に示す．

主効果の変動の計算式パターン

$$S_{\text{主効果}} = \frac{\text{第1水準の合計}^2}{\text{第1水準のデータ数}} + \frac{\text{第1水準の合計}^2}{\text{第1水準のデータ数}} + \cdots\cdots + \frac{\text{第}k\text{水準の合計}^2}{\text{第}k\text{水準のデータ数}} - \frac{T^2}{n}$$

図 A.11　主効果の変動の計算式のパターン

表 A.5　ANOVA（ドライバー飛距離）

Source	f	S	V	F
A	2	1 792.0	896.0	50.4
N	1	1 194.7	1 194.7	67.2
$A \times N$	2	149.3	74.7	4.2
e	36	640.0	17.8	
Total	41	3 776.0		

図 A.10 と**表 A.5** からは以下のことが読みとれる．

① **図 A.10** のグラフから A と N の主効果と交互作用の強さと形が読みとれる．ANOVA はこれらの強さを単なる繰返しの誤差と比べることができるという洗練された手法であるが，グラフのもつ情報がより本質的なものである．

② ANOVA から繰返し誤差に比べて A と N の主効果は共にかなり強いことがわかる．

③ 平均値は A_2, A_1, A_3 の順で 236，228，220 と飛距離が長くなっている．

④ 平均で N_1 が N_2 より 11 ヤード飛距離が長い．

⑤ $A \times N$ は主効果ほどではないが，誤差に比べて F 値が 4.2 と小さくない．A_1 は A_2 と A_3 に比べて N_1 と N_2 の差，つまり N の効果が大きいようである．N の効果は A_2 と A_3 ではそう変わらないようである．これがこのデータの $A \times N$ の特徴である．そしてこのことは A_1 がノイズに対してロバストでないことを示している．

⑥　**図 A.12** に A と N の組合せの平均値のグラフを二つ示した．これらから $A \times N$ の交互作用を見ることができる．二つのグラフはまったく同じ情報を示している．N の水準ごとに A の効果をグラフにするか，A の水準ごとに N の効果を示すかという違いである．

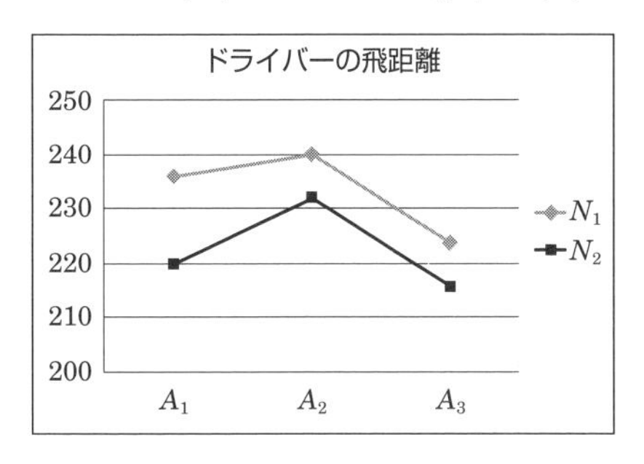

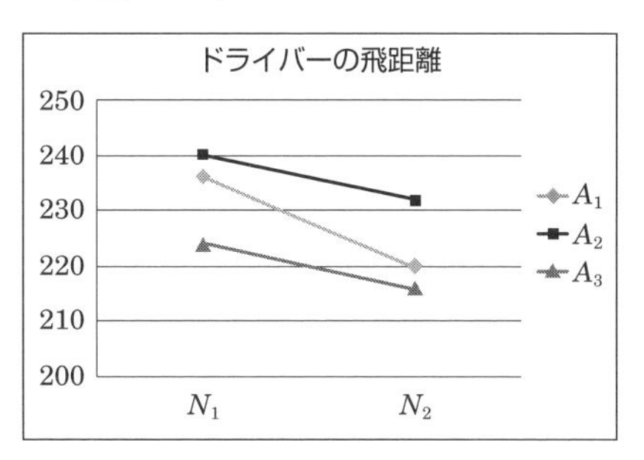

図 A.12　$A \times N$ の要因効果図

(2)　このデータに対する SN 比の解析

A が制御因子，N がノイズ因子であれば，タグチの立場からするとこれまで示した解析よりも，A_1，A_2，A_3 のロバストネスと平均値を評価することが，十分で必要なデータに対するアプローチである（**図 A.13** 参照）．

	平均値	σ	SN 比	利得
A_1	228.0	10.0	27.2	Base
A_2	236.0	5.4	32.8	5.7
A_3	220.0	4.8	33.2	6.0

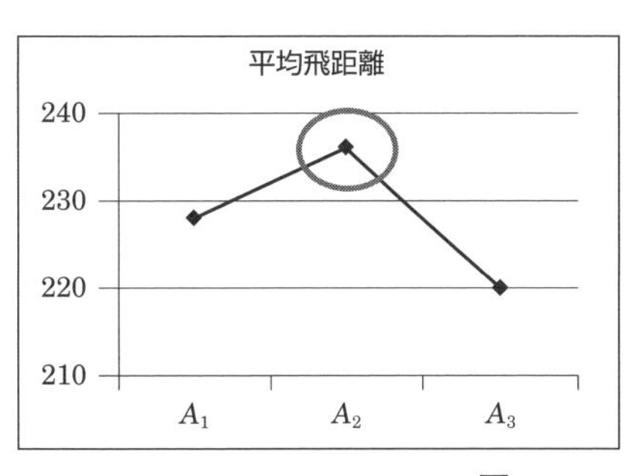

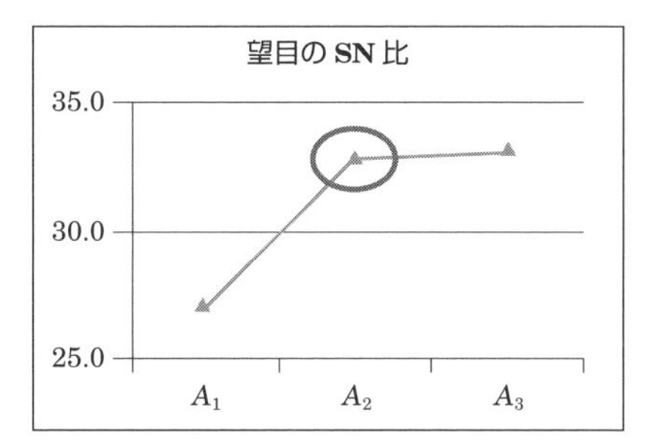

図 A.13　SN 比の解析

A_2 と A_3 は共に A_1 よりも 6 db 利得があり，飛距離のバラツキが A_1 の半分ほどである．SN 比で A_2 は A_3 より 0.3 db と若干劣るが，飛距離が 7%ほど長いのでゴルファーとしては A_3 が最適というのが結論であろう．

コーヒーブレイク 27

許容差設計と寄与率

この本のスコープ外であるがタグチには許容差設計というものがある．

コストのかかる対策に対する是非の意思決定をすることが，許容差設計の本質である．許容差設計はパラメータ設計の後にさらなる改善が必要な場合，コストをかけて対策することである．例えば部品をバラツキの小さい高価なグレードにすることや，補正機能を加えるかどうか，製造工程で予備の型を常備するかなどである．このような意思決定は品質の改善の効果を損失関数を応用し金額で評価することで，かかるコストから投資利益率を割り出して意思決定の指標とするのである．

許容差設計の仲間でシステムの構成部品などの複数の要素を現状のバラツキでわざとばらつかせて，直交表にわりつけて特性値を測り，分散分析をして各構成要素の全体のバラツキに対する寄与率を計算するのである．いわば多因子許容差設計である．例えば部品 Q のバラツキによる総損失に対する寄与率の式は以下のようになる．表は多因子許容差設計の意思決定表のイメージである．

部品 Q の寄与率の式　$\rho_Q(\%) = \dfrac{S_Q-(f_Q \times V_e)}{S_T} \times 100$

部品	寄与率 ρ (%)	現在の損失	アップグレードのコスト	アップグレード後の損失	投資利益率	是非
Q	30.3%	$18.09	$1.25	$1.13	1 257%	Yes
R	8.8%	$5.27	$8.00	$0.21	−37%	No
⋮	⋮	⋮	⋮	⋮	⋮	⋮
Y	24.1%	$14.36	$0.50	$3.59	2 054%	Yes
その他	8.1%	$4.83	不可	$4.83	0.0%	No
計	100.0%	$59.67				

A.4 動特性の SN 比のための分解

第 4 章と第 7 章で紹介した動特性の SN 比の全 2 乗和のための分解を説明する．**図 A.14** の上は平均値を基準とした平均値のまわりの一般的な分解である．動特性の SN 比のための分解は下にあるようにゼロ点を通るベストフィットの傾き β を基準とした β のまわりの分解である．

S_T はゼロから全データまでの 2 乗和で，S_m は平均値までの 2 乗和，S_β は平均的な傾きである β までの 2 乗和である．基準が平均値と β という違いだけで基本的な概念は同じである．S_β の自由度が 1 なのはデータ全体が M の値が変わるにつれていかに直線的に出力が大きくなっているかを比べているからである．S_β は β の大きさを測っていることになる．

動特性の SN 比の分母は望目特性と同様にノイズの分散でその推定値が必要である．図にある $S_T = S_\beta + S_{Noise}$ の分解の S_{Noise} を自由度 $n-1$ で割ったものが β のまわりのバラツキの分散 $\sigma^2{}_{Noise}$ の推定値 V_{Noise} である．

第 7 章でふれた標示因子がある場合はもう一歩突っ込んだ自由度の分解が

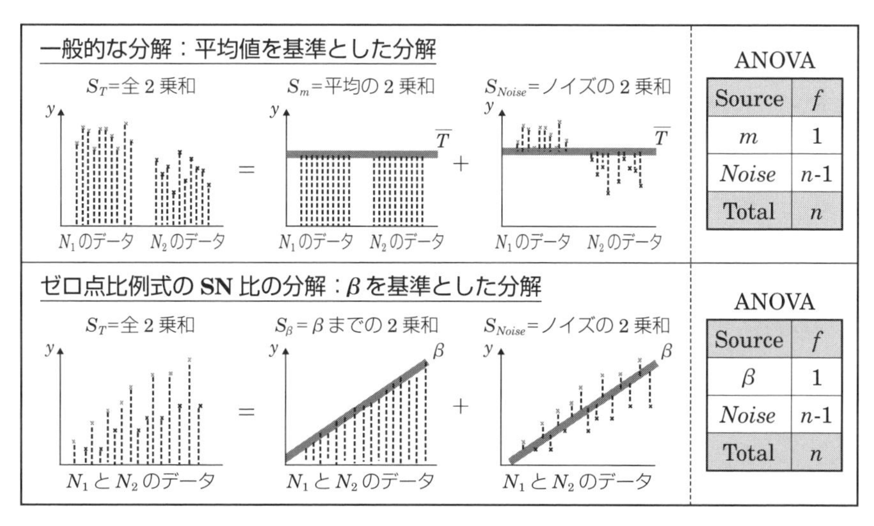

図 A.14　ゼロ点比例式の SN 比の分解

必要になる．**図 A.15** のデータは M が信号，N がノイズ，P が標示因子とする．長くなるので**図 A.16** に自由度の分解と計算式を示すことにとどめておく．この $\beta \times P$ という効果は標示因子の水準である P_1 と P_2 で β がどれだけ違うかである．この効果はノイズではないので S_{Noise} に含まないようにするためにこのような面倒な分解が必要なのである．

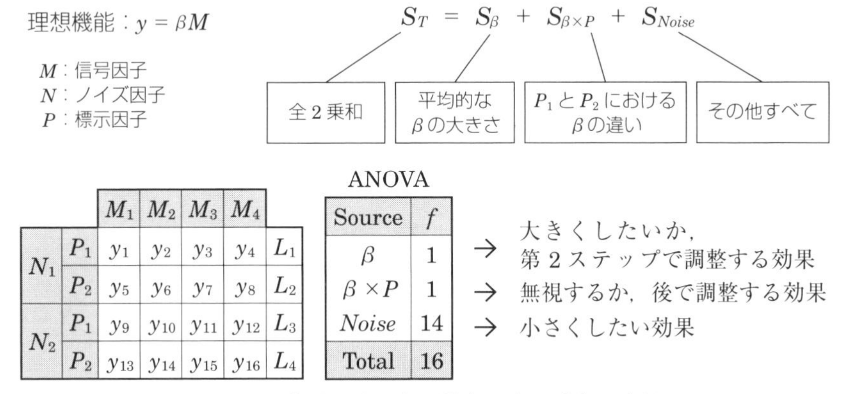

		M_1	M_2	M_3	M_4	
N_1	P_1	y_1	y_2	y_3	y_4	L_1
	P_2	y_5	y_6	y_7	y_8	L_2
N_2	P_1	y_9	y_{10}	y_{11}	y_{12}	L_3
	P_2	y_{13}	y_{14}	y_{15}	y_{16}	L_4

ANOVA

Source	f	
β	1	→ 大きくしたいか，第 2 ステップで調整する効果
$\beta \times P$	1	→ 無視するか，後で調整する効果
Noise	14	→ 小さくしたい効果
Total	16	

図 A.15　表示因子がある場合の全 2 乗和の分解

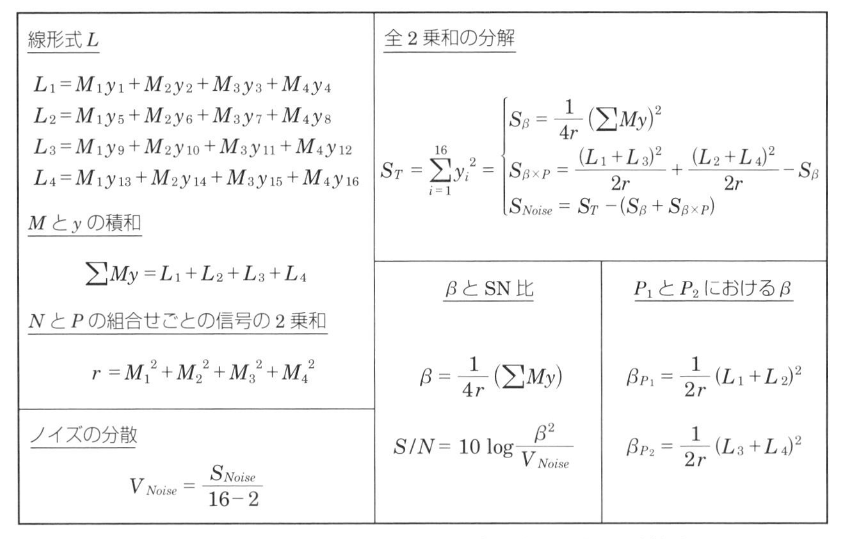

図 A.16　標準因子がある場合の自由度の分解と計算式

Appendix B
直　交　表

B.1　交互作用と直交表

図 B.1 の左は 2 水準の因子 A と B の二元配置で，すべての組合せの数は 2×2＝4 である．四つの組合せ A_1B_1，A_1B_2，A_2B_1，A_2B_2 の結果がそれぞれ y_1，y_2，y_3，y_4 だったことを示している．右は L_4 という直交表である．L_4 の第 1 列に A をわりつけ，第 2 列に B をわりつけると直交表の中の 1 と 2 は因子の水準であることから L_4 の 4 行が A_1B_1，A_1B_2，A_2B_1，A_2B_2 の条件であること示している．これは左の二元配置と同じにことになる．そして四つのデータの比較の自由度は 3 である．

L_4 の第 1 列の水準に従って A_1 と A_2 を変えているので，A_1 の平均である y_1 と y_2 の平均と，A_2 の y_3 と y_4 の平均を比べることになる（**図 B.2** 参照）．A_1 と A_2 の平均値の違いなので，これは A の主効果である．同様に第 2 列は y_1 と y_3 の平均と y_2 と y_4 の平均を比べているので，因子 B の主効果である．これらの主効果の自由度は 2 水準であるからそれぞれ 1 である．

では，第 3 列はどうであろうか．第 3 列の水準を見ると第 1 水準が y_1 と y_4，第 2 水準が y_2 と y_3 と対応し，“それぞれの平均を比べろ” と指示している（**図 B.2**

	B_1	B_2
A_1	y_1	y_2
A_2	y_3	y_4

＝

L_4	A 1	B 2	3	結果
1	1	1	1	y_1
2	1	2	2	y_2
3	2	1	2	y_3
4	2	2	1	y_4

図 B.1　二元配置と直交表

第1列：$\dfrac{y_1+y_2}{2}$ vs. $\dfrac{y_3+y_4}{2}$ → A の主効果

第2列：$\dfrac{y_1+y_3}{2}$ vs. $\dfrac{y_2+y_4}{2}$ → B の主効果

第3列：$\dfrac{y_1+y_3}{2}$ vs. $\dfrac{y_2+y_4}{2}$ → 　？？？

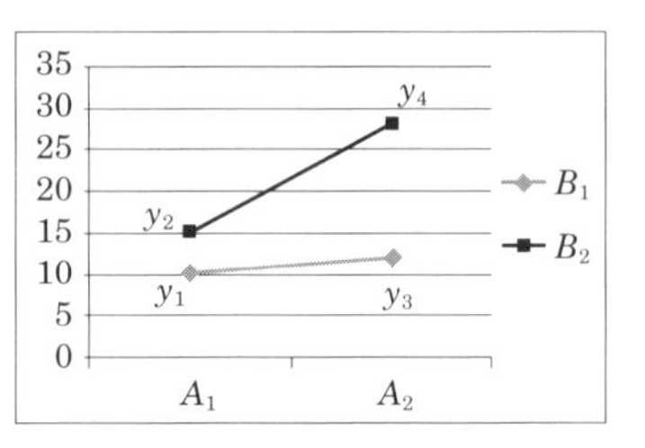

図 B.2　要因効果図

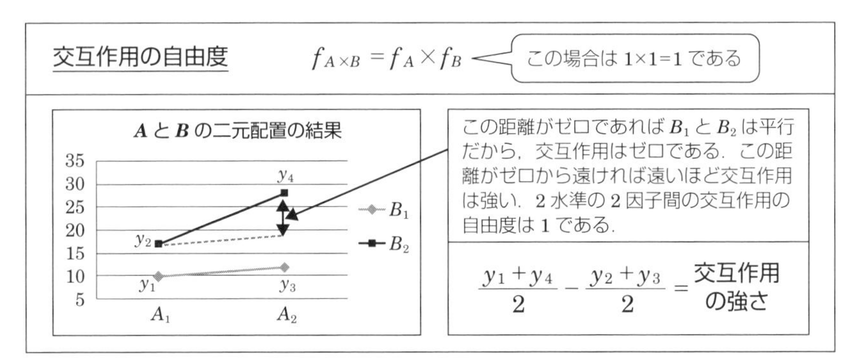

図 B.3　交互作用の強さ

参照)．これをグラフで検証してみよう．**図 B.3** のグラフで y_1 と y_4 の平均と y_2 と y_3 の平均が等しい場合は B_1 と B_2 の線が平行になることは図形から理解できる．このことは第3列では B_1 と B_2 の平行からのズレの大きさを比べていることにある．第3列は $A \times B$ の効果であり，A と B の交互作用の強さである．交互作用の自由度は，主効果の積であるからこの場合，$1 \times 1 = 1$ である．

これで L_4 の四つの結果の自由度3が，A と B の主効果と $A \times B$ のそれぞれ1に分解されたことになる．ところが，パラメータ設計では直交表に制御因子を各列にわりつけて，制御因子間の交互作用は見かけでは無視されている．L_4 でいえば**表 B.1** のように A，B，C を各列にわりつけてしまうのである．そうすると $A \times B$ はどこへいったかが気になるところである．実は $A \times B$ は C の主効果と交絡しているのである．

交絡というのは混ざってしまっていることで，第3列の効果，つまり第3列

表 B.1　L_4 直交表

L_4	A 1	B 2	C 3	結果
1	1	1	1	y_1
2	1	2	2	y_2
3	2	1	2	y_3
4	2	2	1	y_4

A の主効果には $B\times C$ が交絡している．
B の主効果には $A\times C$ が交絡している．
C の主効果には $A\times B$ が交絡している．

の第 1 水準と第 2 水準の違いは C の主効果かもしれないし，$A\times B$ かもしれない，またはその両方かもしれないし，もっといえば二つが相殺することもありうるのである．例えば，売上げを上げるために 2 種類の対策 A と対策 B があるとする．同時に A と B を実施したら売上げが上がったとする．この場合，対策 A の効果と対策 B の効果が交絡しているので，どちらがどれだけ効いたのかはわからない．これが交絡しているという意味である．パラメータ設計では制御因子間の交互作用は複雑に交絡しているのである．故意にそうすることで加法性をチェックして，再現性のある設計を目指すのがタグチの戦略である．このことで米国の実験計画法の専門家たちと大論争になった．実験計画法の大家であったハンター（Stuart Hunter）教授は“これはミステリアスだ！”と嘆いていたものである．**図 B.4** と**図 B.5** に直交表の表記法と代表的な直交表を示す．直交表の表記を見れば実験の組合せの数，わりつけられる因子の数とその水準数がわかる．

パラメータ設計に混合系が奨励される理由は，2 水準系や 3 水準系の直交表の場合，それぞれの交互作用が決まった列に集中して交絡するのに比べて，混合系は交互作用が各列にほぼ均等に交絡しているため交互作用に対してロバストだからである．

混合系で L_{36}, L_{54}, L_{108} などの大きなものはシミュレーションによるパラメータ設計でよく使われている．開発の最上流でできるだけたくさんの制御因子をとって，設計スペースを広く網羅することで開発の効率を上げたい．L_{18} では $2\times 3^7=4\ 374$ 通りの組合せを，L_{54} なら $2^1\times 3^{25}=1.7$ 兆弱の組合せの設計数を網羅していることになる．

標準的な直交表を変形させた直交表のいくつかを**表 B.2** に示す．2 水準系の大きな直交表の変形型はシステムのバグ出しの試験で有用である．例えば，自動のインフォテーメントシステムのバリデーションの試験ではL_{256}が使われている．直交表はB.5節を参照されたい．

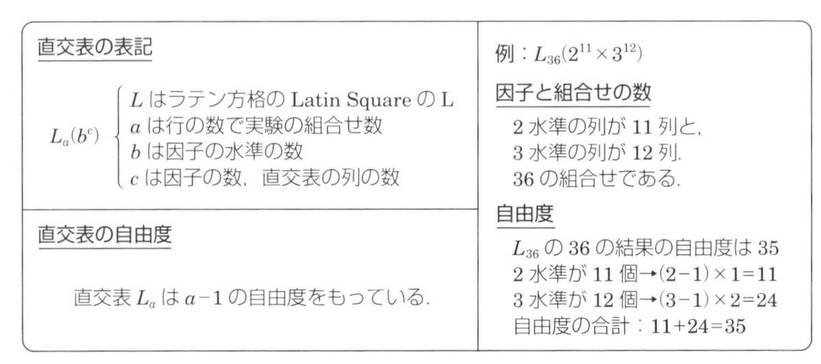

図 B.4　直交表の表記

混合系の直交表
- $L_{12}(2^{11})$
- $L_{18}(2^1\times 3^7)$
- $L_{18}(6^1\times 3^6)$
- $L_{36}(2^{11}\times 3^{12})$
- $L_{54}(2^1\times 3^{25})$
- $L_{108}(3^{49})$

3水準系の直交表
- $L_9(3^4)$
- $L_{27}(3^{13})$
- $L_{81}(3^{40})$

2水準系の直交表
- $L_4(2^3)$
- $L_8(2^7)$
- $L_{16}(2^{15})$
- $L_{32}(2^{31})$
- $L_{64}(2^{63})$
- $L_{128}(2^{127})$
- $L_{256}(2^{255})$

※パラメータ設定は混合系が推奨される．

図 B.5　代表的な直交表

表 B.2　必要な因子と水準の数を満たすために多水準を作った直交表の例

$L_8(2^7)$	$L_8(4^1\times 2^4)$
$L_{16}(2^{15})$	$L_{16}(4^1\times 2^{12})$　$L_{16}(4^2\times 2^9)$　$L_{16}(4^3\times 2^6)$　$L_{16}(4^4\times 2^3)$　$L_{16}(4^5)$　$L_{16}(8^1\times 2^8)$
$L_{32}(2^{31})$	$L_{32}(4^1\times 2^{28})$　$L_{32}(4^4\times 2^{19})$　$L_{32}(4^8\times 2^7)$　$L_{32}(8^1\times 2^{24})$　$L_{32}(8^1\times 4^6\times 2^{12})$
$L_{64}(2^{63})$	$L_{64}(4^1\times 2^{60})$　$L_{64}(4^{12}\times 2^{27})$　$L_{64}(8^8\times 2^7)$　$L_{64}(8^4\times 4^5\times 2^{20})$　$L_{64}(8^9)$
$L_9(3^4)$	多水準はできない
$L_{27}(3^{13})$	$L_{27}(9^1\times 3^9)$
$L_{81}(3^{40})$	$L_{81}(9^1\times 3^{32})$　$L_{81}(9^6\times 3^{16})$　$L_{81}(27^1\times 3^{27})$　$L_{81}(9^{10})$
$L_{12}(2^{11})$	多水準はできない
$L_{18}(2^1\times 3^7)$	$L_{18}(6^1\times 3^6)$
$L_{36}(2^{11}\times 3^{12})$	$L_{36}(2^3\times 3^{13})\rightarrow L_{36}(6^1\times 3^{12}\times 2^2)$
$L_{54}(2^1\times 3^{25})$	$L_{54}(6^1\times 3^{24})$

注記　これらにダミー水準を応用することでわりつけの柔軟性を確保できる．

B.2 ダミー水準法

ダミー水準法は，例えば，3 水準の列に 2 水準の因子を 4 水準の列に 3 水準の因子を，6 水準の列に 4 水準の因子のをわりつけるというように，列の水準数以下の因子に対応する方法である．試してみたい因子の数や水準数を標準的な直交表に合わせるのではなく，直交表のほうを変形するのである（**図 B.6** 参照）．

ダミー水準法→直交表の列の水準数より少ない水準数の因子をわりつける手法

わりつけたい因子と水準

A：A_1，A_2，A_3
B：B_1，B_2，B_3
C：C_1，C_2
D：D_1，D_2，D_3

→ $2^1 \times 3^3$ →

1. 直交表のリストを小さいほうから見渡していく，L_4 はダメ，L_8 も無理とわかる．
2. L_9 は 3 水準の列が 4 列だから 2 水準の因子 C を 3 水準の列の一つにわりつければことがすむ．

わりつけと解析

$L_9(3^4)$

	A 1	B 2	C 3	D 4
1	1	1	1	1
2	1	2	2	2
3	1	3	3	3
4	2	1	2	3
5	2	2	3	1
6	2	3	1	2
7	3	1	3	2
8	3	2	1	3
9	3	3	2	1

因子 C を第 3 列にわりつける．
→C_3 の代わりに C_1 とする．
3 の代わりなので 1′と表記する．

	A 1	B 2	C 3	D 4	結果
1	1	1	1	1	結果 1
2	1	2	2	2	結果 2
3	1	3	1′	3	結果 3
4	2	1	2	3	結果 4
5	2	2	1′	1	結果 5
6	2	3	1	2	結果 6
7	3	1	1′	2	結果 7
8	3	2	1	3	結果 8
9	3	3	2	1	結果 9

C_1'は C_1 と物理的には同じ条件
二つの平均は近い値であるべき

	A	B	C	D
1	$\overline{A}_1$	$\overline{B}_1$	$\overline{C}_1$	$\overline{D}_1$
2	$\overline{A}_2$	$\overline{B}_2$	$\overline{C}_2$	$\overline{D}_2$
3	$\overline{A}_3$	$\overline{B}_3$	$\overline{C}_{1'}$	$\overline{D}_3$

いずれにしても
C_1'と C_1 のデータを
平均してしまう．

	A	B	C	D
1	$\overline{A}_1$	$\overline{B}_1$	$\overline{C}_1$	$\overline{D}_1$
2	$\overline{A}_2$	$\overline{B}_2$	$\overline{C}_2$	$\overline{D}_2$
3	$\overline{A}_3$	$\overline{B}_3$		$\overline{D}_3$

図 B.6　ダミー水準法

B.3 直交性のチェック

直交性のチェックであるが数理でチェックするのもよいが，最も簡単で覚えておきたいのは2因子間の水準の繰返しの数を数える方法である．

例えば**図B.7**のL_{12}の第9列の因子Iと第10列の因子Jが直交しているかを調べてみる．因子Iの第1水準で因子Jの第1水準と第2水準が何回あるか数える．因子Iの第2水準でも同様に数えてみる．いずれも3回ずつである．確認のために因子Jの水準で因子Iの水準の数も数えてみる．やはり3回ずつである．I_1とI_2には同じ数のJ_1とJ_2が繰り返されていて，J_1とJ_2も同じ数のI_1とI_2が繰り返されている．IとJは直交している．

ダミー水準を使っても直交性は保たれているのである．**図B.8**は，L_9に3水準が二つ，2水準が二つの場合である．ダミー水準を何回使っても直交性は保たれている．

	A	B	C	D	E	F	G	H	I	J	K
	1	2	3	4	5	6	7	8	9	10	11
1	1	1	1	1	1	1	1	1	1	1	1
2	1	1	1	1	1	2	2	2	2	2	2
3	1	1	2	2	2	1	1	1	2	2	2
4	1	2	1	2	2	1	2	2	1	1	2
5	1	2	2	1	2	2	1	2	1	2	1
6	1	2	2	2	1	2	2	1	2	1	1
7	2	1	2	2	1	1	2	2	1	2	1
8	2	1	2	1	2	2	2	1	1	1	2
9	2	1	1	2	2	2	1	2	2	1	1
10	2	2	2	1	1	1	1	2	2	1	2
11	2	2	1	2	1	2	1	1	1	2	2
12	2	2	1	1	2	1	2	1	2	2	1

$$I_1 = \begin{cases} 3J_1 \\ 3J_2 \end{cases} \quad I_2 = \begin{cases} 3J_1 \\ 3J_2 \end{cases}$$

$$J_1 = \begin{cases} 3I_1 \\ 3I_2 \end{cases} \quad I_2 = \begin{cases} 3I_1 \\ 3I_2 \end{cases}$$

図B.7 直交表L_{12}

因子と水準

A：A_1，A_2
B：B_1，B_2，B_3
C：C_1，C_2
D：D_1，D_2，D_3

A_3とC_3のダミー水準をA_1'とC_2'としてL_9にわりつけた．

$L_9(2^2 \times 3^2)$

	A 1	B 2	C 3	D 4	結果
1	1	1	1	1	結果1
2	1	2	2	2	結果2
3	1	3	2′	3	結果3
4	2	1	2	3	結果4
5	2	2	2′	1	結果5
6	2	3	1	2	結果6
7	1′	1	2′	2	結果7
8	1′	2	1	3	結果8
9	1′	3	2	1	結果9

AとBの直交性，AとCの直交性を調べるために組合せの数を数える．

AとBの組合せの繰返しの数

	B_1	B_2	B_3
A_1	2	2	2
A_2	1	1	1

AとCの組合せの繰返しの数

	C_1	C_2
A_1	2	4
A_2	1	2

- A_1とA_2には同じ比率，1：1：1と2：2：2のB_1，B_2，B_3が繰り返されているためBの平均的な効果がA_1とA_2の比較に交わらないのでAとBは直交している．
- B_1，B_2，B_3もA_1とA_2の繰返し数の比率がいずれも2：1なので直交している．
- A_1とA_2にはそれぞれ2：4と1：2の比率でC_1とC_2がく繰り返されている．比率としては同じなのでCはAに直交している．
- 同じ理屈でAはCに直交している．

図 B.8　ダミー水準を使った場合の直交性のチェック

B.4　パラメータ設計の自由度の分解

パラメータ設計の生データの解析のための自由度の分解を紹介する．パラメータ設計は内側に制御因子，外側に信号因子，誤差因子，標示因子などがわりつけられているという形態である．内側と外側の二元配置という見方ができる．AとBの二元配置であれば$A \times B$の自由度があり，$A \times B$を見ることができるように，内側の因子と外側の因子の交互作用の自由度が存在するのである．これらの交互作用を利用して機能の効率やロバストネスを改善するということがパラメータ設計の本質である．SN比が良いというのは，これらの交互作用の良いとこどりをした結果である．単純な例として**図 B.9**の望目特性の$L_4 \times N$の例を参照してほしい．

例：$L_4 \times N$　y：望目特性

	A	B	C	N_1	N_2
1	1	1	1	19	7
2	1	2	2	22	21
3	2	1	2	17	14
4	2	2	1	15	12

- $n=8$ であるから総自由度は 7
- 自由度 7 がどう分解されるかを見極める.
- L_4 の自由度 3 は A, B, C の主効果である.
- N は L_4 に直交しているので N の主効果の自由度が 1 である.
- L_4 と N の二元配置なので $A\times N$, $B\times N$, $C\times N$ がそれぞれ自由度 1 である.

ANOVA

Source	f
A	1
B	1
C	1
N	1
$A\times N$	1
$B\times N$	1
$C\times N$	1
Total	7

- 自由度の分解は左のようになる.
- 自由度を分解することによりデータがどのような情報を含んでいるのか見えてくる.
- その結果，右のような水準平均が得られる.
- 2 乗和の分解の計算をしなくとも因子の効果のグラフをつくることができる.
- 最適化に関しては SN 比の解析で十分であるが，このような視点を変えた生データの解析は技術情報として価値がある.

水準平均表

A_1	17.3
A_2	14.5

B_1	14.3
B_2	17.5

C_1	13.3
C_2	18.5

N_1	18.3
N_2	13.5

	N_1	N_2
A_1	20.5	14.0
A_2	16.0	13.0

	N_1	N_2
B_1	18.0	10.5
B_2	18.5	16.5

	N_1	N_2
C_1	17.0	9.5
C_2	19.5	17.5

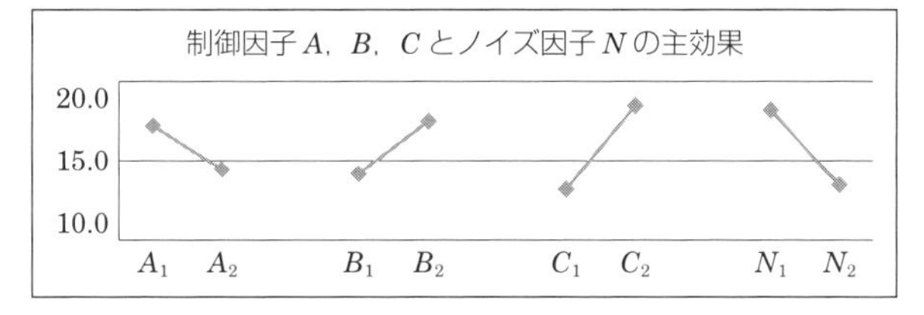

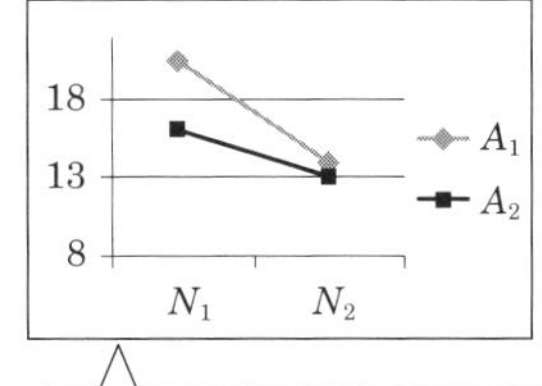

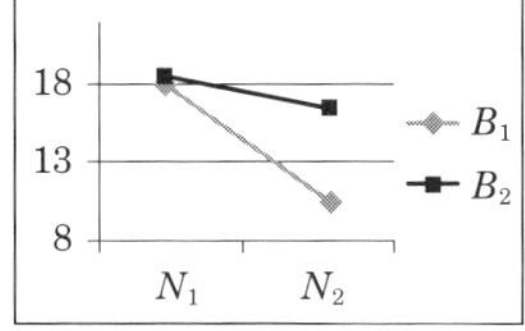

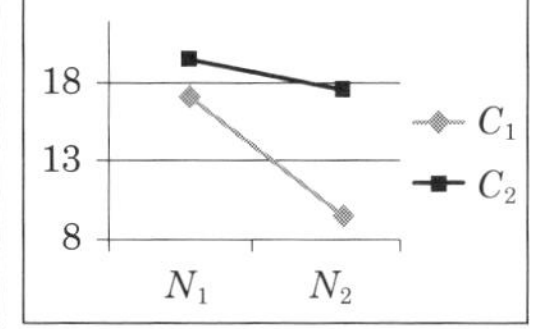

$A\times N$, $B\times N$, $C\times N$
これらの交互作用から $A_2 B_2 C_2$ がロバスト設計なのがわかる！

図 B.9　パラメータ設計のデータの自由度の分解

コーヒーブレイク 28

Coffee Break

制御因子間の交互作用について

主効果は因子の平均的な効果で，例えばA_1とA_2の平均値を比べることである．直交表に主効果だけわりつけると因子間の交互作用が主効果に混ざってしまう．パラメータ設計では因子の主効果を要因効果図にするが，これらは効果は主効果かもしれないし，一つの交互作用かもしれないし，たくさんの交互作用が混ざった効果かもしれない．わからないのである．だから交互作用が弱いと仮定して未知の条件の結果を推定し，実際にその未知の条件で実験して推定値に近ければ，主効果だけで十分結果を予測できるかどうかを確認するのである．これをもって再現性をチェックしているのである．

“世の中の複雑で難解な事象は交互作用があるからで，タグチの戦略は制御できる因子の主効果だけで説明ができるようにするというものである”

だからタグチは直交表は“検査”のためにあるという．検査は不良品を見つけることに価値がある．100%が良品であれば検査は必要がない．100%良品とは限らないから，心配だから検査をするのである．だからわざと交互作用を主効果に交絡させる．検査と同じで再現しない設計をふるい分けているのである．制御因子間の交互作用を知ることにより，たくさんの制御因子を試したほうが効率が良いからである．それと同時にノイズと制御因子の交互作用はロバストネスのためにぜひとも利用したい．こういったタグチの考え方は 1950 年代からの延べ数万件に及ぶ実験計画法の応用で失敗や成功を繰り返すことで確信を得た結果である．厳しいが戦略的な考えである．

製品やサービスの設計に関わっている人は必ずこのような交互作用を考えているはずである．事例ごとによく考えることを奨励しているのである．繰り返すがタグチは様々な交互作用を戦略的に利用しようというプラグマティックなアプローチである．

B.5 混合系直交表

パラメータ設計で推奨される混合系直交表をここでは紹介する．**表 B.3** に $L_{18}(2^1\times3^7)$，**表 B.4** に $L_{18}(6^1\times3^6)$，**表 B.5** に $L_{36}(2^{11}\times3^{12})$，**表 B.6** に直交表 $L_{54}(2^1\times3^{25})$ を示す．なお，直交表 L_{12} は**図 B.7** を参照されたい．

表 B.3 直交表 $L_{18}(2^1\times3^7)$

	A 1	B 2	C 3	D 4	E 5	F 6	G 7	H 8
1	1	1	1	1	1	1	1	1
2	1	1	2	2	2	2	2	2
3	1	1	3	3	3	3	3	3
4	1	2	1	1	2	2	3	3
5	1	2	2	2	3	3	1	1
6	1	2	3	3	1	1	2	2
7	1	3	1	2	1	3	2	3
8	1	3	2	3	2	1	3	1
9	1	3	3	1	3	2	1	2
10	2	1	1	3	3	2	2	1
11	2	1	2	1	1	3	3	2
12	2	1	3	2	2	1	1	3
13	2	2	1	2	3	1	3	2
14	2	2	2	3	1	2	1	3
15	2	2	3	1	2	3	2	1
16	2	3	1	3	2	3	1	2
17	2	3	2	1	3	1	2	3
18	2	3	3	2	1	2	3	1

表 B.4 直交表 $L_{18}(6^1\times3^6)$

	A 1	B 2	C 3	D 4	E 5	F 6	G 7
1	1	1	1	1	1	1	1
2	1	2	2	2	2	2	2
3	1	3	3	3	3	3	3
4	2	1	1	2	2	3	3
5	2	2	2	3	3	1	1
6	2	3	3	1	1	2	2
7	3	1	2	1	3	2	3
8	3	2	3	2	1	3	1
9	3	3	1	3	2	1	2
10	4	1	3	3	2	2	1
11	4	2	1	1	3	3	2
12	4	3	2	2	1	1	3
13	5	1	2	3	1	3	2
14	5	2	3	1	2	1	3
15	5	3	1	2	3	2	1
16	6	1	3	2	3	1	2
17	6	2	1	3	1	2	3
18	6	3	2	1	2	3	1

表 B.5　直交表 $L_{36}(2^{11} \times 3^{12})$

	A	B	C	D	E	F	G	H	I	J	K	L	M	N	O	P	Q	R	S	T	U	V	W
	1	2	3	4	5	6	7	8	9	10	11	12	13	14	15	16	17	18	19	20	21	22	23
1	1	1	1	1	1	1	1	1	1	1	1	1	1	1	1	1	1	1	1	1	1	1	1
2	1	1	1	1	1	1	1	1	1	1	1	2	2	2	2	2	2	2	2	2	2	2	2
3	1	1	1	1	1	1	1	1	1	1	1	3	3	3	3	3	3	3	3	3	3	3	3
4	1	1	1	1	1	2	2	2	2	2	2	1	1	1	1	2	2	2	2	3	3	3	3
5	1	1	1	1	1	2	2	2	2	2	2	2	2	2	2	3	3	3	3	1	1	1	1
6	1	1	1	1	1	2	2	2	2	2	2	3	3	3	3	1	1	1	1	2	2	2	2
7	1	1	2	2	2	1	1	1	2	2	2	1	1	2	3	1	2	3	3	1	2	2	3
8	1	1	2	2	2	1	1	1	2	2	2	2	2	3	1	2	3	1	1	2	3	3	1
9	1	1	2	2	2	1	1	1	2	2	2	3	3	1	2	3	1	2	2	3	1	1	2
10	1	2	1	2	2	1	2	2	1	1	2	1	1	3	2	1	3	2	3	2	1	3	2
11	1	2	1	2	2	1	2	2	1	1	2	2	2	1	3	2	1	3	1	3	2	1	3
12	1	2	1	2	2	1	2	2	1	1	2	3	3	2	1	3	2	1	2	1	3	2	1
13	1	2	2	1	2	2	1	2	1	2	1	1	2	3	1	3	2	1	3	3	2	1	2
14	1	2	2	1	2	2	1	2	1	2	1	2	3	1	2	1	3	2	1	1	3	2	3
15	1	2	2	1	2	2	1	2	1	2	1	3	1	2	3	2	1	3	2	2	1	3	1
16	1	2	2	2	1	2	2	1	2	1	1	1	2	3	2	1	1	3	2	3	3	2	1
17	1	2	2	2	1	2	2	1	2	1	1	2	3	1	3	2	2	1	3	1	1	3	2
18	1	2	2	2	1	2	2	1	2	1	1	3	1	2	1	3	3	2	1	2	2	1	3
19	2	1	2	2	1	1	2	2	1	2	1	1	2	1	3	3	3	1	2	2	1	2	3
20	2	1	2	2	1	1	2	2	1	2	1	2	3	2	1	1	1	2	3	3	2	3	1
21	2	1	2	2	1	1	2	2	1	2	1	3	1	3	2	2	2	3	1	1	3	1	2
22	2	1	2	1	2	2	2	1	1	1	2	1	2	2	3	3	1	2	1	1	3	3	2
23	2	1	2	1	2	2	2	1	1	1	2	2	3	3	1	1	2	3	2	2	1	1	3
24	2	1	2	1	2	2	2	1	1	1	2	3	1	1	2	2	3	1	3	3	2	2	1
25	2	1	1	2	2	2	1	2	2	1	1	1	3	2	1	2	3	3	1	3	1	2	2
26	2	1	1	2	2	2	1	2	2	1	1	2	1	3	2	3	1	1	2	1	2	3	3
27	2	1	1	2	2	2	1	2	2	1	1	3	2	1	3	1	2	2	3	2	3	1	1
28	2	2	2	1	1	1	1	2	2	1	2	1	3	2	2	2	1	1	3	2	3	1	3
29	2	2	2	1	1	1	1	2	2	1	2	2	1	3	3	3	2	2	1	3	1	2	1
30	2	2	2	1	1	1	1	2	2	1	2	3	2	1	1	1	3	3	2	1	2	3	2
31	2	2	1	2	1	2	1	1	1	2	2	1	3	3	3	2	3	2	2	1	2	1	1
32	2	2	1	2	1	2	1	1	1	2	2	2	1	1	1	3	1	3	3	2	3	2	2
33	2	2	1	2	1	2	1	1	1	2	2	3	2	2	2	1	2	1	1	3	1	3	3
34	2	2	1	1	2	1	2	1	2	2	1	1	3	1	2	3	2	3	1	2	2	3	1
35	2	2	1	1	2	1	2	1	2	2	1	2	1	2	3	1	3	1	2	3	3	1	2
36	2	2	1	1	2	1	2	1	2	2	1	3	2	3	1	2	1	2	3	1	1	2	3

表 B.6 直交表 $L_{54}(2^1 \times 3^{25})$

	A 1	B 2	C 3	D 4	E 5	F 6	G 7	H 8	I 9	J 10	K 11	L 12	M 13	N 14	O 15	P 16	Q 17	R 18	S 19	T 20	U 21	V 22	W 23	X 24	Y 25	Z 26
1	1	1	1	1	1	1	1	1	1	1	1	1	1	1	1	1	1	1	1	1	1	1	1	1	1	1
2	1	1	1	1	1	1	1	1	2	2	2	2	2	2	2	2	2	2	2	2	2	2	2	2	2	2
3	1	1	1	1	1	1	1	1	3	3	3	3	3	3	3	3	3	3	3	3	3	3	3	3	3	3
4	1	1	2	2	2	2	2	2	1	1	1	1	1	1	2	3	2	3	2	3	2	3	2	3	2	3
5	1	1	2	2	2	2	2	2	2	2	2	2	2	2	3	1	3	1	3	1	3	1	3	1	3	1
6	1	1	2	2	2	2	2	2	3	3	3	3	3	3	1	2	1	2	1	2	1	2	1	2	1	2
7	1	1	3	3	3	3	3	3	1	1	1	1	1	1	3	2	3	2	3	2	3	2	3	2	3	2
8	1	1	3	3	3	3	3	3	2	2	2	2	2	2	1	3	1	3	1	3	1	3	1	3	1	3
9	1	1	3	3	3	3	3	3	3	3	3	3	3	3	2	1	2	1	2	1	2	1	2	1	2	1
10	1	2	1	1	2	2	3	3	1	1	2	2	3	3	1	1	1	1	2	3	2	3	3	2	3	2
11	1	2	1	1	2	2	3	3	2	2	3	3	1	1	2	2	2	2	3	1	3	1	1	3	1	3
12	1	2	1	1	2	2	3	3	3	3	1	1	2	2	3	3	3	3	1	2	1	2	2	1	2	1
13	1	2	2	2	3	3	1	1	1	1	2	2	3	3	2	3	2	3	3	2	3	2	1	1	1	1
14	1	2	2	2	3	3	1	1	2	2	3	3	1	1	3	1	3	1	1	3	1	3	2	2	2	2
15	1	2	2	2	3	3	1	1	3	3	1	1	2	2	1	2	1	2	2	1	2	1	3	3	3	3
16	1	2	3	3	1	1	2	2	1	1	2	2	3	3	3	2	3	2	1	1	1	1	2	3	2	3
17	1	2	3	3	1	1	2	2	2	2	3	3	1	1	1	3	1	3	2	2	2	2	3	1	3	1
18	1	2	3	3	1	1	2	2	3	3	1	1	2	2	2	1	2	1	3	3	3	3	1	2	1	2
19	1	3	1	2	1	3	2	3	1	2	1	3	2	3	1	1	2	3	1	1	3	2	2	3	3	2
20	1	3	1	2	1	3	2	3	2	3	2	1	3	1	2	2	3	1	2	2	1	3	3	1	1	3
21	1	3	1	2	1	3	2	3	3	1	3	2	1	2	3	3	1	2	3	3	2	1	1	2	2	1
22	1	3	2	3	2	1	3	1	1	2	1	3	2	3	2	3	3	2	2	3	1	1	3	2	1	1
23	1	3	2	3	2	1	3	1	2	3	2	1	3	1	3	1	1	3	3	1	2	2	1	3	2	2
24	1	3	2	3	2	1	3	1	3	1	3	2	1	2	1	2	2	1	1	2	3	3	2	1	3	3
25	1	3	3	1	3	2	1	2	1	2	1	3	2	3	3	2	1	1	3	2	2	3	1	1	2	3
26	1	3	3	1	3	2	1	2	2	3	2	1	3	1	1	3	2	2	1	3	3	1	2	2	3	1
27	1	3	3	1	3	2	1	2	3	1	3	2	1	2	2	1	3	3	2	1	1	2	3	3	1	2
28	2	1	1	3	3	2	2	1	1	3	3	2	2	1	1	1	3	2	3	2	2	3	2	3	1	1
29	2	1	1	3	3	2	2	1	2	1	1	3	3	2	2	2	1	3	1	3	3	1	3	1	2	2
30	2	1	1	3	3	2	2	1	3	2	2	1	1	3	3	3	2	1	2	1	1	2	1	2	3	3
31	2	1	2	1	1	3	3	2	1	3	3	2	2	1	2	3	1	1	1	1	3	2	3	2	2	3
32	2	1	2	1	1	3	3	2	2	1	1	3	3	2	3	1	2	2	2	2	1	3	1	3	3	1
33	2	1	2	1	1	3	3	2	3	2	2	1	1	3	1	2	3	3	3	3	2	1	2	1	1	2
34	2	1	3	2	2	1	1	3	1	3	3	2	2	1	3	2	2	3	2	3	1	1	1	1	3	2
35	2	1	3	2	2	1	1	3	2	1	1	3	3	2	1	3	3	1	3	1	2	2	2	2	1	3
36	2	1	3	2	2	1	1	3	3	2	2	1	1	3	2	1	1	2	1	2	3	3	3	3	2	1
37	2	2	1	2	3	1	3	2	1	2	3	1	3	2	1	1	2	3	3	2	1	1	3	2	2	3
38	2	2	1	2	3	1	3	2	2	3	1	2	1	3	2	2	3	1	1	3	2	2	1	3	3	1
39	2	2	1	2	3	1	3	2	3	1	2	3	2	1	3	3	1	2	2	1	3	3	2	1	1	2
40	2	2	2	3	1	2	1	3	1	2	3	1	3	2	2	3	3	2	1	1	2	3	1	1	3	2
41	2	2	2	3	1	2	1	3	2	3	1	2	1	3	3	1	1	3	2	2	3	1	2	2	1	3
42	2	2	2	3	1	2	1	3	3	1	2	3	2	1	1	2	2	1	3	3	1	2	3	3	2	1
43	2	2	3	1	2	3	2	1	1	2	3	1	3	2	3	2	1	1	2	3	3	2	2	3	1	1
44	2	2	3	1	2	3	2	1	2	3	1	2	1	3	1	3	2	2	3	1	1	3	3	1	2	2
45	2	2	3	1	2	3	2	1	3	1	2	3	2	1	2	1	3	3	1	2	2	1	1	2	3	3
46	2	3	1	3	2	3	1	2	1	3	2	3	1	2	1	1	3	2	2	3	3	2	1	1	2	3
47	2	3	1	3	2	3	1	2	2	1	3	1	2	3	2	2	1	3	3	1	1	3	2	2	3	1
48	2	3	1	3	2	3	1	2	3	2	1	2	3	1	3	3	2	1	1	2	2	1	3	3	1	2
49	2	3	2	1	3	1	2	3	1	3	2	3	1	2	2	3	1	1	3	2	1	1	2	3	3	2
50	2	3	2	1	3	1	2	3	2	1	3	1	2	3	3	1	2	2	1	3	2	2	3	1	1	3
51	2	3	2	1	3	1	2	3	3	2	1	2	3	1	1	2	3	3	2	1	3	3	1	2	2	1
52	2	3	3	2	1	2	3	1	1	3	2	3	1	2	3	2	2	3	1	1	2	3	3	2	1	1
53	2	3	3	2	1	2	3	1	2	1	3	1	2	3	1	3	3	1	2	2	3	1	1	3	2	2
54	2	3	3	2	1	2	3	1	3	2	1	2	3	1	2	1	1	2	3	3	1	2	2	1	3	3

索　引

数　字

A - Z

あ

い

う

え

お

か

き

く

け

の

は

ひ

ふ

へ

ほ

ま

よ

ら

り

る

れ

ろ

著者略歴

田口　伸　Shin Taguchi

1979年　ミシガン大学工学部卒（Industrial & Operations Engineering）
1979年　ISI（Indian Statistical Institute），インド統計大学客員研究員
1981年　品質経営研究所客員研究員
1983年　Ford Supplier Institute 入社
1995年　American Supplier Institute, Inc. 取締役社長就任，現在に至る．
2003年　ASI Consulting Group CTO（Chief Technical Officer）就任，現在に至る．

現在，GM，Ford，Chrysler，現代自動車，Bosch，NASA，General Dynamics，Miller Brewing，ITT，ITT Defense Electronics，Xerox，Delphi，Kodak，Heidelberg，Siemens，Fiat，Continental 等を指導先として世界各国で講師を務めている．

タグチメソッド入門
——技術情報を創造するためのデータ解析法

2016年 6 月30日　第 1 版第 1 刷発行
2024年 4 月17日　　　　 第 7 刷発行

著　　者　田口　伸
発 行 者　朝日　弘
発 行 所　一般財団法人 日本規格協会
〒108-0073　東京都港区三田3丁目13-12　三田MTビル
https://www.jsa.or.jp/
振替　00160-2-195146
製　　作　日本規格協会ソリューションズ株式会社
印 刷 所　日本ハイコム株式会社
製作協力　株式会社大知

ISBN978-4-542-51144-6